航天科技图书出版基金资助出版

软件质量保证的未来

The Future of Software Quality Assurance

[德] 斯蒂芬·格尔里克 (Stephan Goericke) 主编
江云松　高　猛　侯成杰　等　译

中国宇航出版社
·北京·

The Future of Software Quality Assurance
ISBN 978-3-030-29508-0

图书在版编目（CIP）数据

软件质量保证的未来 /（德）斯蒂芬·格尔里克（Stephan Goericke）主编；江云松等译. -- 北京：中国宇航出版社，2021.9

书名原文：The Future of Software Quality Assurance

ISBN 978-7-5159-1972-0

Ⅰ.①软… Ⅱ.①斯… ②江… Ⅲ.①软件质量—质量管理—研究 Ⅳ.①TP311.5

中国版本图书馆 CIP 数据核字(2021)第 185859 号

责任编辑　侯丽平　　**封面设计**　宇星文化

出　版
发　行　中国宇航出版社

社　址　北京市阜成路 8 号　**邮　编**　100830
(010)60286808　(010)68768548
网　址　www.caphbook.com
经　销　新华书店
发行部　(010)60286888　(010)68371900
(010)60286887　(010)60286804(传真)
零售店　读者服务部　(010)68371105
承　印　天津画中画印刷有限公司

版　次　2021 年 9 月第 1 版
2021 年 9 月第 1 次印刷
规　格　787×1092
开　本　1/16
印　张　13.25　**彩　插**　2 面
字　数　322 千字
书　号　ISBN 978-7-5159-1972-0
定　价　98.00 元

本书如有印装质量问题，可与发行部联系调换

航天科技图书出版基金简介

航天科技图书出版基金是由中国航天科技集团公司于2007年设立的，旨在鼓励航天科技人员著书立说，不断积累和传承航天科技知识，为航天事业提供知识储备和技术支持，繁荣航天科技图书出版工作，促进航天事业又好又快地发展。基金资助项目由航天科技图书出版基金评审委员会审定，由中国宇航出版社出版。

申请出版基金资助的项目包括航天基础理论著作，航天工程技术著作，航天科技工具书，航天型号管理经验与管理思想集萃，世界航天各学科前沿技术发展译著以及有代表性的科研生产、经营管理译著，向社会公众普及航天知识、宣传航天文化的优秀读物等。出版基金每年评审1～2次，资助20～30项。

欢迎广大作者积极申请航天科技图书出版基金。可以登录中国宇航出版社网站，点击“出版基金”专栏查询详情并下载基金申请表；也可以通过电话、信函索取申报指南和基金申请表。

网址：http：//www.caphbook.com

电话：（010）68767205，68768904

译者序

本书由国际知名软件测试专家斯蒂芬·格尔里克主编，他是软件研究与培训机构——国际软件质量研究所（International Software Quality Institute，iSQI）的董事总经理，也是国际标准化、认证和软件质量等主题的撰稿人。在他的领导下，iSQI在世界各大洲近百个国家设有分支机构和办事处，已经成为全球领先的软件认证培训机构。参与本书编写的还有多名iSQI和ISTQB的专家。ISTQB（International Software Testing Qualifications Board，国际软件测试认证委员会）是国际权威的软件测试资质认证机构，它在全球范围推广国际认证软件测试工程师培训及国际软件测试认证体系。

本书大部分内容来自iSQI和ISTQB的研究成果。全书共包括19篇文章，内容覆盖软件开发和软件测试技术的最新发展成果，包括变更驱动的测试、变异测试、人工智能测试、自主系统测试、敏捷测试、DevOps（研发运维一体化）测试、分布式测试、保密安全性测试等，并关注了这些新技术的发展对于测试人员技能的提升。

当前在航天型号软件工程实践中越来越多地应用了一些新技术或者研制模式，包括人工智能技术、大数据技术、敏捷开发模式等，以及与这些方向相关的软件测试和质量保证技术等。本书聚焦于上述新技术应用背景下的软件测试技术，特别是针对这些新技术对传统测试的影响与挑战方面提出了一些新的思想和见解。

本书对于从事航天型号软件开发、测试、质量保证的相关人员更好地掌握新技术、转变传统观念，具有一定的参考价值。

与国内同类书相比，本书重点分析人工智能、大数据等新技术对软件测试和质量保证人员思维方式转变的影响，视角独特，有较强的启发和借鉴意义。

本书翻译工作由北京轩宇信息技术有限公司的技术人员完成。他们是侯成杰（前言、第10篇）、黄晨（第1、2篇）、陈睿（第5、6篇）、曾霞（第9、17篇）、陈华南（第15、18篇）、高栋栋（第3篇）、赵欢（第4篇）、孙宇明（第4篇）、郭华（第7篇）、吴瑾（第8篇）、高猛（第11篇）、滕俊元（第12篇）、王政（第13篇）、左万娟（第16篇）、郑小萌（第19篇）、朱倩（第14篇）、田甜（第14篇）。侯成杰对全部译稿做了审核和统稿。中国空间技术研究院杨孟飞研究员在本书的题材选择与确定方面发挥了关键作用，北京轩宇信息技术有限公司董燕研究员认真审阅了本书并提出了宝贵意见，在此表示诚挚的谢意。

鉴于译者自身的知识局限及时间仓促，译稿中难免有疏漏和不妥之处，谨向原书作者表示歉意，并欢迎读者批评指正。

江云松

北京轩宇信息技术有限公司

2021年7月

前 言

2002年6月，软件工程的先驱者之一大卫·帕纳斯（David Parnas）指出[①]：

软件以低可靠性和缺乏可信性而闻名。在某种程度上，这是由于难以解决当今软件系统所具有的复杂性导致的，但是许多从业人员的知识、技能和专业水平不足也导致了这一问题。另一方面，我们要感谢当今存在一些软件开发人员水平不足的这种情况，正是由于他们开发的软件不可靠且过于复杂，无法作为新产品的支持软件，从而凸显了我们所从事的教育和培训的重要性。

大卫认为软件开发人员的教育不足是一个主要问题。在软件领域，终身教育和培训对于跟上快速发展的开发技术脚步至关重要。iSQI致力于解决这一问题已有15年了，并且在许多方面无疑为改善人们的教育水平以及软件质量做出了贡献。

本书中的许多内容清楚地反映了软件质量保证可以在多个领域以多种方式发挥关键作用。

大约75年前，第一台电子计算机被用于计算军事领域的数学问题。在随后的几年中，计算机越来越多地承担了常规任务以及需要高度精确性的任务。由于技术进步和相关硬件系统性能的提高，现在已经可以在短时间内处理和评估大量数据。计算机正支配着我们的日常生活，变得不可或缺，因为如果没有它，我们今天的生活将变得不可想象。

今天，我们正处于一个根本性的历史转折点上。（所谓的）人工智能技术在越来越多的软件系统中使用，无论是自动语音处理、自动驾驶还是机器学习。在许多领域我们不再仅仅使用软件来简化生活，而是将软件用于帮助我们做出决策，甚至直接由软件自身来做出决策。

到目前为止，许多软件系统已被用作决策辅助工具，来帮助人类做出更准确的决定。例如，通过软件系统对X射线图像的分析，医生可以根据获得的信息来做出诊断。这样一来，如下的问题也随之出现或即将出现："如果系统的诊断结果显示出比医生的诊断具有更高的正确率和可靠性，那么什么时候将决定权完全交给系统呢?"在诸如自动驾驶等其

---

① https://en.wikipedia.org/wiki/David_Parnas Citation from David Parnas's preface to the German book Spillner/Linz "Basiswissen Softwaretest".

他领域，由于某些决策必须非常迅速地做出，因此实际上只能由系统自身来做这些决策。

事实上，不是由系统进行决策，而是由对系统进行了相应编程开发的人进行决策，至少到目前为止是这样。但是如果使用了人工智能技术，则这不再是确定的结论。因为使用神经网络和深度学习之后，结果变得不再可预测，并且不再直接依赖于编程。

这几个例子已经说明了智能系统的质量至关重要，因此对负责开发和测试这些系统的人员进行培训也很重要。这也是为什么 iSQI 在未来几年仍将继续成为备受追捧的合作伙伴，并继续开展进一步的培训和认证的原因。

除了扎实的专业知识，未来几年道德问题也将成为关注的焦点。作为一个社会，甚至整个人类，我们该如何解决自动武器是否能由其自身来决定杀死哪些人这类问题呢？

我们都必须问自己一个问题："哪些决定仍然必须由人来做，而哪些决定我们可以委派给软件系统呢？"

作为软件系统开发的参与者，我们对不久的将来以及未来几年的发展负有非常大的责任。

我希望我们将承担责任并积极塑造未来。

安德雷斯·斯皮尔纳
德国　不莱梅应用科技大学
2019 年 7 月

序 言

质量问题

软件测试一直都不是一种正规化的职业，原则上任何人都可以成为测试人员。情况一直如此，直到今天仍然如此。但是存在一些所有从事软件测试的人员都应遵循的标准，并且这些标准应该是所有软件测试人员从事这项工作所必须认真遵循的基础。

标准化课程提纲的早期版本于1998年开发，称为“认证测试员”。4年后，奥地利、丹麦、芬兰、德国、瑞典、瑞士、荷兰和英国建立了国际软件测试认证委员会(ISTQB®)，为软件测试人员的职业认证和后续提升提供了知识体系。

制定一套法规可能并不困难，困难的是如何保证这些法规得到有效遵循。以国际软件质量研究所（iSQI）为代表的认证机构在这方面发挥了关键作用。就在15年前，一个称为ASQF（Arbeitskreis Software－Qualität und－Fortbildung e. V）的工作组建立了iSQI，将其作为一个独立的机构，该机构设置的目的是保证在全世界范围内对软件测试专家所进行的培训和认证始终具有较高水准，并成为软件测试培训的安全网络，提供较高的质量保证。在接下来的15年中，软件测试人员的职业水准得到了极大的提高。如今全球有将近65万通过ISTQB®认证的软件测试人员。

质量标准非常迫切

各类标准是由专家们在软件开发的各个阶段制定并维护的，标准的制定提高了软件质量。只有当人们对“质量”一词的真正含义有所了解并且知道要实现此目标需要做什么时，才能实现功能性“质量”和非功能性“质量”。但是当测试人员必须在有限的时间内处理复杂的测试时，又该怎么办呢？全球各地在不同时区工作的测试团队又该如何协同工作呢？又如何在敏捷的工作环境中或在各个开发阶段均需要交付结果的情况下安排测试时间呢？

在过去的15年中，测试行业发生了巨大变化，如今，它面临着新的巨大挑战。

自动化技术和人工智能的应用给软件测试的核心领域带来了方法的变化，因此必须在培训和持续的专业发展方面进行进一步的改进，以开发出通用的和专业的测试技能和能力。

我们面临的未来

即将发生的根本性变化将在未来几年对我们的社会产生重大影响，并且在某些情况下这些变化已经发生。机器的响应能力将继续大幅提升，它们将超越人类的能力很多倍。机器将更快地处理数据，更具移动性和灵活性。机器人轴已经在美国凤凰城可以自主移动；在德国海德堡，受过训练的人工智能系统比大多数经验一般的医生能更好地识别皮肤癌的照片。

信息正在由功能越来越强大的设备处理，结果变得越来越复杂。人们如何监视和控制当今的海量数据呢？或者，换句话说，人类如何测试比“测试人员”更“智能”的机器人呢？

持续的职业发展方面的需求将不断增加。

每天我们都会在智能手机上收到有关世界不断变化的各种新的信息。这些信息中提到有一些工作正在消失，而有一些工作正在被其他工作替代。信息中还包括各种各样的数据，这些数据可能会在成千上万种日常事务中为我们带来一些实际好处。同时我们也听到（并且看到）政策制定者也正在就这些信息进行辩论。

新伦理

人工智能不会使我们失去必要的思考能力。相反，我们一定会利用人工智能来控制机器完成更加复杂的功能。但是我们必须专注于我们作为人类可以做的事情，以及我们可以学习并学会做的事情。对于有关人工智能、数字化和自动化的所有问题，人类将始终是决定性因素。

经过 15 年在 IT 培训领域持续不断的工作，iSQI 完全清楚地认识到，没有专家的参与，自动化什么也不是。如果没有人类来确定哪些是“智能”的东西，那么人工智能将一事无成。系统越复杂，培训和持续的职业发展就越重要。我们不需要与机器竞争，相反，我们需要控制它们。我们如何做到这一点呢？首先是心态，是道德问题。要明确我们想要什么，我们欲望的焦点在哪里，我们应该如何行动。我们应该遵循公认的道德原则。我们需要未来的行为准则以及我们将要为社会服务所做工作的准则。人类的福祉是我们的首要目标，而不是机器的发展。针对所有的产品、软件和设备，伴随着使用它们所带来的各种效益的同时，将可能会提出最高级别的质量要求。我们承诺与同事保持平等的关系，我们以职业形象为荣，并努力在整个工作中持续学习。

未来的公式：
数字化是任职资格与自动化的结合，提高技能将引领数字化。

有一件事是肯定的，即人们对未来发展情况的评估越准确，我们就可以为明天做更好的准备。对于我们所有人，包括未来的工人、开发人员、测试人员、营销人员、雇主和雇员等来说，都需要做一件最重要的事：教育，即能够为新任务做好准备。例如，来自加拿大的 careers2030. cst. org 网站创建者使用当前定义的职位描述列出了 2030 年仍将需要的职位，这个结果将会使您在读到它时充满激情，并且让一些人能心情放松地展望未来，因为不会有比现在更多种类的工作岗位了。那时还会有设计师，尽管他们可能被称为可回收设计专家。还会有农民，尽管他们的职业将是如何根据本地气候条件，来解决使太阳能和水更快被植物吸收的问题，他们的职位可能就是“农业生态学家”。营销人员可能成为由大数据驱动的视频、文本和游戏内容的电子媒体制造商和艺术经理。那么 IT 专家呢？他们将进一步开发出能使不同计算机进行相互沟通的通信器。在项目计划阶段，软件测试人员将拥有更高的地位，他们将更加专注于人机沟通。事情不会变得更简单，但是机会将大于风险。

本书是为纪念 iSQI 成立 15 周年而发行的，这本书的目的是为提高软件测试行业的知名度做出进一步的贡献。测试人员的职业将如何变化？未来几年测试人员必须准备什么？下一代软件测试人员需要哪些技能？今天有哪些可以接受进一步培训的机会？在以用户为中心且快速发展的敏捷世界中，测试将是什么样的？如果最重要的过程都能自动执行，那么对测试人员而言将剩下哪些任务？这些都是我们必须回答的问题。

iSQI 集团首席执行官，斯蒂芬·格尔里克
德国波茨坦

关于编者

斯蒂芬·格尔里克（Stephan Goericke） 自 2005 年以来，他一直担任国际软件质量研究所（iSQI）的董事总经理。此外，他还是 ASQF 的首席执行官。在他的领导下，iSQI 的业务扩展到了全球，成为“世界上最知名的认证机构”，现在在世界各大洲都设有分支机构和办事处。

斯蒂芬在教育领域与专业人士、培训师和机构合作已有多年，是数字化转型领域里的认证者。他坚信，国际标准和技能提升是成功的最重要因素之一。他将其定义为数字世界的公式：“数字化是任职资格与自动化的结合，提升技能将引领数字化。”

斯蒂芬是标准化、认证和软件质量等主题的受欢迎的主讲人。此外他还是《SQ》杂志和国际出版物《SQmag》（用于软件开发和质量管理的期刊）的编辑，这些刊物主要面向软件开发、质量保证和管理领域的专家。

目　录

变更驱动的测试

Sven Amann and Elmar Jürgens

摘　要　如今，测试人员必须在越来越短的时间内测试越来越多的软件，如果每次版本变更都执行全套测试显然是不可行的。同样地，通过手动的方式确认测试是否覆盖了全部更动也是不太可行的。为了应对这个挑战，提出了变更驱动的测试。变更驱动的测试采用测试影响域分析方法自动地识别代码更动，并且根据可能发现问题的概率对测试优先级进行排序，这样可以有效地提升测试效率，在 2% 的时间内发现 90% 的错误。

此外，变更驱动的测试使用测试差距分析自动识别测试差距，即未进行测试的代码更动。这样，我们可以确定如何利用有限的测试资源提升测试效果，并且还能告诉我们哪里还缺少回归测试。

关键词　软件测试；自动化测试；智能化测试；回归测试选取；测试优先级；测试资源管理；风险管理

1　恶性循环

如今，测试人员必须在更短的时间内测试更多的软件，不仅仅是因为软件系统越来越大，越来越复杂，还因为开发过程发生了根本性的变化。十年以前，一个软件通常每年最多发布一到两个版本，并且会进行全面的测试。而现在，会看到在几个月、几周甚至几天内连续发布软件版本。为此，软件开发需要在并发的功能分支上进行，所以需要在这样的分支以及整个系统上进行测试。

为了应对快速增长的测试需求，各个公司在测试自动化和持续集成（CI）上加大投入，希望能提高测试执行速度。但在更多的系统尤其是大型系统上，全自动化的测试仍需要运行多个小时甚至是几天。因此，通常不在 CI 系统或者只在晚上、周末甚至是较少去执行这些需要长时间运行的测试集，这将导致从代码中引入错误到发现错误的时间越来越长，带来的严重后果如下：

- 在两个版本的测试执行之间积累了大量的变更，很难确定是哪个变更引入了错误。
- 开发人员在更改中引入了错误，但是需要很久才能从测试中得到反馈，这使得错误更难以识别。
- 多个错误的影响相互重叠，只有在一个错误修复之后才能发现另一个错误。

更严重的情况是，自动化测试仅解决了一半的问题：尽管提高了测试执行的效率，但是无法保证测试的有效性。实际上，大约有一半的更改并未进行严格的测试[1,2]，尽管测试人员希望通过增加更多的测试使测试用例集更加全面、充分，但是这也增加了测试执行的时间，导致了自动化测试和CI的优势并不明显。

那么，如何才能打破这个恶性循环，使测试过程更加高效和有效呢？答案非常简单：将测试与变更保持同步。随着需要测试的变更数量增加，在每次变更后执行所有的测试不太可行，通过人工确认所有的变更是否测试充分同样不太可行。

这并不是说不需要测试，而是应保持与代码更动相同的频率进行测试，即对可能含有错误的代码进行测试。这种将测试与变更保持同步的方式叫作“变更驱动的测试”。变更驱动的测试可以在运行整个测试集2%的时间内发现90%的错误[3]，并且能够告知哪些代码更动还未进行测试[1,2]。

2 智能测试

为了实现高质量的测试，通常需要回答一些问题，例如，需要执行哪些测试用例，还有什么用例需要测试，测试用例是否冗余。由于很难通过人工方式回答这些问题，我们期望通过软件开发过程中已有的数据去回答这些问题。这种方法类似于智能业务系统，通过分析已有数据获得对业务流程的认知，这种方法称为智能测试。图1对此进行了说明。

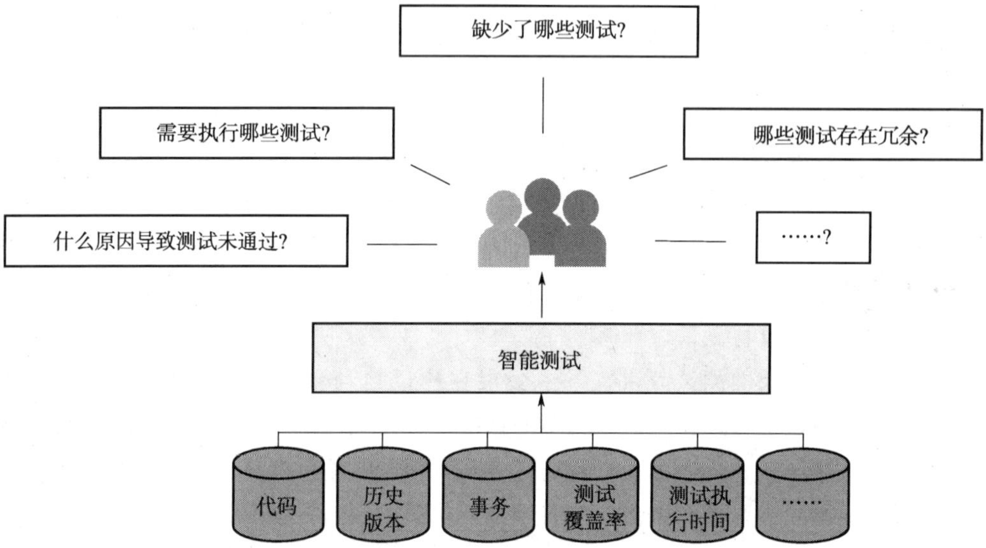

图1　智能测试。在软件开发过程中，结合各种数据源的数据，自动回答测试相关的问题

希望通过智能测试可以回答测试和代码更动的这些问题，因此需要收集测试和代码更动相关的数据，其实这些数据已经存在于开发过程中，只需要提取这些数据就可以了。

为了将获取的数据清晰地传递给测试人员、开发人员和管理人员，可以使用树状图的方式。图2（a）表示的是软件系统Teamscale中一个UI组件的代码，每个方框表示代码的一个方法，方框的大小与该方法的代码行数成比例，可以给方框上色突出显示相应代码的特定属性。

2.1 版本控制系统

版本控制系统（VCS），例如 git 或 TFS，已成为软件开发的事实标准。一般来说，VCS 会按照开发人员提交代码更动的时间进行排序，并且对更改进行管理。在 VCS 中，更改可以位于分支上，是一个相对特定版本的独立更动项，也可以合并到新版本的代码中，如果开发人员使用专门的分支来实现特定的功能，则称为功能分支。

从版本控制系统的变更历史记录中，可以提取出自某个基线后的任意更动项，可以是一个发布的版本，最新的测试执行版本，某个功能分支，或者是任意其他时间点。图 2（b）表示了树状图中的代码更动，新增方法用红色显示，更改方法用黄色显示，维持不变的方法用灰色显示。

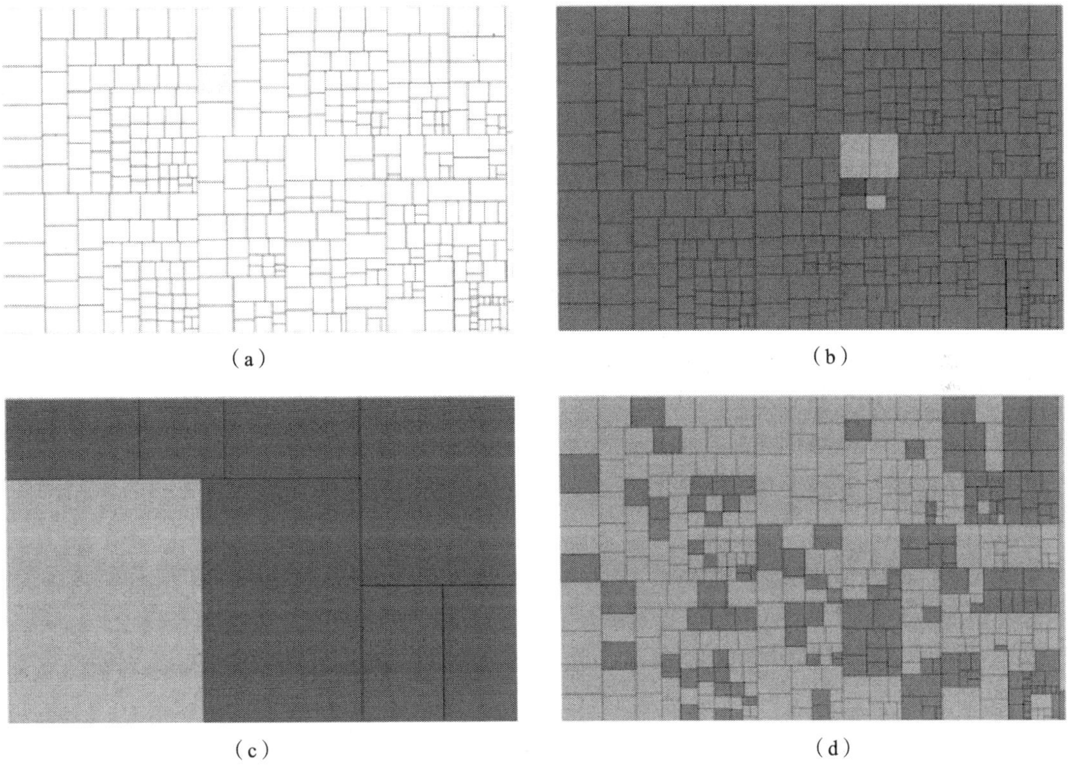

图 2 采用树状图表示软件系统 Teamscale 在版本控制系统、事务系统和测试执行分析工具中的数据。（a）建立源代码树状图。每个方框表示一个方法，方框的大小与该方法的代码行数成比例。（b）表示自某个基线的代码更动。新增方法表示为红色，更改方法表示为黄色，维持不变的方法表示为灰色。（c）事务 TS－15717 的代码更动。新增方法表示为红色，更改方法表示为黄色。（d）方法级别的测试覆盖率。已执行的方法表示为绿色，未执行的方法表示为灰色（见彩插）

2.2 事务系统

事务系统，例如 Jira 或 GitHubIssues，在大多数软件项目中用于跟踪变更请求，例如缺陷报告、功能请求或维护任务。这些系统将每个请求作为一个事务，具有唯一的 ID、责任人和状态。

开发人员通常会在版本控制系统中标明引起更动的事务 ID，然后将 ID 提交到事务系统中，根据事务系统中对更动代码的注释，可以将同一事务引起的所有更动进行分组，因此可以方便地查看因为某个特定事务所引入的更动。

图 2（c）用树状图表示了与某个事务相关的更动，新增方法表示为红色，更改方法表示为黄色。

2.3 分析工具

分析工具，例如 Jacoco 或 gcov，可用于记录应用程序哪部分代码被执行过，即代码覆盖率。当前的技术主要有：对目标代码插桩，在虚拟机上安装分析工具，使用硬件分析仪。

不同的分析工具所能分析的覆盖率粒度不同，例如，有方法级别的、语句或分支级别的。大多数分析工具，越小的粒度需要承受越大的性能损失，根据以往的经验数据，方法级别的覆盖率分析工具一般是可行的，开销也可以接受。

将分析工具记录到的由测试产生的覆盖率称为测试覆盖率，记录测试覆盖率是 CI 自动化测试中广泛使用的一种方法，这种方法在其他类型的测试环境中并不常见。从技术层面考虑，任何类型的测试都是可以分析的，不管是单元测试还是端到端测试，自动测试或者人工测试。使用分析工具，可以获得整个测试集中每个测试用例的覆盖率。

当前的分析工具能够将单个测试用例执行后的测试覆盖率进行汇总，分析工具与测试工具相互独立，从执行开始跟踪到执行结束。也就是说，可以独立地记录每个测试用例的覆盖率，以及执行时间。

图 2（d）用树状图表示整个测试集的整体覆盖率。已执行的方法用绿色表示，未执行的方法用灰色表示。

3 变更驱动的测试

变更驱动的测试是智能测试的一个实例，它提升了测试的效率和有效性。图 3 对此进行了说明。变更驱动的测试关键之处在于，只有因为新的错误，才会导致测试不通过①，新的错误只可能是因为更动引入的。因此，对系统两个版本之间的变化（可能有 bug）进行分析，即系统在实现某个功能之前和之后的两个版本，分析分为以下两步：

① 不考虑偶然测试失败的原因，例如不稳定的测试或与第三方系统的交互，这通常是测试设置的问题，而不是被测试系统的问题。

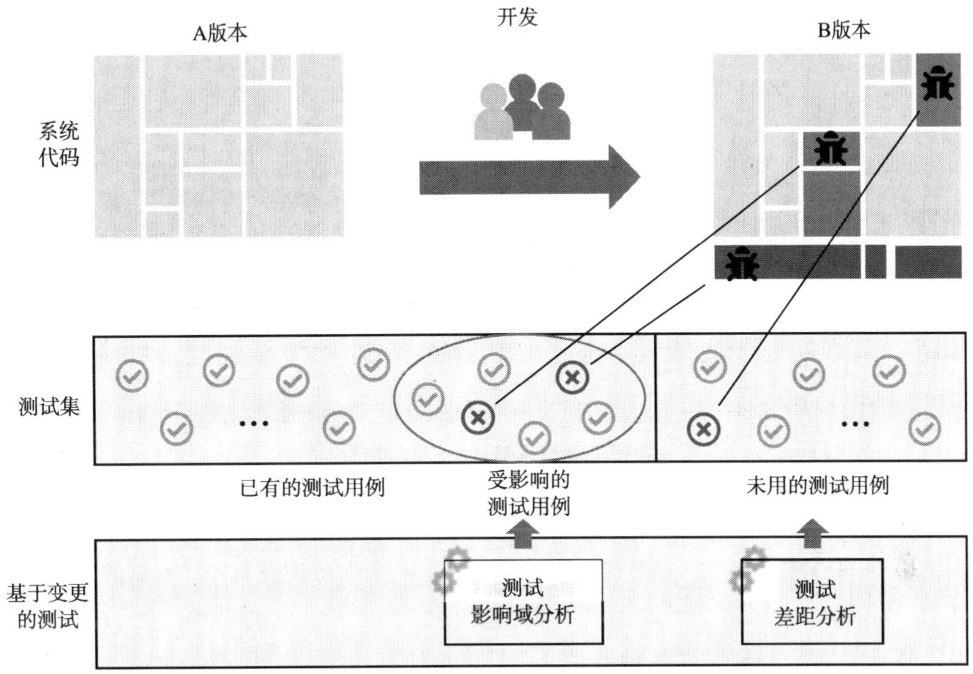

图 3 变更驱动的测试：对受变更影响的测试用例进行测试以保证测试效率，
对所有更动进行测试以保证测试更加有效

1）为使测试更加高效，仅对更动进行测试。自动识别与变更相关的已有测试用例，即通过测试影响域分析得到受影响的测试用例。

2）为使测试更加有效，需对所有更动进行测试。为了达到这个目标，通过测试差距分析可以自动识别出缺少测试的代码变更。

这两种分析方法都需要关注测试的更动项。因此，可以使用静态代码分析技术识别相关的更动，这些相关的更动会导致代码行为发生变化，如果代码更动存在错误将会导致故障。因此，需要滤除与重构相关的更动，例如文档更动、方法或变量的重命名或者移动。

3.1 测试影响域分析

图 4 描述了测试影响域分析（TIA）的过程。希望尽早地发现尽量多的代码错误，根据与代码更动相关联的（参见第 2.1 节）测试用例集的执行时间和测试覆盖率（参见第 2.3 节），可计算得到整个测试用例集的一个子集，整个过程分为以下两步。

1）测试用例选取。TIA 选取受影响的测试用例，即根据记录到的覆盖情况，对所有存在变更的方法进行测试，也包括新增和修改变更所对应的测试用例。

2）测试优先级排序。为了能尽快、尽早地发现新引入的错误，TIA 对受更动影响的测试用例集进行排序。由于无法计算出最优的排序方法，TIA 使用启发式贪心算法：每执行一次测试，选择能够覆盖最多代码变更的测试用例作为下一次的测试用例。

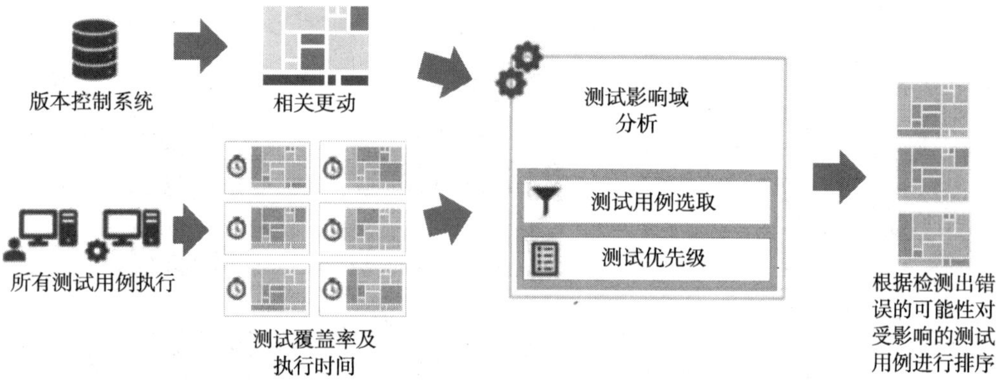

图 4　测试影响域分析过程。给定一组更动，TIA 识别出受影响的测试用例，并根据可能发现错误的概率进行排序

在对 12 个软件系统[3]的研究中发现，TIA 选取出的受影响的测试用例相对于全部测试用例集，能够检测出 99.3%随机插入的错误，其中 7 个系统发现了 100%的错误。

在另一个针对 100 多个不同系统[4]的研究中发现，TIA 能够发现 90%以上的错误，执行时间仅占运行全部测试用例集的 2%，尤其是针对较小的、局部的更动，选取的测试用例数较少时，TIA 非常具有优势。这种方法非常适合于当更动较小且多的情况，能够实现快速测试。

3.2　测试差距分析

图 5 描述了测试差距分析（TGA）的过程。它将相关代码变更（参见第 2.1 节）与汇总的测试覆盖率（参见第 2.3 节）进行匹配，就可以识别出未被任何测试（用例）覆盖的变更，这些未进行测试的变更称为测试差距。

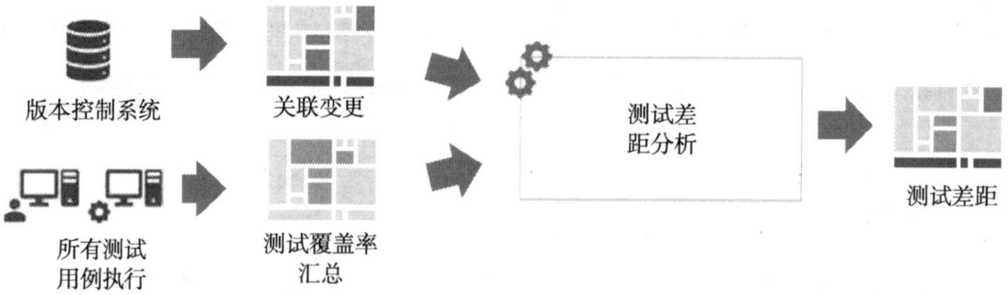

图 5　测试差距分析过程。给定一组更动，TGA 识别出未被测试覆盖的代码变更，即测试差距

为了确定测试差距，TGA 按照更动和测试执行的时间进行排序，新的更动会使之前代码更动后的测试覆盖率无效，并引入新的测试差距。后续测试中，会记录新的覆盖率数据，同时对先前更改所存在的测试差距进行补充，TGA 能够显示出每次测试执行后的测试差距和每处代码更动，由于这种分析方法是增量方式的，即使是非常大的系统，也可以在几秒钟之内完成计算。

在对一个大型工业软件系统[1]的案例研究中发现，TGA 显示在两个连续的版本中，超过 55％的代码变动未经过测试。回顾过去，报告显示超过 70％的缺陷来自未经过测试的代码。

在对另一个工业软件系统[5]的案例研究中发现，TGA 显示 54 个事务中存在 110 个测试差距，相当于 511 个更改方法中有 21％未测试覆盖。根据这些数据，研究人员发现其中存在 35％的差距是非常有必要进行测试的。有趣的是，他们还发现，在事务请求的变更全部测试完成后仍然存在测试差距，其中存在 49％的差距是由于事务请求之外的清理工作造成的。

3.3 局限性

为了更好地利用这些分析方法，了解它们的局限性也是非常有必要的，TIA 和 TGA 的局限性之一是，无法对配置或者数据级别的更改进行分析。因为这些更改并没有体现在代码中，它们对于分析是不可见的，所以，TIA 无法有效地选取出受影响的测试用例，TGA 也无法显示出受影响的未测试代码。

TIA 的一个局限性是间接调用。例如，测试的是带有某个注解的所有类，当这个注解添加到另一个类上时，TIA 无法识别出受影响的测试用例，因为测试的历史影响并不包括这个类，并且从代码层级上也并未进行更改。

TIA 假设执行测试用例的覆盖率是稳定的，即执行两次相同的测试用例会得到相同的覆盖率。如果不是这样的情况，例如因为人工测试步骤的不同，导致相同的测试用例得到不同的覆盖率结果，那么，TIA 无法正确地进行影响域分析，也就无法充分地选取出受影响的测试用例。实际上，自动化测试执行的覆盖率可能是存在变化的，例如存在垃圾清理，尽管这种影响可能很小，但是 TIA 无法保证仅运行受影响的测试用例集就能够发现所有的错误。据研究，在这种情况下，没有任何测试选取策略能够保证可以发现全部问题，建议采用常规的方法执行全部测试用例集，确保不会发生任何测试遗漏，同时也保证了测试运行时间和覆盖率记录数据是最新的。这与传统的、常规（例如夜间）测试策略是一样的，唯一的不同在于，使用 TIA 进行测试能够快速获得测试执行结果，并能够快速发现大多数问题。

TGA 的另一个局限性是，未考虑变更驱动的测试是否彻底，而只考虑了存在变更的方法是否全部进行了测试。与其他测试方法一样，TGA 不能证明代码中没有错误，但是，通过显示出未被测试覆盖的变更，能够确定已经识别出的更动是不存在错误的。未经过测试的变更包含错误的可能性是其他变更的 5 倍[2]。根据以往的经验，TGA 通常会显示出大量的测试差距，这有助于显著改善测试过程。

4 应用变更驱动的测试

通过跟踪一款自研软件产品 Teamscale 的一个功能的开发过程，说明如何应用变更驱动的测试。Teamscale 是一个辅助软件开发团队进行分析、监控、优化代码和测试质量的平台，它集成了多种开发工具，如版本控制系统、服务器构建和事务系统。它的 Web 前端提供了管理透视图，可用于管理外部系统证书。图 6 表示功能请求 TS－15717，增加删除外部证书的功能。

在开始 TS－15717 前，开发人员创建了一个功能分支，然后实现了此功能，编写了测试用例，并提交了这项更动：

TS－15717：支持删除外部证书。

图 2（c）中的树状图显示了所有的代码更动。

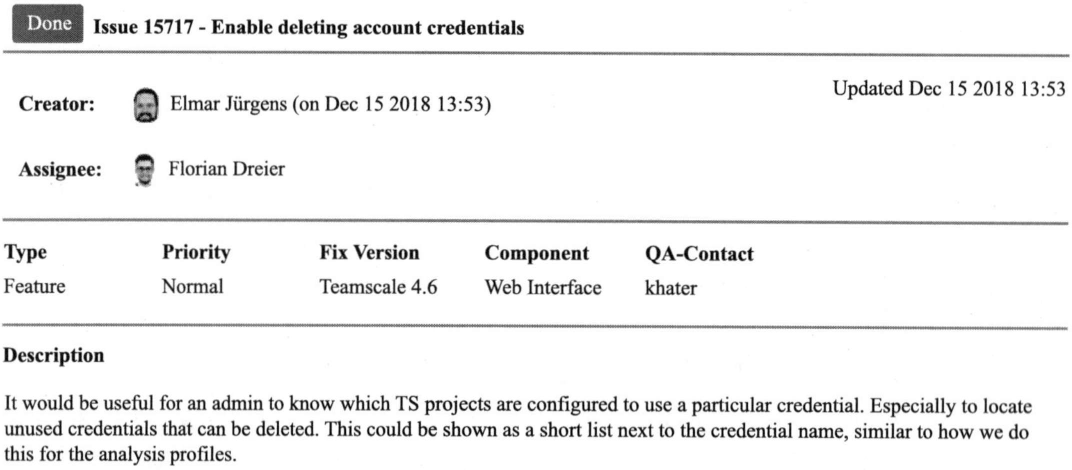
Done **Issue 15717 - Enable deleting account credentials**

Updated Dec 15 2018 13:53

Creator: Elmar Jürgens (on Dec 15 2018 13:53)

Assignee: Florian Dreier

Type	Priority	Fix Version	Component	QA-Contact
Feature	Normal	Teamscale 4.6	Web Interface	khater

Description

It would be useful for an admin to know which TS projects are configured to use a particular credential. Especially to locate unused credentials that can be deleted. This could be shown as a short list next to the credential name, similar to how we do this for the analysis profiles.

图 6　功能请求 TS－15717：允许删除用户证书

4.1　使用 TIA 进行测试

接收到用户的提交操作，CI 环境开始构建 Teamscale，并对更改进行测试。之前已在 CI 环境中增加了能够记录前端 JavaScript 代码和后端 Java 代码的测试覆盖率分析工具，并执行了全部测试用例，约耗时 45 分钟。在测试阶段，CI 向 TIA 发出请求——哪些测试用例需要执行，TIA 计算了 6 500 个测试用例（包括单元测试、集成测试、系统测试和 UI 测试）的执行时间和测试覆盖率，并根据这些数据，TIA 确定出 6 个受变更影响的测试用例：其中 5 个是回归测试用例，覆盖了部分代码更动，以及受更动影响新增加 1 个测试用例。CI 执行这些受影响的测试用例约耗时 1.5 分钟，节省了 96%的运行时间。

由于使用了 TIA，在提交更改 1.5 分钟后，开发人员就发现新的测试用例（TIA 排在第二位的用例）失败了。由于更改时间较短，开发人员大约用 10 分钟就解决了问题，并提交了新的更改：

TS－15717：修复外部证书的删除。

由于修复范围较小，TIA 选取出一个受影响的测试用例，即先前失败的测试用例。因此，CI 第二次运行总共只需要 45 秒的时间，第二次测试时所有的测试用例都通过了。

总的来说，使用 TIA 连续运行两次并修正错误所消耗的时间远少于运行全部测试用例所消耗的时间。图 7 说明了这种改进。

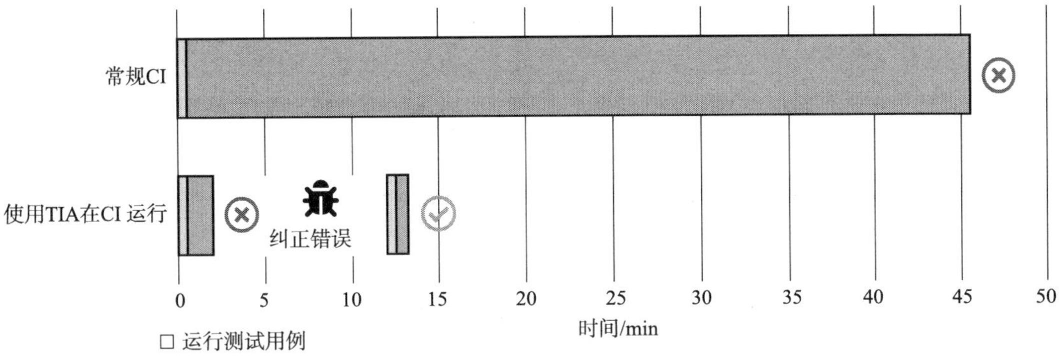

图 7　使用测试影响域分析的效果。使用 TIA 在 CI 上连续运行两次，并加上纠正错误的执行时间，远少于使用 CI 运行 Teamscale 全部测试用例的时间

4.2　使用 TGA 进行测试

为了确保所有更改都进行了有效测试，开发人员查看了树状图中 TS－15717 上下文的更改所对应的测试差距。图 8 表示 TGA 在前两次使用 CI 运行时记录的测试覆盖率，树状图表示事务 TS－15717 的覆盖率：大部分代码更动都经过了测试（绿色矩形框），但是仍存在一个测试差距（右下角的红色矩形框）。

图 8　执行由 TIA 识别出的受影响的测试用例后，事务 TS－15717 的覆盖率情况。TGA 显示仍存在一个测试差距（见彩插）

为了确定是否需要对测试差距进行补充测试，开发人员从树状图深入到代码中发现，当用户试图删除 Teamscale 仍在使用的证书时，未经过测试的代码会请求再次确认。由于这段代码相对简单并且不太可能更改，于是决定手动对其进行测试。

开发人员从本地机器启动 Teamscale 的开发版本，使用代码维护的手动测试启动脚本。在浏览器中打开被测系统，导航到管理视图，并检查是否确实存在再次确认，然后，关闭被测系统，通过启动脚本的方式为 TGA 提供覆盖率记录。TS－15717 所有更动都经过了测试，并表示为全绿色的测试差距树状图。

由于选择了手动探索性测试，开发人员没有针对特殊功能进行回归测试。但是，TGA 知道变更和测试覆盖率的时间顺序，即使功能将来发生变化，它会再次报告测试差距。正是由于有了这个安全网络，对于不大可能再次更动的代码，可以选择快速人工检查，而不需要编写自动化的 UI 测试用例或者进行手动测试。

4.3 闭环

此时，开发人员对更改感到满意，并发送给同事进行代码审查。当他和审查人都认为修改是正确的，就会合并功能分支。然后，CI 环境运行全部的测试用例集。这样可以确保即使 TIA 错误地排除了相关测试，主要的产品线也不会出错，并且还记录了覆盖范围和测试执行时间，能够使数据保持最新。

请注意，绝大多数 CI 运行仍然受益于 TIA，因为，合并功能分支的发生频率要比功能分支进行更改的发生频率低得多。

在每个 Teamscale 版本发布之前（在撰写本文时，每 6 周发布一次），测试架构师要检查自最后一次发布以来整个系统中所有更改的测试差距。这为我们提供了第二个质量检验关，确保没有关键功能在测试中被意外遗漏。在此过程中，架构师使用与功能开发过程中相同的数据，在树状图中，它表示整个代码，而不只表示某个功能的代码更动。图 9 表示全局测试差距树状图的一部分，它表示 Teamscale 的一个 UI 组件。

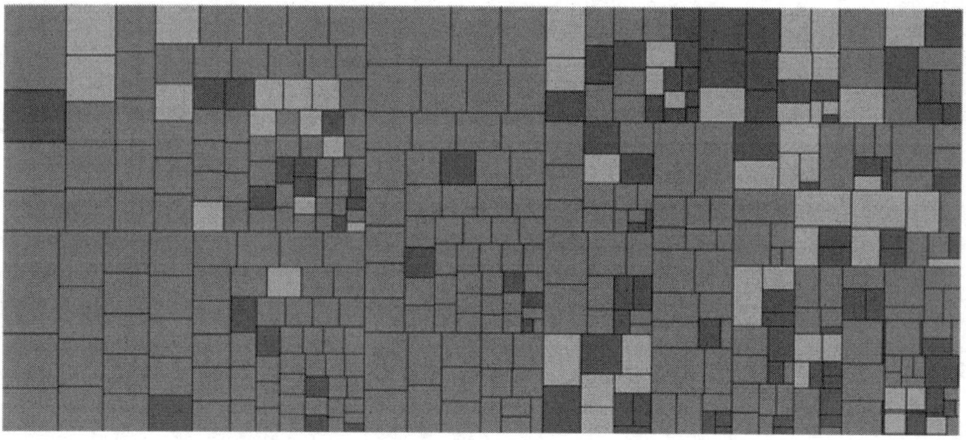

图 9　Teamscale UI 组件测试差距树状图。在发布之前，对测试差距进行全局分析可以作为附加质量检验关（见彩插）

5 适应变更驱动的测试

实践中，由于具体要求以及项目的背景原因，会遇到多种不同的测试设置和策略。所以，需要根据项目具体情况调整变更驱动测试的实施方案。在此，列举几种较为常见的场景，这些并不是全部情况。

• 测试影响域分析和测试差距分析均可以结合自动和手动测试，用于各个阶段的测试覆盖分析。测试差距分析不区分测试类型，测试影响域分析对于比较耗时的测试比较有帮助。如果排除测试可节省大量时间的因素，在测试时间非常有限而无法执行所有受影响的测试用例时，通过测试用例优先级排序也能够较快地发现错误。

• 如果开发主要发生在功能分支上，一种比较好的策略是：使用测试影响域分析来测试变更和事务的覆盖率，避免这些分支上的测试差距。另外，为了确保不会出现问题遗漏，在合并功能分支时应执行全部的测试用例集。另一方面，如果开发发生在主分支上，可以使用测试影响域分析来测试单个变更，并定期地或在发布之前执行全部测试用例集。

• 如果有可能，将测试影响域分析与其他的测试选择策略相结合，例如，针对关键功能的测试用例应该始终保持运行。然后，可以简单地运行 TIA 选取出的受影响测试用例与其他补充策略确定的测试用例的并集。

• 据研究发现，使用事务覆盖率分析测试差距最为有效，因为事务可以提供更多的上下文。即使 TGA 无法将代码更动映射到事务，它也可以显示整个系统的测试差距。这样的系统范围的 TGA 不仅具有事务覆盖率，而且可以进行二次质量检验。

• 在许多项目中，分析测试差距的人不一定是编写代码更动的开发人员，而可能是测试人员或架构师。这样会使测试差距更加难以解释，因为分析人员可能不知道变更或测试差距存在的原因。在这种情况下，来自版本控制系统的数据非常有帮助，它可以明确负责更改的开发人员是谁，这样分析人员就知道应该与谁沟通。

• 最为理想的状态是，树状图达到全绿，即测试覆盖率达到 100%。但是，在很多情况下，存在测试差距也是非常合理的，例如，测试差距位于后续还未进行开发的功能，或者是内部很少使用的功能，那么就可以将测试资源更好地用于别处。总的来说，测试过程始终需要权衡效率和确定优先级，TGA 能够帮助我们做出明智的决定，以便合理应用有限的资源。

6 结论

当前，测试人员须在更短的时间内测试更多的软件，这样，对于每一次变更，简单地自动执行全部测试用例变得不太可行。另外，通过手动的方式来确认测试用例是否覆盖了全部更改也变得不太可能。因此，需要重新思考测试策略，使测试更加高效和有效。

在本文中，介绍了变更驱动的测试，在变更驱动的测试中，分析了软件开发过程中的已有数据，这些能够自动回答如何驱动我们测试的问题。采用测试影响域分析自动识别受代码更动影响的测试用例，并对其排序，就能够更早地发现错误，这种方式可使测试效率更高，在2%的测试时间内能够发现90%以上的错误。使用测试差距分析能够自动识别测试差距，即缺少测试的代码更动，这可以帮助我们做出明确的决定——将有限的测试资源用于何处，从而提升测试效果。

参考文献

[1] Eder, S., Hauptmann, B., Junker, M., Juergens, E., Vaas, R., Prommer, K. H. : Did we test our changes? Assessing alignment between tests and development in practice. In: Proceedings of the Eighth International Workshop on Automation of Software Test (AST'13)(2013).

[2] Juergens, E., Pagano, D. : Did We Test the Right Thing? Experiences with Test Gap Analysis in Practice. Whitepaper, CQSE GmbH (2016).

[3] Juergens,E.,Pagano,D.,Goeb,A.:Test Impact Analysis:Detecting Errors Early Despite Large, Long - Running Test Suites. Whitepaper, CQSE GmbH(2018).

[4] Rott, J.: Empirische Untersuchung der Effektivität von Testpriorisierungsverfahren in der Praxis. Master's thesis, Technische Universität München(2019).

[5] Rott, J., Niedermayr, R., Juergens, E., Pagano, D.: Ticket coverage: putting test coverage into context. In: Proceedings of the 8th Workshop on Emerging Trends in Software Metrics (WETSoM'17) (2017).

下一代测试人员：应对瞬息万变的IT世界的挑战

Graham Bath

摘　要　当我们停下来，回顾影响IT的事件，IT变化的速度非常惊人。即使只回顾过去的五年，情况也是如此。人工智能或物联网的项目已不再“遥不可及”，它们已经成为现实。

与过去相比，测试技术同样需要发展改进，它需要面对不断变化的IT环境带来的挑战，并继续增加价值。为此，不论软件的开发周期或者项目类型是什么样的，测试人员必须确保他们已经具备相应的能力。现在正是定义“下一代”测试人员的时候。

关键词　软件测试；软件质量；测试人员；软件测试技能；软件测试能力素养；人工智能

1　引言

当我们停下来，回顾影响IT的事件，IT变化的速度非常惊人。即使只回顾过去的五年，情况也是如此。人工智能或物联网的项目已不再“遥不可及”，它们已经成为现实。

与过去相比，测试技术同样需要发展改进，它需要面对不断变化的IT环境带来的挑战，并继续增加价值。为此，不论软件的开发周期或者项目类型是什么样的，测试人员必须确保他们已经具备相应的能力。现在正是定义“下一代”测试人员的时候。

20年来，软件测试行业将测试人员定义为一个独立的角色。国际软件测试认证委员会（ISTQB）和国际软件质量研究所（iSQI）等组织为建立该角色做出了很多努力，并且还为其定义了更多具体的角色，如测试经理和测试分析师。在过去的一段“黑暗”日子里，测试人员被认为是一个不具备吸引力和挑战性的职业，但是现在这些角色已经发展得非常成熟，这些应归功于上述组织。但是，这种基于角色的方法仍然能够适用于IT行业吗？

看到本文的标题，可能会以为下一代（NG）测试人员只是在测试中定义新角色的另一尝试。实际上，下一代测试人员不仅仅是一个新的角色，与其说是一个新角色，不如说是一个概念性的想法。下一代测试人员可以是专门为某个组织或者某个项目服务的，具备某些专业测试能力的人。“能力”一词在这里特别重要。能力是指：

- 定义测试人员可以做的事情（例如，为AI应用程序设计有效的测试用例）；
- 测试人员可以在实际中交付的项目；

• 可以在技能框架中进行评估的内容。

本文首先考虑了影响业务发展的一些关键因素以及 IT 行业是如何应对的。基于这些因素，本文考虑了下一代测试人员所需具备的一些重要的测试能力素养。在专业的开发技能框架中对这些能力进行了描述，该框架提供了组织管理测试能力的结构，以及定义和评估它们的方法。使用技能框架，组织和项目将能够灵活地定义他们的“下一代测试人员”所需的能力。

2 推动业务发展的力量

从根本上说，以下 3 个方面影响着当今业务的发展：

1）不断地追求成本效益；

2）需要快速、灵活、频繁地交付新产品和服务；

3）适应能力（即敏捷性）。

还包括质量吗？是的，需要在质量和这些关键因素之间达到平衡。

3 IT 趋势

3.1 IT 解决方案

为了应对业务所面临的压力，IT 领域出现了几种新的解决方案，所有这些解决方案都会影响测试所需要具备的能力。包括：

• 高速连接应用。

  —使用物联网（IoT）概念的应用程序。

  —移动终端应用程序。

• 人工智能应用。

• 大数据应用。

在此并未列举出全部内容，还有许多其他的 IT 发展趋势，一般来说，以上提到的几种对软件测试影响较大。

3.2 IT 实践

软件项目的执行方式将会受到以下趋势的影响：

• 项目参与者之间协作方式的变化。

  —敏捷测试。

  —DevOps。

• 特定测试角色的弱化。

• 自动化水平提升。

  —持续集成（CI）。

—测试自动化框架集成（TAF）。

—基于模型的自动化测试（MBT）。

• 更多特定工程学科项目集成。

—物联网工程设计。

—可用性工程。

4 测试所需要具备的能力有哪些

考虑上面所提到的IT趋势，测试专业人员作为项目团队的重要成员，显然需要具备非常广泛的测试能力素养。使用框架模型能够非常好地回答这个问题：究竟需要什么能力素养呢？框架模型能够有效组织各种不同的能力，先采用T模型，再将其扩展为一个更加全面和可用的形式。

顾名思义，T模型将能力分为两类：

1）基础广泛的通用能力，可适用于广泛的项目中。例如，与广泛的利益相关人员进行有效沟通的能力，对应T的水平部分。测试人员应具备所有这些能力。

2）专业能力，例如，为移动应用程序建立测试环境，对应T的垂直部分。测试人员可以根据需要具备这些能力。

5 通用能力

下面列举出一些更加重要的通用能力。其他人可能还会希望将一些其他的能力列出来。使用技能框架对下一代测试人员进行定义比较灵活。如果在一个特定的下一代测试人员定义中找不到以下能力也是比较罕见的。

5.1 测试要点

无论项目或环境如何，测试人员需要掌握基本的测试技能。这些技能使测试人员能够更加有效地发现缺陷。

下一代测试人员所需要的能力：

• 使用“传统”黑盒测试方法进行测试用例设计。测试用例设计方法包括等价类划分、边界值分析、决策表、状态转换图和组合测试。

• 执行有效的探索性测试。

• 在测试过程中承担各种任务（例如，分析用户情景，设计和执行适当的测试用例）。

5.2 基于风险的测试

作为一种已经建立并被广泛理解的方法，应用基于风险的测试是一项必不可少的通用能力。

下一代测试人员所需要的能力：

• 识别并对不同类型的风险进行分类。

• 根据风险级别确定测试优先级。

5.3 系统架构

系统架构对于如何测试存在影响。

下一代测试人员所需要的能力：

• 了解和分析特定类型的系统架构（例如，基于 Web 的微服务、模型-视图-控制器、客户端-服务器）。

• 与系统设计师讨论体系结构，以识别风险区域和测试目标。

需要注意的是，对于几种特定类型系统架构的项目应用需要该项能力，并不是所有的系统架构都要求具备该项能力。

5.4 沟通

项目内的有效沟通对于确保能够正确理解并为干系人提供所需的信息至关重要。

下一代测试人员所需要的能力：

• 团队内有效的沟通。

• 与干系人进行沟通。

• 判断沟通是否足够。

5.5 自动化

尤其在使用敏捷方法和 DevOps 方法的项目中，自动化测试能力不再是一种专业能力，已成为一项基本技能。

下一代测试人员所需要的能力：

• 使用自动化测试工具提升效率。

• 编写可维护和高效的自动化测试脚本。

5.6 适应不同的生命周期方法

测试人员需要具备处理不同生命周期模型的能力，包括顺序的（例如 V 模型）和迭代的（例如敏捷模型）。

下一代测试人员所需要的能力：

• 将测试活动放在特定的生命周期模型中。

• 根据生命周期模型的要求进行沟通和自动化测试。

下一代测试人员需要具备的通用能力：

• 执行测试要点，以便尽早发现缺陷。

• 应用基于风险的测试来确定测试优先级。

- 了解不同的系统架构，建立测试需求。
- 团队内有效的沟通。
- 与干系人进行沟通。
- 判断沟通是否足够。
- 使用自动化测试工具提高效率。
- 编写可维护和高效的自动化测试脚本。
- 将测试活动放在特定的生命周期模型中。
- 根据生命周期模型的要求进行沟通和自动化测试。

6 专业能力

专业测试人员需要具备各种不同的专业能力。在本节中，我们考虑对大数据、接入设备和人工智能的应用程序进行测试所需要的能力。这 3 个主题说明了测试人员面临的典型挑战以及应对这些挑战所需要的能力（例如，ISTQB 在其专业的认证课程大纲中涵盖了更多的专业主题 www. istqb. org）。

6.1 大数据（BD）应用程序测试

大数据应用程序使我们能够从传感器、监视器和各种其他商业信息源提供的大量数据中获取价值。

测试面临的挑战如下：

- 必须考虑广泛的功能和非功能质量属性，例如：
  —数据分析的性能，为业务提供即时的结果。
  —应用程序可扩展性，使潜在的大量数据能够被获取并集成到现有系统数据中。
  —应用于数据的分析方法和算法的功能正确性。
- 必须考虑测试数据传播、备份和恢复能力，以确保数据的高质量。在许多情况下，这些数据可能代表整个业务的一个事实点。

下一代测试人员所需要的能力：

- 为业务干系人提供产品风险评估，该评估应考虑大数据应用程序的关键质量属性。
- 与业务干系人达成一致的测试目标。
- 与业务干系人进行探索性测试，评估大数据应用程序提供结果的价值和准确性。

6.2 使用接入设备的应用程序测试

用于接入设备的应用程序分为两大类：

- 在诸如智能手机之类的手持移动设备上运行的应用程序。
- 基于“物联网”概念的应用程序。在这种情况下，连接的设备可以是汽车、冰箱或可以通过互联网无线连接的其他形式的设备。

测试面临的挑战如下：

广泛的质量特性是测试所面临的主要挑战。除功能之外，还包括以下非功能特性以及要通过测试提供的相关答案。

• 易用性。
  —用户可以有效地使用该应用程序吗？
  —用户是否有积极的体验？
  —残疾用户也可以使用应用程序吗？
• 性能。
  —系统是否及时响应用户请求？
  —系统能否处理大量用户产生的负载？
• 保密安全性。
  —通信是否受到保护，会造成安全威胁吗（例如，中间人攻击）？
  —移动设备会被未授权的用户滥用吗（例如，分散式阻断服务攻击）？
• 互操作性。
  —应用程序可以在期望的设备和版本上运行吗？
  —可以支持所需的不同的操作系统、浏览器和平台吗？
  —可以轻松升级或交换不同的硬件和软件组件吗？
• 可靠性。
  —系统可以处理各种不同的异常情况吗（例如连接丢失、信号中断以及特殊系统组件的硬件或软件故障）？

应考虑所有针对这些独立特性的测试工作，并为这些问题提供答案。尽管希望能够涵盖所有内容，但就可用的预算和时间而言，是不太实际的。因此，测试人员面临的挑战是帮助确定测试的优先级。

下一代测试人员所需要的能力：

• 确定用于接入设备的应用程序和系统的首要风险。
• 确定能够降低技术风险的测试策略。
• 重点关注设备连接应用程序和系统的特殊非功能质量特征的用例设计和测试执行。
• 应用适当的工具（例如，模拟器和仿真器）来测试用于接入设备的应用程序。

6.3 人工智能 AI 应用程序测试

测试人工智能应用程序主要集中在测试应用程序算法的能力，以匹配（适合）信息的请求与应用程序的可用知识库。测试集中在以下两个主要方面：

• 检测应用程序完全不能匹配信息请求的情况，因此对请求没有响应（欠拟合）。这说明匹配算法可能过于精确。

• 检测发现太多匹配的情况，并为请求提供可能不正确的响应（过度拟合）。这说明匹配算法过于笼统，提供了不需要的响应。

测试面临的挑战如下：

• 任何测试都需要有预期结果来检测缺陷。由于人工智能应用程序在不断地学习和更新它们的知识库，因此很难定义预期结果。

• 测试人员必须让业务用户参与结果评估，以及参与决策是否提交缺陷报告。

下一代测试人员所需要的能力：

• 使业务干系人意识到AI应用程序的关键风险。

• 与业务干系人合作，协调和测试AI应用程序的各个具体方面。

• 了解人工智能应用体系结构和应用程序的具体用途。

• 建立不同的数据集，以识别欠拟合和过度拟合的问题。

7 技能框架

到目前为止，我们已经考虑了“下一代”测试人员需要具备的通用能力以及一些专业能力。较为理想的状态是，首先具备所有的通用能力，由测试人员、雇主和项目决定需要哪些专业能力，以及如何应用这些技能。由于测试能力的范围很广泛，技能框架能够很好地支持这些决策，远超简单的T模型。技能框架包含以下要素：

• 能力描述。

• 能力水平。

• 能力评估。

• 剖面图。

7.1 能力描述

能力描述提供了通用能力和专业能力。在较高的层次上，这些方法与上述方法类似，但可能根据需要进一步地细分。

7.2 能力水平

技能框架中的每种能力都被分配到以下建议的级别之一：

• 初级：在这个级别，一个人可以在一个项目中展示一个特定的能力，这个项目可能需要其他更高能力水平的人提供支持。

• 高级：在这个级别，一个人可以在没有支持的情况下充分展示自己在项目中的能力。

• 专家级：在这个级别，一个人有足够的能力就特定的主题向一些人、项目和组织提供咨询服务。这个人能够主动找到提升他人能力的方法。

7.3 能力评估

技能框架必须描述在不同级别上个人能力需要满足的条件。根据上述3个级别，可以为其评估定义以下条件。

1）初级。需要证据证明。可以通过国际公认的权威机构（例如，iSQI 和 ISTQB）提供证据来证明。

2）高级。需要提供最短时间（例如 18 个月）的实际工作经验证明。提交一个项目组合，并完成一个适当复杂的预定实际任务，作为达到相应能力的证据。对项目组合和实际任务进行独立评估。

3）专家级。除了要求的经验时间更长、项目组合更广泛、预定的实际任务更复杂之外，所要达到的标准与高级所描述的标准相似。

请注意，上面提到的各个级别不应该在前提条件上设置形式上的相互约束。例如，如果一个人能够证明他已达到专家级的能力，那么他不再需要先进行初级和高级的能力评估。

7.4 剖面图

技能框架的一个关键要素是它可以简单、灵活地应用于人、项目和组织实际需要的能力。剖面图提供了一种方法来定义这种特定能力，即特定级别需要匹配特定需求。例如：

• 使用人工智能方法创建移动应用程序的组织可以定义剖面图，针对测试移动设备连接和人工智能应用程序，定义所应包含的初级通用测试能力以及达到高级的专业能力。

• 个人可构建剖面图，用于设定个人发展的目标。例如，可以设定目标，即在某些通用能力上达到高级能力，而在某一特定专业上具有初级能力。

请注意，剖面图与角色相似，但又不完全相同。剖面图对定义更加灵活，并且与特定的需求直接相关。它们是根据技能框架中提供的能力进行构建的，不会遇到传统角色定义中固有的“一刀切”问题。

8 结论

基于角色的测试方法已经显示了它们的价值，并且至今仍在使用。而项目（特别是那些使用敏捷方法的项目）正越来越多地从固定的角色转向更灵活的基于能力的方法。采用这种方法可以更加准确地定义项目的能力需求，并更好地与业务需求保持一致。

技能框架是一种支持基于能力方法的总体概念，它们提供了技能定义，使人员、项目和组织能够建立自己灵活的能力剖面图。通过包含能力水平和能力评估方案，技能框架已成为衡量能力水平和促进能力提升的灵活工具。

DevOps（研发运维一体化）测试

Frank Faber

摘　要　DevOps（研发运维一体化）可以由一系列基本原则进行说明，这些原则表明了 DevOps 测试区别于传统测试。DevOps 测试中更体现用户参与的重要性，也需要应用更多的专业化测试手段。为了软件的持续改进和优化，在 DevOps 测试中会尽可能使用自动化手段。DevOps 中所有的测试都是 DevOps 团队的职责，这就要求 DevOps 测试工程师必须是一个具有 T 型技术能力的角色。

关键词　软件测试；软件质量测试；自动化测试；测试工程师；研发运维一体化；敏捷测试

1　前言

许多 IT 组织内，开发和运维之间有一道“令人困惑的墙”[1]，开发团队希望软件升级变更，而运维团队希望软件版本保持稳定，因此两者之间存在令人困惑的矛盾。

这道“令人困惑的墙”正逐步被改变和打破，越来越多的团队开始接受以 DevOps 的方式工作，来自不同团队的工程师共同工作来创造最大的客户价值。DevOps 通过端到端的职责强调软件服务的交付质量。

为了保证软件服务质量，测试是整个过程必不可少的一部分。在 DevOps 中，软件更改必不可少，要确保测试真正专注于软件交付的质量。

2　什么是 DevOps

DevOps 一词由开发和运维两个词的英文缩写组成。DevOps 来源于学者 Patrick Dubois 在 2009 年举办的一次“DevOps 日”会议[2]。虽然许多人试着给出 DevOps 的定义，但没有一个大家普遍接受的定义。DevOps 敏捷技能协会（DevOps Agile Skills Association，DASA）制定了涵盖大部分 DevOps 定义的六项原则。

1）以客户为中心的行动。

2）以客户为目标的创造。

3）端到端的责任。

4）跨职能自治的团队。

5）持续改进。

6）尽可能地自动化[3]。

上述六项原则有助于理解 DevOps 的真正含义。

2.1 以客户为中心的行动

DevOps 通常与 Agile 一起被提及，因为它们的一些核心思想有相同之处。敏捷宣言[4]表明了一种工作方式，那就是软件通过小部分增量为客户增加价值。DevOps 基于相同的原则，所有的行动以客户为中心。DevOps 团队直接为客户服务，所有活动都基于为客户增加价值的思想基础。

为了达到上述目标，不可避免地需要客户的反馈。因此，应该具备一个简短的反馈循环，客户可以在其中影响团队的行动，团队可以在反馈循环中试验新的功能特性。通过正确实施的反馈循环，客户可以就这些功能特性的使用情况提供快速反馈。

2.2 以客户为目标的创造

DevOps 团队的工作范围已经发生变化。在 DevOps 实施之前，开发团队与运营团队之间的隔离困惑使工程师无法通过考虑整个软件开发生命周期（SDLC）的视角来工作。开发人员开发了软件，测试执行通过后结束工作。运营人员接手开发人员交付的软件，并部署到生产环境，但在此之前对交付的软件知之甚少。借助 DevOps，开发和运营属于同一个 DevOps 团队。DevOps 团队是针对整个 SDLC 过程的服务能力进行建设。

2.3 端到端的责任

责任感可以使团队在工作中获得积极的满足感。正如美国心理学家 Frederick Herzberg 所描述的，这是工作的动力之一[5]。作为双因素理论的一部分，Herzberg 区分了可以提高工作满意度的激励因素和保健因素。

在 DevOps 中，团队提供的服务具有端到端的责任。这意味着团队要对软件从“产生到消亡”进行负责[3]。团队对软件全生命周期负责，应该清楚软件的服务情况，针对其服务情况进行所有更改并采取行动。例如，由于团队负责维护服务，因此软件的安全性和性能可能在团队看来具有更高优先级。安全性、性能和所有其他质量属性不再由专家负责，而是应由整个 DevOps 团队从一开始就在 SDLC 流程中构建。

这种责任感可以激励团队并给团队带来积极的满足感。

2.4 跨职能的自治团队

在 DevOps 中，团队应该是跨职能的、自治的。团队本身应具备提供和维护具有端到端职责服务的所有技能和知识。这并不意味着工程师应该是超人，并且应该能够执行所有的任务。工程师的技能和知识可以是满足 T 型模型的[6]。T 型能力模型由横竖两条组成，垂直条表示工程师在特定领域中知识和技能的深度。水平条表示工程师具备许多领域的知识和技能，具有广度但难以达到专家的深度。这使得工程师有可能从其专业知识之外承担团队中的简单任务。团队内部知识和技能的共享非常重要，正是团队成员之间进行的知识技术共享，才使得工程师能力能够在 T 型能力模型中得到水平方向的扩展。但是，这种共享只能通过团队其他成员共享其专业领域知识和技能实现。

2.5 持续改进

新客户需求和环境变化要体现在团队需要完成的工作中。团队需要不断专注于改进所提供的服务。这是通过凤凰项目[7]的“第二种方式”实现的。“第二种方式”是关于建立和应用稳定的反馈机制。作为团队，尽快获得尽可能多的反馈。客户协作有助于获得客户的反馈。测试和监控是向团队提供其服务反馈的另一种方式，团队应该能够对失败的测试或监控发现的性能变化做出快速反应。

2.6 尽可能地自动化

许多团队，包括 DevOps 团队都经历过必须连续多次执行相同任务的情况。为了在 SDLC 中实现流程，许多团队采用自动化手段。自动化可以消除容易出错的手动步骤，如果实施得当，它将提供更快的流程，并可以腾出时间让团队专注于提供高质量的服务。

在当前市场上，有许多公司利用 DevOps 来推广其自动化工具。尽管工具可以帮助团队过渡到 DevOps，但 DevOps 并不是始于工具，而是始于改进过程。

3 DevOps 测试

参考文献［8］指出“测试过程包括所有静态和动态的软件生命周期活动，涉及软件产品及相关工作产品的计划、准备和评估，以确定它们是否满足需求，证明它们可以达到目标和检测缺陷。”

软件测试的定义在世界范围内众所周知。在 DevOps 中，仍然需要进行这些活动来验证产品的质量。在 DevOps 之前，测试往往是 SDLC 中的一个阶段，该阶段在产品交付运营之前就已经结束。但是，测试不应该是一个阶段，而是从软件开发一开始就应该存在，并且应该是整个（交付）团队共同承担的责任[9]。正如 W. Edwards Deming 所指出的[10]，正确的测试过程有助于“建立质量”。团队共同承担测试责任以及将其嵌入到整个软件过程中可以实现高质量的产品。

3.1 DevOps 范围

DevOps 活动范围的改变意味着团队对他们的服务质量负有端到端的责任。确保服务质量的活动是端到端职责的一部分。你可以想当然地认为所有测试活动都应在 DevOps 团队中完成。从理论上讲，团队执行的测试应该是端到端的测试用例，因为它应该涵盖团队服务的整个范围。但当团队负责与许多其他团队的服务交互时这很难做到。团队的端到端定义可能不同于客户的定义。业务流程可以涵盖多个服务，而端到端测试将测试多个团队的服务。这些端到端测试的责任可能会引起问题，因为责任被多个团队承担。

解决这个问题的一种方法是使用基于合同的测试[11]。DevOps 可将软件作为服务，为服务创建合同。基于合同的测试是验证服务是否遵循了该合同。测试应模拟客户（或其他服务），并确保不违反合同。如果一家公司包含多个服务，并且所有团队都已成功实施了基于合同的测试，那么可以认为不再需要端到端测试。功能应包含在所有合同中，因此也应包含在测试中。但是，这种情况只有在合同符合客户需求并且合同链中没有错误时才可能出现。应该有一些内容可以弥补合同之间的任何差异。可以使用端到端测试来减小这些差异中的风险。在微服务架构中[12]，基于合同的测试是一种更适用的测试策略，因为该架构包含多个服务。在单体架构中，基于合同的测试可能会比较困难，因为它难以识别出可单独测试的服务。

端到端测试可以通过多个团队在整个过程框架中按相互连接的小测试进行，直到它覆盖整个业务流程。每个团队将负责整个过程一小部分测试，并应向其他团队提供帮助，以确保测试链能够正常工作。通过这种方法，仍然可以与 DevOps 团队进行端到端测试。它需要大量的协调工作和使用同一个测试框架，以支持多个团队。

在某些情况下，当一个团队负责多种服务时，让一个团队负责端到端测试可以而且将会更加富有成效。该团队可以为多个团队提供端到端测试服务。DevOps 团队应为涵盖的服务提供测试标准，并应对测试的负面结果采取行动。端到端测试团队应负责确保测试被执行，但 DevOps 团队仍应负责这些测试服务。无论如何选择，最好确保所建立的团队符合以客户为中心的行动原则。

3.2　以客户为中心的测试

敏捷宣言的出现使软件开发开始发生改变，它高度关注开发过程。学者 Gojko Adzic 在《实例化需求规格》一书中写道："正确地开发产品和开发正确的产品是两件事"[13]，他区分了过程和过程的结果。尽管开发过程可以按要求进行，但不能保证过程的结果（产品/服务）具有客户满意的质量。为了保证质量，需要直接关注客户，因为他们决定了所想要的真实的服务需求。在这种情况下，第一个 DASA DevOps 原则"以客户为中心的行动"是合理的[3]。当你进行以客户为中心的测试时，测试的关注点是从客户出发的。

以客户为中心的测试第一步是收集需求，因为需求决定了测试用例。"实例化需求规格"[13]是一个术语，是通过示例描述处理需求的一种方法。具有相同原则和思想的另一个术语是"行为驱动开发"[13, p. xiii]。Adzic 指出，需求的实现通过协同合作最有效。在敏捷开发方法中，存在"3 个朋友"的术语，即业务分析师、开发人员和测试人员在其中协同工作以实现新功能的需求[14]。这个过程并不复杂，并试图以小组形式对需求进行广泛的了解。在 DevOps 中，团队以协作的方式制定需求，这样可以把团队的所有专业知识集中起来。当关注于不同工程师引入团队的专业知识时，这比"3 个朋友"效果更进一步。这些专业知识可以影响服务质量。

编写需求时，以用户的角度通过示例来描述需求。一种形式是采用 Given - When - Then（给定条件—何时执行何种操作—操作结果）方式，也称为 Gherkin 语言[15,16]。通过这种方式来编写需求的出发点是以用户为中心，这也是一种内部或外部客户都更容易理解的格式。通过这种方式提供一组示例来标识客户所需的功能，这使客户和 DevOps 团队之间对需求的讨论更容易。示例是说明客户行为的一种方式，这些示例使需求以客户为中心的方法迈出了一步。

从 Given - When - Then 格式的需求描述到实际测试，只是使用多个测试工具的一小步。例如像 Cucumber[17]之类的工具可以让工程师用这种格式设计测试用例。在这些工具中，Given、When 和 Then 作为关键字嵌入到用于运行测试的测试代码中。Cucumber 和其他工具使需求可视化，因此它们可以成为有关需求和测试案例讨论的一部分。在测试执行报告中，可以使用相同的格式与相关者共享测试结果。团队必须考虑对 Cucumber 中测试用例和粘合代码的管理，如果不管理会导致很多额外的工作。

DevOps 不要求团队应用示例化描述需求方法或将 Cucumber 用作其主要测试工具。不论是方法还是工具都只是另一种验证方法的示例，该方法的目的是验证在建立需求和测试用例时是否存在直接聚焦于用户的视角。它能帮助我们建立以客户为中心的测试视角。

3.3 专业化测试

更专业的测试，例如安全性和性能测试，也应该在团队中完成。这可能会带来问题，因为如果团队中没有这种测试的知识，那么应该怎么做？有多种方法可以解决这个问题，具体取决于团队的情况。

正如前文所述，DevOps 并不意味着工程师应该是超人。工程师可能在某些领域缺乏知识和技能。通常，具有测试专业知识的工程师将对安全性和性能测试有所了解，因为他们被认为是专业的。但是，在 DevOps 中成为 T 型技术能力的工程师面临着扩展知识和技能的挑战。工程师有可能在安全性和性能测试方面都变得很有能力。如果团队所提供的所有服务知识在团队内部都具备，则团队成员应能够在此方面为工程师提供帮助。运营专家可以帮助团队了解服务器级别的性能，开发专家可以帮助团队理解代码中的安全框架和方法。工程师不一定要成为安全和性能测试的专家，但他们应该能够建立起满足需求的测试服务。

另一种方法是使用性能测试和安全性测试的测试服务。端到端的责任并不意味着团队必须自己做所有的测试，而是应该掌控过程。在大型企业组织中，通常有团队提供安全性或性能测试服务。但是应该考虑的是，外部这些测试服务可能很难适应本团队的工作方式。团队之间的优先级可能有所不同，这可能会导致在本团队需要的时候无法立即获得测试服务。此外，还应该明确测试服务双方的期望。DevOps 团队应该对测试内容提出明确要求，并要求提供必要的技术支持。另一方面，对于 DevOps 团队而言，应该清楚外部所提供测试的预期结果。

除了上述两种方法，还可以使用一些其他方法。下面给出两个例子，一个是可以短期内在团队中引入具备安全/性能测试知识的工程师，或者组织安全/性能测试团队对DevOps团队进行必要的知识水平培训。

对于每种方法，DevOps团队理解其测试范围与传统的测试不同这一点非常重要。DevOps团队负责并应控制其服务所需要的各种测试。

4 自动化

DevOps离开自动化将难以实现，容易出错的手动任务可以并且应该由自动化代替。DevOps团队需要快速反馈，而自动化是团队获得反馈的一种方式。它可以加速现有流程，并确保团队尽快收到流程的反馈。当进行自动化工作时，团队成员可以专注于确实需要人工干预的任务。

自动化在打破“令人困惑的墙”（研发和运维之间的隔离）中发挥作用，开发和运营部门可能会使用各自的部署工具和流程工具。在DevOps中，最好团队开始时对整个SDLC使用相同的工具，这可能是使团队成员协作和软件研发过程清晰和顺畅的一种方式。团队中存在的不同技能可以使自动化适应整个团队的需求。

4.1 测试自动化

在测试中，越来越多的测试被自动化。测试工程师可以使用更多的测试工具和自动化工具来支持他们的测试。自动化创建了快速的反馈环，从而驱动了开发设计和版本发布[9]。在DevOps中，希望尽可能地自动化。由学者Brian Marick建立的测试象限图被Lisa Crispin和Janet Gregory所采用，创建了敏捷测试象限[18]。象限显示了各种类型的测试中自动化可以发挥的作用。团队中面向技术的测试，例如单元测试是可以自动化的。团队中面向业务的测试，例如功能测试可以是自动化的或手动完成的。基于DevOps原理“使一切都自动化”[3]，DevOps中的功能测试应该自动化。正如前文所述，这些功能测试应该是以客户为中心的测试。项目测试中所面临的测试技术多数需要工具支持，因此可以通过工具自动化。

敏捷测试象限中的前3个象限都用到了自动化，前3个象限的测试应该为第4个象限的测试预留时间和空间，因为涉及产品的业务测试，通常是需要手动完成，不能自动化。在DevOps团队中拥有多个具有不同技能的小组，这将有利于团队在实施自动化节省出的时间与其他团队一起完成需要手动完成的测试。

测试金字塔可以帮助实现测试自动化。它区分了可以在低级别上快速执行的测试（单元测试）和执行速度较慢的测试（UI测试）[19]。低级别测试最适合自动化，这就是它们通常快速执行的原因。测试金字塔结合了最初由开发人员执行的测试（单元测试）和由测试工程师执行的测试（服务，UI测试）。测试金字塔策略是一种跨功能的测试策略，可与DevOps配合使用。DevOps团队中的工程师应分享他们的知识和专长，来实现该测试策略。此策略同时可以帮助团队共同承担测试责任。

4.2 持续测试

自动化测试可以是部署流水线中的一个环节，也可以是持续集成、交付甚至部署的一部分。部署流水线是“软件构建、部署、测试和发布过程的自动化实现”[9]。部署流水线是授权团队来控制交付物成果的一种方式。流水线可以帮助团队部署服务并以自动化方式验证质量。在 DevOps 团队中，应该授权所有团队成员在合适的控制策略下可以在任何环境中部署任何版本。流水线可以减少部署和测试服务的复杂性。当每个团队成员都可以通过按一下按钮来部署和测试服务时，就会减少团队成员之间对部署和测试服务的理解差异。

持续测试可以是连续的流程，在每次流水线启动时都执行测试。测试可以在流水线中设置运行或跳过的环节，以进入下一步流程。流水线还为团队在不同开发阶段的服务质量提供了最新反馈。自动化本身也可以被测试，它可以帮助了解自动化是否以正确的方式执行正确的步骤，这包括用于在不同环境中部署服务的自动化。通过部署测试，团队可以控制部署环境并检查其是否处于应有的状态。测试将使团队更加依赖自动化手段来进行控制。

4.3 监控

从软件开发一开始就对软件进行监控越来越普遍。在 DevOps 中，团队承担端到端的职责，软件监控是一种将生产环境中的服务反馈给团队的方法。监控的范围从服务器级别的技术上监控，如监视 CPU 使用率、内存等，到更多的功能监控，如已登录的用户数等。功能监控在某种程度上可以洞悉客户对服务的喜好，它可以使团队通过客户使用的服务来跟踪客户。

通过软件监控可以代替一部分测试。如果 DevOps 团队已实现文献［7］中所述的“第 3 种方式”，即通过不断收集反馈来验证服务。软件监控可以帮助团队收集反馈。“第 3 种方式”实现的前提是团队足够成熟，可以快速交付新功能，并进行实验以验证真正合适的客户需求。

软件监控是一种比测试更被动的方式来获取反馈。这主要是因为监控集中在生产环境，是整个环节的末端。测试可以在整个环节的早期开始，并为团队提供更多选择以满足测试结果。当团队能够快速响应监控结果时，监控可以作为测试的一种方式。如果团队可以开发新功能并快速部署，例如使用持续部署，则团队可以做出快速响应。监控可以作为对产品面向业务测试的评价，并且适合于敏捷测试[18]。

5 测试工程师的角色定位

测试工程师过去是处于业务和 IT 之间协调的角色，可以完成将需求从业务端连接到 IT 端的技术实现。这可以促进业务与 IT 之间的持续交流。实施 DevOps 之后，这种交流必须继续进行，并确保客户处于活动的中心。在 DevOps 中，团队更有可能拥有具备不同技能的工程师，因此需要建立这种交流的机制。测试工程师是 Dev 和 Ops 之间的桥梁，因为质量是两者之间的纽带。测试工程师可以在这种交流中发挥至关重要的作用，他们可以将加强质量建设作为团队的共同责任。质量也是使团队成员更紧密协作的重要主题。工程师们可以根据自己的专业知识提出对质量的看法。测试工程师可以确保将所有这些不同的看法融合到一个测试策略中，

DevOps 中的测试工程师并不是唯一负责准备和执行测试用例的人，具有不同专业知识的 T 型技能工程师们也应该能够准备和执行测试用例。测试工程师可以充当团队成员的测试教练，并帮助他们了解如何进行测试。测试工程师的测试专业知识应在团队内部共享。

5.1　测试需要 T 型技术能力

一个具有 T 型技术能力的测试工程师应首先确定自己的专业知识适合 DevOps。测试专家应具有知识和技能，以收集对被测系统的正确测试需求。根据这些需求，可以使用测试技术来建立和执行测试用例。测试专家还应具备有关如何在过程中选择和使用正确工具的知识。DevOps 中对测试工程师测试专业知识的要求与 DevOps 外并无差异。

由于 DevOps 中要实现自动化，因此测试工程师需要具备实施自动化测试的技能和知识。从测试自动化到持续交付，测试工程师必须能够适应团队实施自动化的角色。这通常意味着测试工程师需要具备一些基本的编码技能和需要了解大多数编程语言的结构。除了这些技能外，测试工程师还必须了解测试自动化，并能够以合适的测试策略实施它。根据 T 型能力模型，编程知识是属于基本了解的知识，而不是需要深入的专业知识和技能。测试自动化和更多额外的测试技能应该是测试专家需要扩展的水平技能。

测试工程师可以充当业务与 IT 之间或 DevOps 团队中不同领域专家之间的协调者，这使得他们能够从团队中的不同方面获得知识，也能够通过获得的知识，帮助团队成员扩展 T 型能力模型中的知识广度。

5.2　软技能

虽然前文强调了测试工程师重在拥有技术能力，但是具备良好的软技能也很重要，通过软技能可促进不同方之间的良好沟通。如果测试工程师成为中间的协调者，那么必须要熟练掌握人际交往能力。这些技能使发挥领导作用成为可能。

6　总结

在 DevOps 中和在非 DevOps 环境中进行的测试实践具有相同的基础。DevOps 团队对服务负有的端到端责任意味着必须同时考虑开发和运营的质量要求。非 DevOps 的软件

开发生命周期中运营的质量通常不被包括在测试范围内，但现在已成为测试范围的一部分。DevOps 中的测试范围是团队所提供的全部功能服务。因此，端到端测试可以采用不同形式。更专业的测试，例如性能和安全性测试，将成为端到端测试新范围的一部分，尽管可能规模较小。由于这些测试的特殊性，可能会将这些测试交于外部团队来执行。但 DevOps 团队应对这些测试进行掌控，并确保这些测试被执行。作为以客户为中心的测试的一部分，DevOps 中的功能测试应更多地关注客户，这样可以确保将客户想要的质量作为团队工作的重心。

在 DevOps 中，要对一切都尽可能地进行自动化，在能用到测试自动化的地方就必须用到测试自动化。借助自动化，团队可以不断获得有关其服务以及为服务添加新功能后的反馈。软件监控是测试的有效补充，有助于快速获得团队所交付软件服务在功能和技术级别的反馈。此反馈可用于以适合客户的方式来对软件服务进行调整。

测试工程师的角色变为具有测试专业知识的 DevOps 工程师。测试专业知识和技能作为 T 型能力模型的一部分，这些知识和技能在团队中作为测试策略被应用和传授。测试专家应能够将业务和 IT 以及团队中的各种专家协同起来，以满足对服务质量的所有要求。测试责任必须由整个团队共同承担。具有测试专业知识的工程师可以在 DevOps 中处于领导角色，就像一个团队中的教练一样。

参考文献

[1] Shafer, A.: Agile infrastructure. Speech presented at Velocity Conference(2009).

[2] Mezak, S.: The origins of DevOps: What's in a name? https://devops.com/the-origins-of-devops-whats-in-a-name/ (2018). Accessed 24 January 2018.

[3] 6 Principles of DevOps. https://www.devopsagileskills.org/dasa-devops-principles/(2017).

[4] Manifesto for Agile Software Development. https://agilemanifesto.org/ (2001).

[5] Herzberg, F., Mausner, B., Synderman, B. B.: The Motivationto Work. Wiley, NewYork(1959).

[6] Guest, D.: The hunt is on for the renaissance man of computing. The Independent (1991, September 17).

[7] Kim, G., Behr, K., Spafford, G.: The Phoenix Project: A Novel About IT, DevOps, and Helping Your Business Win. IT Revolution Press, Portland, OR(2013).

[8] International Software Testing Qualifications Board: Certified Tester Foundation Level Syllabus Version 2018 Version. https://www.istqb.org/downloads/send/51-ctfl2018/208-ctfl-2018-syllabus.html(2018).

[9] Humble, J., Farley, D.: Continuous Delivery. Addison-Wesley, Upper Saddle River, NJ(2011).

[10] Deming, W. E.: Out of the Crisis. MIT Press, Cambridge (2000).

[11] Aichernig, B. K.: Contract-basedtesting. In: Formal Methods at the Crossroads. From Panacea to Foundational Support, pp. 34-48. Springer, Berlin, Heidelberg(2003).

[12] Richardson, C.: What are microservices? https://microservices.io/(2018).

[13] Adzic, G.: Specification by Example: How Successful Teams Deliver the Right Software, p. 3. Shelter Island, NY, Manning (2012).

[14] Dinwiddie, G.: The Three Amigos: All for One and One for All. Better Software. https://www.stickyminds.com/sites/default/files/magazine/file/2013/3971888.pdf(2011). Accessed November/December 2011.

[15] North, D.: Behavior Modification. Better Software (2006, June 5).
[16] Gherkin Reference. https://cucumber.io/docs/gherkin/reference/ (n. d.).
[17] Cucumber. https://cucumber.io/ (n. d.).
[18] Crispin, L., Gregory, J.: Agile Testing. Addison-Wesley, Boston, MA (2008).
[19] Fowler, M.: Bliki: TestPyramid. https://martinfowler.com/bliki/TestPyramid.html (n. d.).

测试人员技能培训：教会测试人员如何自己思考

Paul Gerrard

摘　要　2018 年，it @ cork Skillnet（https：//www. skillnetireland. ie；https：//www. itcork. ie）和 SoftTest（https：//softtest. ie）组织与 Gerrard Consulting 联系，请求提供旨在提高爱尔兰软件协会南部软件公司测试人员技能的培训计划。

大约有 20 位测试和 QA 经理决定着眼于他们目前在工作中面临的挑战，并规划用以开发和改进可供本地测试人员使用的与测试相关的培训。第一次会议于 2018 年 11 月 29 日举行。该提议报告名为“发展测试技能以应对产品质量挑战”。

该提议最初是针对初学者设立的为期 3 天的课程，最终变成了更为充实的学习与发展（L&D）项目。本文介绍了为什么需要该项目的原因、测试技术当前状态以及将来可能会如何发展。

关键词　软件测试；软件质量；软件测试技能；ISTQB；软件测试工程师

1　引言

1.1　背景

2018 年，it @ cork Skillnet（https：//www. skillnetireland. ie；https：//www. itcork. ie）和 SoftTest（https：//softtest. ie）组织与 Gerrard Consulting 联系，请求提供旨在提高爱尔兰软件协会南部软件公司测试人员技能的培训计划。

大约有 20 位测试和 QA 经理决定着眼于他们目前在工作中面临的挑战，并规划用以开发和改进可供本地测试人员使用的与测试相关的培训。第一次会议于 2018 年 11 月 29 日举行。该提议报告名为“发展测试技能以应对产品质量挑战”。

该计划最初是针对初学者设立的为期 3 天的课程，最终变成了更为充实的学习与发展（L&D）项目。本文介绍了为什么需要该项目的原因，测试技术当前状态以及将来可能会如何发展。

1.2　干系人

该项目的干系人如下：

it @ cork Skillnet 提供了广泛的培训课程，可满足成员公司的各种培训需求，这些成员公司遍及 IT 部门及其他各个层面[①]。

SoftTest 是爱尔兰的独立软件测试特别兴趣小组，目标是促进爱尔兰软件协会的知识共享。

该项目成员是代表爱尔兰南部软件公司的软件测试专业人员。在撰写本文时，有来自软件服务、医疗保健、金融科技、安全、游戏、计算机硬件、保险、生物技术和人力资源系统等行业的 23 名成员。

1.3 启动

2018 年 11 月的第一次会议有两个目标：

1）介绍会议参与者并概述项目成员面临的困难。

2）明确成为一个专业且高效的测试人员所需要的技能。

迈克菲（McAfee）的 James Trindle 在会议上作了简短介绍，总结了软件团队在当前招聘和留住优秀测试人员方面面临的问题。他的演讲描述了当前严峻的形势，他称之为一个生存危机。

保罗·杰拉德（Paul Gerrard）推动了大家针对这些问题的讨论，确定了目前所面临挑战的范围。然后会议分成几个小组，对专业测试人员的技能要求进行了头脑风暴。

2 为什么需要新的测试工程师技能培训项目

本文从公司聘用和培训测试人员时面临的危机开始，后面的内容提供了更广阔的行业视野和推荐的新技能组合。

2.1 测试人员的生存危机

1）测试方法过时。普遍的感受是：培训课程、书籍和认证方案提供的方法不再适用。这些方法已经过时了，没有跟上目前的行业变化。

2）测试和测试人员被自动化取代。目前一个普遍的看法是：测试人员和测试通常可以由自动化方法代替。持续交付（CD）的压力、自动化测试的广泛应用以及机器学习和人工智能的兴起使管理者更加深了这种认识。测试人员尚未找到一种方法来阐明为什么测试自动化和（人员被）淘汰比人们认为的要困难得多。

3）测试如何为团队增值？如果问一个测试人员，他给团队带来了什么价值，他往往很难给出一个有力的证据。测试很重要这一点已经取得了普遍的共识。但是测试人员如何诠释其价值？我的经验是：几乎所有测试人员都不知道他们的客户（干系人）是谁；他们不知道客户想要什么，或者测试人员提供的信息是如何来帮助客户做出决策的。作为一种

---

① it @ cork 是领先的非营利性独立组织，代表爱尔兰南部的 Tech Sector。it @ cork 管理 it @ cork Skillnet，由爱尔兰 Skillnet 和会员公司捐款资助。爱尔兰 Skillnet 是致力于促进爱尔兰劳动力学习的国家机构，由国家培训基金通过教育和技能部提供资金。

职业（如果测试确实是一种职业的话），我们在这方面做得并不成功。

4）头衔的改变——SDET 角色的演变。一些公司正在采用各种方式重新分配其团队中的测试任务。Shift - Left 方法已经流行起来，开发人员承担了更多的责任，测试人员充当开发人员和其他团队成员的教练/导师，并更加紧密地参与需求的制定。这些都是好的经验。SDET（Software Development Engineer in Test）在美国比在欧洲更受欢迎，这是一个很稀缺的职位。现在已经很清楚的是：测试处于不断变化的状态。对于测试人员来说，及时跟进这些变化是很难的。

5）测试人员也是工程师，也必须编写代码。SDET 方法鼓励从未写过代码（也可能不想写）的测试人员学习编程或脚本语言以及自动测试执行工具。对于测试人员来说，编程和使用工具的压力很大。这种情况的部分原因是供应商的不懈营销。另一个原因在于测试人员不清楚哪些工具可以做什么、应该做什么、不能做什么以及不应该做什么。对于自动化测试和工具使用方法，测试人员知之甚少。

6）测试不再受重视。千年虫威胁使许多公司重视测试，并且在很短的一段时间内，测试人员备受尊重。但是，当敏捷开发出现并广泛应用时，测试人员的重要性就被严重低估。他们只是被要求“继续做下去”。至少从一开始，敏捷开发就主要是作为开发人员的主动行动来驱动的，几乎没有考虑如何完成需求和测试。15 年后，测试人员明确了他们在敏捷开发中的作用。但不幸的是，下一件大事就是持续交付。持续交付的口头禅是任何类型的测试都应该自动化。测试人员再次面临重新定义其角色或退出项目的压力。

7）技术正在以前所未有的速度变化。毫无疑问，测试方法的更新没有跟上技术变化的步伐。尽管测试工具每一两年就会推出一些新的接口技术，但是新的建模方法和测试管理方法的发展却极为缓慢。测试人员的技能似乎与技术捆绑，实际上技能应独立于技术，从而使测试人员可以不受具体技术的限制来测试任何软件。

2.2 数字化转型

在整个业界，IT 的需求制定、开发、实施和使用的方式都发生了巨大变化。整个“数字化转型”被大量地炒作，数字化转型计划正在影响所有行业和政府部门的业务。同时，毫无疑问也会影响人们的日常生活。

数字化包括传统的 IT，但同时也包括：

- 移动应用包罗万象。
- 物联网。
- 自动驾驶技术。
- 我们的家庭、工作场所、公共和私人空间。
- 机器人（物理）。
- 机器人（软件）。
- 人工智能，机器学习，深度学习。

……

数字化的愿景有很多：

- 无须人为干预系统（自主业务模型）。
- 实时创建、发送、跟踪和更改营销消息。
- 用户可以使用所有媒体格式，从最小区域到全局的全方位数据。
- 无人机、无人驾驶卡车和汽车可以运输产品、物料和人员。
- 无须经过订购、存储等环节交付实物产品——3D 打印消除了这些限制。

人类曾经建造过很多复杂的系统。曾经最复杂的系统是拥有 250 万个零件的航天飞机，但是后来被拥有 10 亿个零件的尼米兹号超级航母所取代。该航母包括成千上万个相互连接的系统，并且拥有 5 000～6 000 名船员，可以看作是一个漂浮在海上的城镇。

将这些与“智慧城市”进行比较。

智慧城市是一种城市发展愿景，以安全的方式集成多种信息和通信技术（ICT）及 IoT 解决方案，以管理城市资产——城市资产包括但不限于地方部门的信息系统，如学校、图书馆、运输系统、医院、发电厂、供水网络、废物管理、执法和其他社区服务。（维基百科）

对于智慧城市，连接的节点和端点的数量可能在 100 万到数十亿之间。智慧城市将比以往任何系统都更大、更复杂。智慧城市连接着所有的市民和众多系统：

- 市民可以在城市范围内外自由移动。
- 市民以不可预测的方式进行交互。
- 市民并不像军队那样是被精心挑选出来的；骗子、间谍和恐怖分子同样可以在城市中随心所欲。

与航母不同，智慧城市极易受到攻击。

数字系统将对所有接触这些系统的公民产生社会影响。随着系统与社会结构更加融合，这种影响愈发深远。数字系统已经在监视我们的一举一动：购买、浏览和社交活动。并且每时每刻都在向我们建议购买什么商品、在哪里购买、与谁见面以及何时支付账单。

执法也受到了影响。闭路电视监控着交通、人员和资产的流动以及我们的行为。目的可能是通过识别可疑行为并指导执法人员到高风险地点行动来预防犯罪。但是这些系统有可能侵犯我们的公民自由，并且法律的架构滞后于这些技术的发展。

数字化影响所有产业。

与一直持续的敏捷开发不同，数字化由业务驱动。敏捷开发时间超过 15 年才在软件行业中获得成功。数字化仅用了大约 2 至 3 年就已经在西方无处不在。数字化是当下的热门话题。

交付速度与行动力有关，更重要的是与企业生存息息相关。

通常，首席数字官是营销人员。营销人员以营销的步伐为行动指南，他们希望产品以相同的速度变化。对于营销人员来说，频繁的软件交付至关重要。移动用户希望应用程序几乎每天都会随着新功能、优惠和机会的出现而不断变化。只要他们的应用程序能够可靠运行，用户通常就不在乎他们使用的是哪个供应商，因此企业处于 APPS 竞赛中。

以市场营销步伐开发软件。

因此，自动化（不仅仅是测试自动化）至关重要。业务需求是 IT 响应能力——真正的敏捷性，这并不一定意味着每天都有数百个版本；但这确实意味着企业希望快速和有规律地运转，从开始构思到软件交付。

通过持续集成/部署、DevOps，开发人员现在可以保证持续交付。

测试人员需要提供持续保证。

这意味着在（缩短的）生命周期内实现自动化。自动化到底能实现什么？持续交付和 DevOps 是否为通往成功之路？测试会成为瓶颈吗？测试人员如何在动态、快节奏、自动化为主的环境中工作呢？

2.3 瀑布式思维不适用于持续交付

持续交付或它的适应性模式在数字化项目中越来越受欢迎，如果数字化是大多数公司的“未来”，那么我们最好为此做好准备。测试人员需要进行调整以适应持续交付，因此我们先看一下持续交付模型。

人们最常见的图是下面的数字 8 型的无限循环。循环原则是：计划、编码、编译、测试一直到发布、部署、运行和监测的所有阶段都是顺序的，但是对于每个发布都重复进行上述循环。

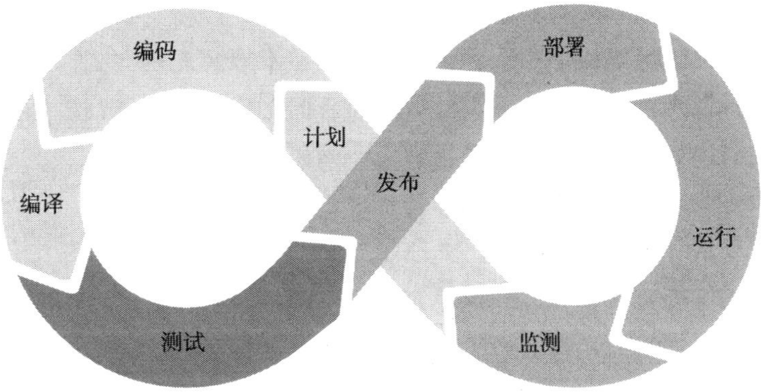

但是这里有一个问题：如果展开无限循环，则可以看到这些阶段非常类似于瀑布开发的模式，没有反馈回路，必须在一个阶段完成之后再开始另一个阶段。

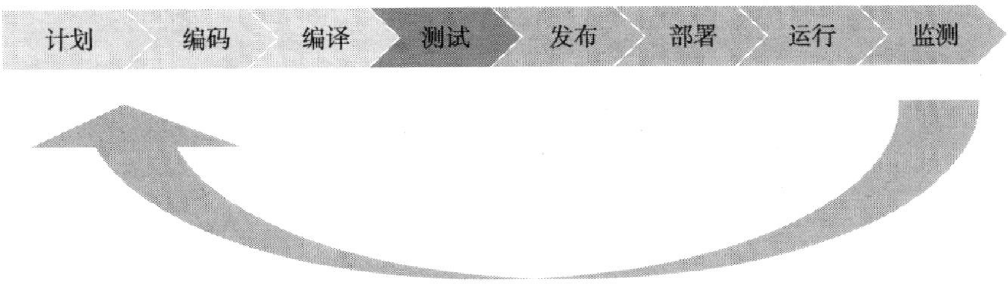

因此，似乎连续交付只是一个很小的瀑布，我们对瀑布式的开发了解多少？

- 瀑布开发是连续的：一个阶段紧随另一个阶段，无变更。

• 依赖关系规则：无法在上一个阶段完成之前开始下一个阶段。

• 不可重新返回：不能灵活应对外部事件。

• 测试本身具有阶段性：我们知道测试本身具有它自己的阶段性思维，并且测试活动贯穿整个过程。

• 仅有一个测试阶段：但是有开发人员和测试人员手册以及自动测试执行活动。

• 测试时间被压缩：限时测试，准备和执行时间都受到限制。

• 没有反馈回路：我们知道测试会发现错误，但是连续过程中没有反馈回路。

如果说敏捷能教给我们什么的话，那就是：因为对阶段性方法的依赖使瀑布模式在更加动态的环境中不适用。

分阶段模式无法在持续交付中运行。

我们需要另一种流程方法，以实现持续交付。

2.4 将思想与组织级工作分离

这里有两个问题要解决：

首先，没有一个特定的方法或最佳实践方法可以保证实现连续交付。每个人的做法略有不同，因此任何通用培训计划都必须提供通用实践。

其次，任何可靠的培训计划都必须确认课堂上可以教授某些技能，但是公司领导必须负责向员工解释本地做法和培训本地技能。

这些本地惯例称为组织级，是一种原则性方法在本地的应用方式。在本地可能意味着在整个公司适用，或者可能意味着从事的每个项目的工作方式都不同。因此，如果从事多个项目，即使在同一团队中工作，也必须适应不同的实践方式。

原则和思想是全球性的；组织级工作是本地的。

仅为员工提供培训显然是不够的。本地领导必须培养员工，在实际工作中对他们进行指导，并为他们提供能够掌握技能和本地方法的工作。

要为从业人员提供培训，我们必须将原则和思考过程与组织级工作分离。

我们如何做能到这一点？

2.5 组织级工作：我们不关心

我们需要从思想中消除组织级工作。首先需要识别本地工作环境的各个方面，识别我们不关心的事务。

所有的从业人员都非常关注组织级工作，但是为了确定通用的原则，我们需要暂时将其搁置一旁。这里列出了一些我们必须清楚的关键组织级工作内容。

是否记录？ 我们不在乎您是否记录测试，是否以及如何记录测试与测试思考过程无关。

自动还是手动？ 可以这么说，我们不在乎您是手动运行测试，还是使用工具，还是使用某种形式的魔术，这与思考过程无关。测试执行的机制是组织级工作的选择。

敏捷 vs 瀑布？我们不在乎您是在敏捷团队中工作还是在分阶段的瀑布式项目中工作，还是参与持续交付项目，这与测试思考过程无关。

什么行业？我们不在乎您从事的业务是银行、保险、医疗保健、电信还是零售，这与思考过程无关。

使用何种技术？我们不在乎您使用什么技术，这与思考过程无关。

程序员还是测试员？我们不在乎您是谁——开发人员、测试人员、用户业务分析师——测试原理是通用的。

有测试经理还是没有测试经理？无论您是一个人工作还是团队工作，无论有没有测试经理来监督工作，我们都不关心，这是组织级的选择，与测试思考过程无关。

2.6 没有组织级工作：新的测试模型

如果我们把组织级工作都去掉，还剩下什么？看上去好像我们什么都去掉了，但事实并非如此。如果我们不考虑组织级，剩下的就是所谓的通用原则和思考过程。可能很多人认为测试没有通用原则，但实际上是有的，保罗的《测试员的口袋书》[4,5]提出了 16 种所谓的测试公理。

一些公理，例如干系人公理“测试需求干系人”是最基础的和显而易见的。其他公理，例如排序公理“先进行我们最有价值的测试——我们可能没有时间再进行测试”，则比较普通，听起来比较“组织级”。但是排序是一个公理，如何排序及确定优先顺序是组织级的选择。

新的测试模型是尝试确定关键测试思想的过程，网络研讨会[5]和白皮书[6]给出了该模型背后思想的完整解释，如图 1 所示。

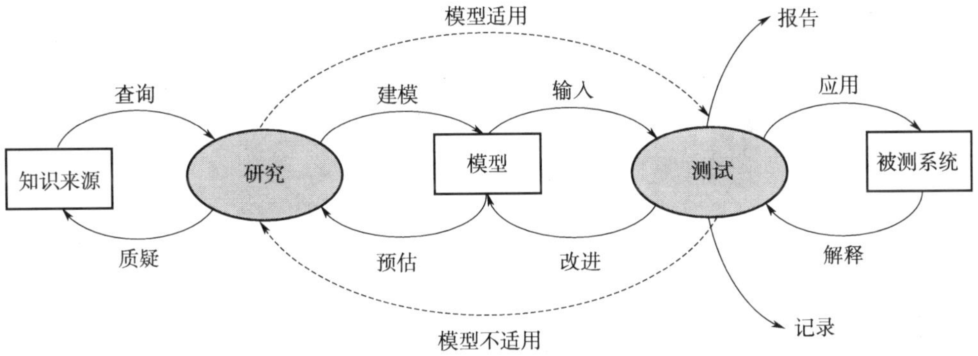

图 1　新的测试模型

该模型并不代表具有活动、输入、输出、进出标准和程序的过程。相反，它代表了测试人员实现目标所需的思维方式。我们的大脑本身就是出色的建模引擎，我们可以同时在多种模式下进行思考，并行处理信息。并行处理可能不舒服，但是我们必须经常这样做。

新模型表明我们的思维是动态的，是事件驱动的，不是分阶段的。看起来这可能是动态的和事件驱动方法（如连续交付）的良好模型。

使用新模型作为思考的基础适合我们的测试新常态。

这 10 种思考活动都具有关联的实际活动（通常是组织级工作）来实施它们，如果我们可以改善对测试遇到问题的思考方式，我们将能够更好地做出正确的选择，更好地实现我们的目标。

使用新模型有两个需要解决的问题：一个是我们如何确定状态；另一个是关于技能的。

2.7　重新确定状态

作为协作团队，团队的所有成员必须对流程中的特征状态有共同的了解。现在，我们通常将功能部件放置在白板上的某个位置，但是白板上的位置是否真正代表了功能部件的状态呢？

考虑一下用户、开发人员和测试人员这“3 个伙伴”。当达到同意状态时，用户可能认为自己的工作已经完成——需求已达成共识。开发人员可能正在编写代码——这是一个正在进行的工作。但是测试人员可能会说，“我这里有几个严重的问题需要用户考虑，需求中存在一些空白，我们还需要研究一些功能需求模棱两可的地方”，如图 2 所示。

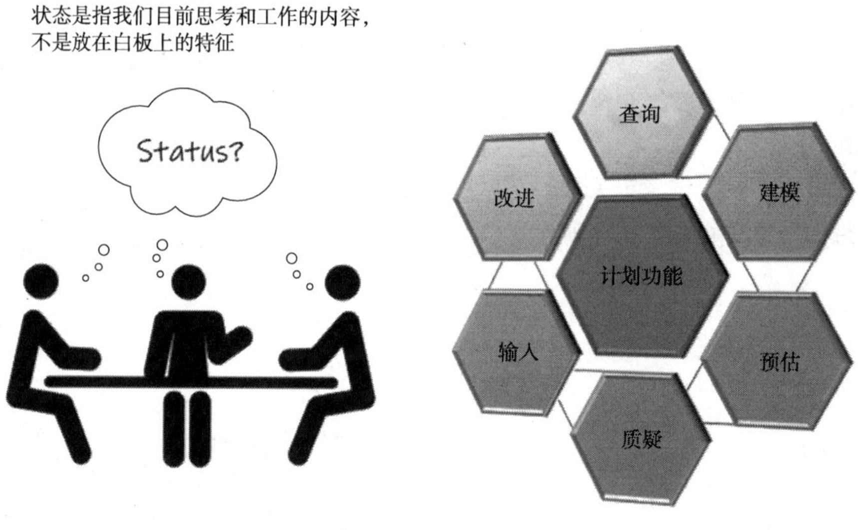

图 2　状态是我们正在想什么

功能状态如何？做完了吗？工作正在进行中？还是存在不确定的地方？当所有 3 个参与者（用户、开发人员、测试人员）都以相同的方式思考时，就表示该特征的状态已达成共识。

持续协作是持续交付的重要组成部分。新模型为有意义的讨论和共识提供了框架。

2.8　认证（当前）的问题

最杰出的测试人员认证计划是由国际软件测试认证委员会（ISTQB）创建和管理的[7]。正在进行的培训班数量和授予认证的证书数量分别达到 875 000＋和 641 000。

虽然还有一些小的认证（解决方案），但是ISTQB已成为行业中的事实上的标准。

但是当前的认证存在一些众所周知的问题：

• 如果查看认证计划课程（例如基础测试分析师和高级测试分析师），则目录主要包含我们所谓的组织级工作。认证方案会教我们很多我们不关心的事情。

• 这些方案主要提供了一种实施测试的方法——它们在某种程度上与各种标准保持一致。事件管理、审查、测试计划、管理和控制都是规定性的，并且主要基于瀑布方法。

• 许多课程提纲和课程内容都是关于记住定义的。

• 教学大纲认为测试人员在进行测试设计时不需要建模或者做出选择。测试人员和考生都被直接给予答案，而不是鼓励自己思考，并且没有建模内容。

• 教学大纲不教授思考技巧。“思维”一词在《基础测试分析师和高级测试分析师教学大纲》的142页中仅出现一次。

• 考试是多项选择形式，重点在于记住课程大纲内容，而不是测试人员的能力。

认证不会提高使你成为独立思想者、建模者或（积极）项目参与者的能力；考试不会评估测试能力。

这是个大问题。

3 测试人员技能计划

在对一种新的思维方式和必要技能获取进行了冗长的论证之后，本文着重于测试人员技能计划（TSP）发展策略。

根据同it@cork Skillnet达成的临时计划，TSP项目于2018年年底启动。但是随着时间的流逝，3天的初级课程很明显不能满足项目成员的需要。专业测试人员所面临的挑战和迫切需求要比仅仅3天内获取的多得多。事后来看，这是显而易见的，但我们依然努力按照约定与计划保持一致。

目前的策略在最初几个月就有了。

3.1 技能焦点

归功于所需技能的深度和范围的若干影响，该计划有一系列目标：

• 教学大纲将聚焦在更多独立思考、建模和人际交往能力等原则的非组织级工作（因此与ISTQB教学大纲有一点重合）。

• 从业人员需要有在团队中使用环境、构建和测试的普遍自动化技能。

• 从业人员可能会在一些新采用或已经采用连续的、事件驱动流程的团队中工作。

• 从需求到生产测试整个过程的技能范围意味着需要更广泛的保证角色；需要考虑左移、连续交付和数字体验优化（DXO）的新领域。

• 从业者会是多学科混合团队的一部分，并必须具有项目基础、协作、人际交往和技术技能。

技能应与定义更好的测试目标保持一致：增加定义并提供解释。

3.2 新测试人员行为

项目成员希望该方案鼓励从业者的特定行为：

- 多分析思考（建模、系统和批判性思维）。
- 从被动合作转变为主动协作；挑战和完善需求。
- 了解客户或数字体验的优化；认识并利用其他预测模型，并使测试与这些模型保持一致。
- 充当探路者或导航器（而不是“跟随者”）。
- 充满信心地在更高技术和业务/利益相关者级别上进行协作。

TSP 教学大纲旨在鼓励更多的外向性、协作性和积极性行为。

3.3 TSP 是一种学习和发展方案

显然，TSP 不仅只有几天的课堂培训。培训必须是更全面的学习和发展制度的一部分。培训不仅可以传授新的思想、观念和技能，还激发新的行为。这些技能必须深入从业者的头脑中并与当前的工作方式一致。

对于每小时的培训材料，都需要课外 1～2 小时的任务和工作实践才能实现新行为目标。鼓励雇主通过解答学员问题和提供当前组织级知识来完成学习过程，为学习者提供支持。

当学习者确实获得直接领导的支持时，94%的人继续应用所学知识。在将学习转移到工作场景、部门领导支持与绩效改善之间存在正相关性。

(Kevin Lovell，KnowledgePool 学习策略总监)

3.4 技能清单

该项目成员的最初工作是确定测试从业人员所需的技能范围。从一开始就要让学员知道技能的范围，这就意味着必须要有一套渐进的学习发展计划。

技能清单可以是部分的基础、高级或精通级别的计划采购清单。

清单中的主题摘要如下：

- 适应性测试。
- 高级测试。
- 敏捷测试方法。
- 自信。
- 认证。
- 挑战性要求。
- 合作。
- 沟通。

- 批判性思维。
- 开发人员测试。
- 探索性测试。
- 探索知识来源。
- 建导。
- 雇用测试人员。
- 仪器仪表。
- 建模。
- 监控。
- 非功能测试。
- 流程改进。
- 计划。
- 调度。
- 回归测试。
- 测试需求分析。
- 风险管理。
- SDET 角色。
- 技术测试。
- 技术技能。
- 系统思考。
- 测试保证。
- 测试自动化框架。
- 测试自动化。
- 辅导。
- 测试设计——基于模型。
- 测试设计——范围。
- 测试设计——基于状态。
- 测试设计——逻辑。
- 测试设计——目的活动。
- 测试动机。
- 测试策略。
- 可测试性。
- 测试和干系人。
- 测试基础。
- 团队测试。
- 远程工作。

在普通的测试培训课程中找不到这么多主题。个人和专业发展主题包括批判性思维、自信、合作、沟通、建导、雇用、流程改进、系统思维、辅导、测试和干系人、团队测试和远程工作。

3.5 项目成员的挑战

作为现有危机讨论的一部分，项目成员确定了面临的一系列挑战。并非每个人都面临相同的挑战，但是下面的列表显示了测试人员的招聘、教育和留用方面面临的问题。对于每个挑战，已分配了相关的技能主题领域。理解这些挑战对定义课程大纲主题有很大帮助。通过这种方式，课程大纲将重点放在合适的问题上。

挑战	技能领域
预备测试人员：表面上看起来不错，但他们似乎无法分析测试需求并成为测试人员	测试需求分析 测试基础
建立一种需要测试自己工作的观念，大学新生通常想编写代码而不是测试	测试动机 测试基础
敏捷团队、开发和测试团队以“敏捷”方式工作但是不在一起	团队测试
自助式敏捷，团队选择做团队喜欢做的事情	适应测试变化 敏捷测试
很多人忙于交付东西，但是谁带领团队呢？谁负责测试？	测试领导力 团队测试
测试人员是质量的负责人吗？如果不是，那是谁？	团队测试
每个人都做自己的事，但是谁来制定策略呢？谁来负责间隙和避免重复劳动呢？	团队测试 测试策略
短暂 Sprint 的开发人员希望尽快完成任务，但带着问题的测试人员落在后面	团队测试
重点已经从测试变为质量工程，但什么是质量工程？	适应性测试
原来团队中负责自动化和验收的测试人员，他们是否能成为测试教练或测试主管？	培训
风险分析和查找	风险管理
所需技能：培训、探索和风险管理	培训
可测试性设计	可测试性
TDD 及其在测试策略中的角色	开发人员测试
好的测试设计是什么？如何识别并鼓励开发人员	开发人员测试 可测试性
探索性测试、批判性思维、寻找已被证明产品和挑战产品的差异	探索性测试 批判性思维 测试动机
在团队内部，对开发人员和用户进行培训，但在各团队之间，也要进行培训，以鼓励观察、日志记录和使用仪器	培训，监视，仪器仪表
宏观级别的一致性检查，监测和日志记录监视	监视、监测、协调
影响团队——帮助他们发现缺陷，进行教育、领导团队、建导	培训，建导
监督的作用？	测试保证

续表

引导回溯，持续改进，为创新和即兴创作留下空间	培训 过程改进
管控与创新之间的平衡	过程改进
培训仅在当前层级进行吗？	培训
培训测试人员和开发人员之间有区别吗？在个人还是团队层面？	培训
挑战性要求、用户案例等	挑战性要求
瀑布测试已销声匿迹。在敏捷测试中，我们同样有声音。有胆量积极主动提出批判性问题	团队测试、自信、批判性思维
上下级培训(经理)	培训
沟通技巧，如何表达问题和信息	交流
批判性思维和影响	批判性思维 交流
关键测试技能	测试基础
合作技能，测试人员独立创建测试和实施自动化。测试人员匹配、风险讨论和漏洞修复	合作、交流
虽然测试作为一种活动而不是一种角色，但是组织的存在是为了取得成果	测试和干系人
"有些人失去了思考的能力"，不问问题，不挑战	测试动机
批判性思维	批判性思维
了解开发人员擅长什么(和不擅长)什么，测试人员/ SDETS 擅长(和不擅长)什么	开发人员测试、SDET 角色
高绩效团队包括开发人员编写自动化测试	测试自动化
利益相关方需要测试人员做什么？	测试和干系人
您可以教授探索性测试吗？是心态吗？还是天赋？	探索知识来源、探索性测试
BBST 是一个更为深入的机制。投入大量时间	高级测试
全方位培训	培训
开发人员也需要更好的测试技能！	开发人员测试
熟练与能力对比	高级测试
达到(评估？)某种能力需要多长时间？	认证、高级测试
达到(评估？)熟练需要多长时间？	认证、高级测试
资格、认证？	认证、雇用测试人员
许多测试人员缺乏探索和质疑软件的自信/天赋	测试动机 测试基础、探索性测试
大多数人不是批判性思想家	测试动机、批判性思维
认证被用作打勾选择框，为了打动雇主而不是提高技能	认证
测试人员不愿学习和提高	测试动机、适应性测试
不愿在 UI 下进行测试	技术测试、可测试性
不愿意测试"盒子外面"	测试动机、建模
无法证明测试的价值	测试和干系人、测试动机

3.6 基础计划的结构

在编写本文时，仅课程大纲和课程内容仍在编写中，定义了基础级别方案，高级课程还停留在纸面上。

教学内容包括大约 40 个小时的材料；这将通过 40～80 小时的作业以及与同行和经理的离线讨论，阅读和进一步研究得到支持。有关测试基础知识的大部分早期培训为学习者提供了一系列问题，可以与同伴、管理者和干系人进行讨论。

除此之外，作业往往是以下其中一项：

- 研究、阅读和学习与测试有关的问题。
- 诸如测试设计之类的主题具有特定的任务，例如分析需求和在线应用程序以进行探索和测试。
- 建模（关注需求、案例、软件、用途、测试用例）。
- 实际的测试任务（探索、测试设计和缺陷查找）。

教学规模如此之大，以至于我们期望大多数公司会选择混合课堂教学、在线讲师指导和纯在线教学，所有培训材料将以这 3 种形式呈现。对于最初的导引课程，“核心”模块将在教室中展示并获得反馈。非核心模块预计会通过在线方式获取。

由于该计划的重点是帮助人们适应动态项目环境，所以培训的重点是帮助测试人员自

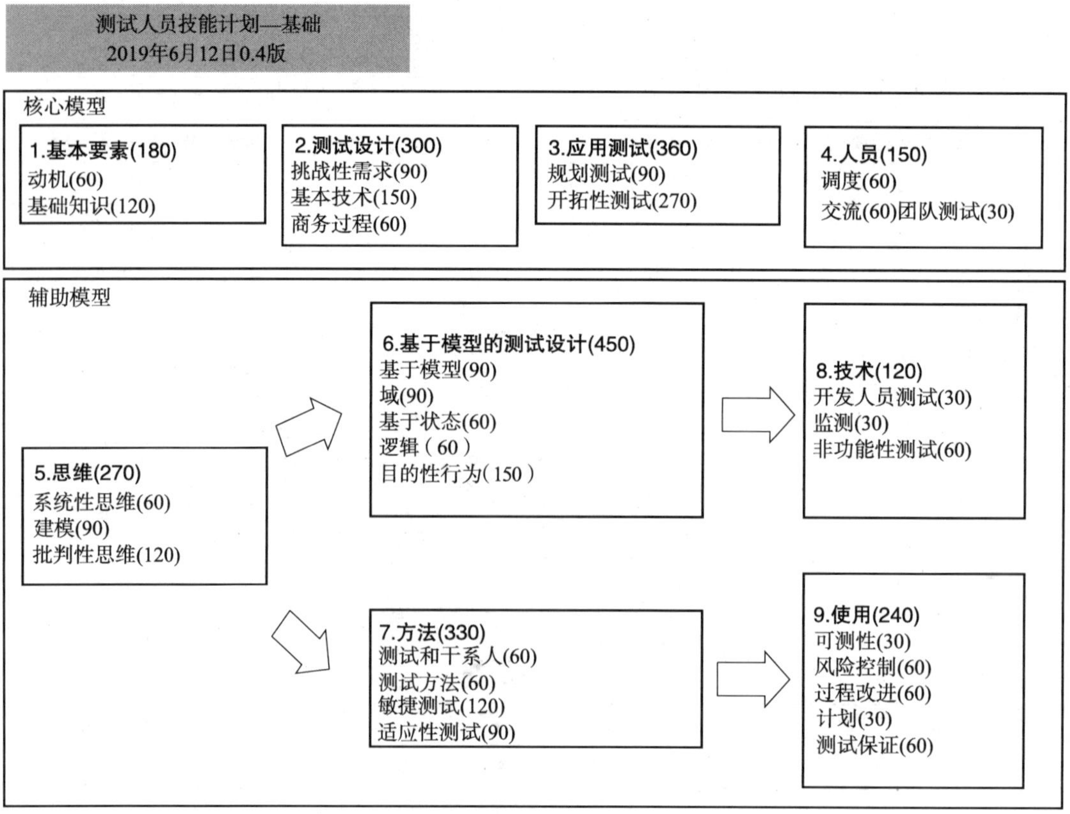

己思考。其中的核心组件是各种系统，以及关键模块和测试思路模块。不是每个学习者对这些材料都感到满意，系统思维尤其侧重于更宽泛地解决问题而不仅仅是测试。接触系统思维仍然被认为是积极的。

最后，还有一些“人际交往能力”模块，这些旨在提供有关团队合作、协作和基本沟通技能。在基础级别，这些纯粹是介绍性的，目的是使学习者至少关注人的问题。在高级级别会更深入，并提供特定的个人技能模块。

总体而言，基础级别的目标是使几乎没有测试经验或没有测试经验的新员工达到生产水平。我们尚未使用 Bloom 的分类法来分配学习目标，但更广泛目标能使学习者在需求分析能力、需求批判、基于需求或探索性调查的模型选择、系统建模和测试中达到 K4 级“分析”能力。与此相对应，ISTQB 基础的学习目标是 K1：27%，K2：59%，K3：14%，这是一个没有进取性的目标[8]。

4 未来

4.1 聘请有能力的培训提供者提供 TSP

该方案的可交付成果之一是用于基础级别培训的“邀请参加”的模板。it @ cork Skillnet 需要邀请培训提供者针对 TSP 教学大纲建立并提供课程。这样，各个公司就可以来竞争提供培训，确保价格具有竞争力。

认证方案的缺点之一是教学大纲的规模太大。ISTQB 基础和高级测试文档共计 142 页，与 TSP 基础课程的持续时间大致相等，如果不包含目录页数将比前者少 10%。

ISTQB 课程之所以过于具体，其原因之一是非测试专业人员提供认证培训。TSP 值得信赖的是课程材料由经验丰富的测试专业人员提供（他们可能已经放弃了测试职业，但仍然有资格提供良好的培训）。TSP 基础培训允许培训人员教授他们掌握的知识，而不是“所写的内容”，这意味着培训人员可以很好地回答许多实际工作中常见的棘手问题。

4.2 TSP 能成为认证的基础么？

目前不在该计划会员的日程中。但是，ISTQB 方案完全依靠多项选择考试，并且不需要雇用会员或进行同行评审，也不需要根据实践经验来进行改善。

TSP 至少尝试让同行和管理者参与学习者的支持。当然，可以将作业汇编成“工作簿”，其中可以包含作业摘要，并由同事、经理或指导者进行验证。这些可以证明学习者至少完成了功课。

与专业工程机构一样，正式的认证方案将需要一些相关工作经验证明，并且可能需要与该经验相关的一些原始工作或与 TSP 主题领域相关的进一步研究。英国（或其他地区）的一些机械、土木或电气工程专业机构正在被评估，也许可以制定一个计划，目标是使测试在某种方式上成为真正的职业。

4.3　在教室、在线讲师指导或者纯在线教学？

迄今为止，我们的目标是以在教室或在线授课的方式提供所有课程资料。尽管大多数从业者都喜欢课堂课程，但在线培训的灵活性和低成本很有吸引力。选择可能取决于学生是谁，例如他们是自由职业者，或者是被大机构雇用但更喜欢自学的人，或者更喜欢讲师指导的人。

市场将确定哪种形式最合适并在商业上取得成功。

4.4　发展 TSP

是否可以将 TSP 用作全球标准？时间会证明一切。但是，仍有机会发展 TSP 方案[9]。

1）爱尔兰商业采纳计划。该项目成员的意图是采用基础方案来招收毕业生。it @ cork Skillnet 将提供部分资助，并鼓励该规划在整个爱尔兰落实。希望本地培训提供者自建（或交叉许可）培训材料并“培训他们的培训师”以提供课程。

2）大学/学院采纳计划。对于大学和学院而言，将 TSP 计划作为其课程的一部分将是非常有帮助的。这将使学术机构毕业生更具市场吸引力，并删除一些吸引力较小内容。尽管在爱尔兰早期有些争论，但普遍的观点是，直到 TSP 方案获得成功学者们才会采取行动。时间会证明一切。

3）海外商业采纳计划。杰拉德（Gerrard）咨询公司将在爱尔兰和英国同时推广该方案，因为该方案将极大地提高相关内容的质量和价值。作为培训的促进者和第一提供者具有商业上的优势，但是要扩大该方案，其他合伙人必须参与。

4）创建自己的 TSP。不用说，本地 TSP 的开发过程可以在其他地区重复进行。从原则上讲，其他地区没有理由不确定自己的本地化技能需求并制定自己的计划。“非本地发明”综合征也会产生影响，规模大些的培训合伙人会希望在当地获得自己计划的专有权。

可以想象，全球 TSP 标准可能是这项工作的最终结果，但是如果爱尔兰 TSP 被认为是成功的，那么由于商业压力和人性特点会出现不同的方案。

参 考 文 献

[1] Skillnet Ireland. https://www.skillnetireland.ie. Accessed 19 July 2019.

[2] it@cork. https://www.itcork.ie. Accessed 19 July 2019.

[3] https://softtest.ie. Accessed 19 July 2019.

[4] https://testaxioms.com. Accessed 19 July 2019.

[5] Agile Testing Days Webinar. The new model for testing. https://youtu.be/1Ra1192OpqY. Accessed 19 July 2019.

[6] A New Model for Testing - white paper. https://gerrardconsulting.com/mainsite/wp-content/uploads/2019/06/NewModelTestingIntro.pdf. Accessed 19 July 2019.

[7] Gerrard, P.: The Tester's Pocketbook. Testers' Press, Maidenhead, UK (2011).

[8] https://istqb.org. Accessed 19 July 2019.

[9] https://testerskills.com. Accessed 19 July 2019.

测试自主系统

Tilo Linz

摘　要　目前，在大量投资的驱动下，无人汽车的开发正在大举推进，在德国汽车工业表现尤为突出。铁路工业、造船、飞机工业和机器人制造业也朝着自动驾驶或自主系统的方向进一步开发其产品（火车、轮船、无人机、机器人等）。

因此，本文会讨论未来自主系统的测试与当前基于软件系统的测试在哪些方面存在不同，并为相关测试过程进一步的发展提出了一些建议。

关键词　软件测试；软件质量；自主车辆；自主系统

1　动机

目前，在大量投资的驱动下，无人汽车的开发正在大举推进，在德国汽车工业表现尤为突出。铁路工业、造船、飞机工业和机器人制造业也在向自动驾驶或自主系统的方向进一步开发其产品（火车、轮船、无人机、机器人等）。

Gartner 公司在《2019 年十大战略技术趋势——自主事物》报告中提出了以下观点[1]：

• 到 2023 年，超过 30%的仓库操作工人将会被协作机器人替代。

• 到 2025 年，超过 12%的新生产车辆将具有符合 SAE 国际标准 J3016 的 3 级或更高级的自主驾驶硬件能力。①

• 到 2022 年，世界 50 大经济体中的 40 个将允许常规操作的自主无人机飞行，而在 2018 年时还没有国家允许。

可以假设，在未来 10 年内，移动系统将遍布公共空间，并在这些地方自主地“上路”（或至少部分自主）。

这些系统的自主程度取决于制造商是否以及以多快的速度为各自的产品配备自主行为所需的传感器和人工智能。

这里主要的挑战是确保这些系统足够安全，并确保其设计方式可被批准用于公共空间（道路交通、空中、水路）。新兴系统的可接受性及其基本的社会接受程度，取决于这种系统对人类、动物和财产造成的潜在危害是否能够最小化并限制在可接受的水平。

---

①　见参考文献［2］。

人们必须就适当的被批准的准则达成共识，并且补充现有的批准程序，或制定并采用新的批准程序。无论批准程序的细节如何，制造商都必须证明自己的产品符合经批准的准则。

对此类产品进行系统而风险充分的测试将在这方面发挥重要作用。欧盟委员会人工智能专家组和德国联邦交通和数字基础设施部设立的“自动化和网络化驾驶”道德委员会都在其指南[3,4]中明确规定了相应的测试要求。

因此，本文会讨论未来自主系统的测试与当前基于软件的系统的测试在哪些方面存在不同，并为相关测试过程进一步的发展提出了一些建议。

2 自主系统

在本文中，我们将“自主系统”一词理解为一个通用术语，指的是各种各样的无需人类直接干预的车辆、运输工具、机器人或能够以自我控制方式在空间中移动的设备。

此前常用于这类系统的一个旧术语叫“无人系统（UMS）”[5]。“无人系统”强调了与常规系统的对比，即需要司机或飞行员，也包括非自治的遥控系统。

现代术语是“自主事物（AuT）”[6]。这个词以“物联网（IoT）”一词为基础，表达了自主性。

举例来说①，这类系统包括：

- 部分或（将来）完全接管驾驶员职能的机动车（汽车、卡车）②。
- 用于后勤任务或生产设施等的无人驾驶运输车辆③。
- 用于货物运输等的远洋船只、船只、内河船及其他船只④。
- 独立承担水下检查或维修任务的无人驾驶水下车辆或机器人⑤。
- 无人驾驶列车、郊区列车、地下列车或客运或货运列车⑥。
- 无人飞机或无人驾驶飞机、直升机或遥控飞机⑦。
- 用于装配、运输、救援或协助任务的移动机器人、行走机器人、仿人机器人⑧。

---

① 仅列出了民用领域的应用。然而，由于其潜在价值，自主系统及其技术的发展长期受到军事领域大力的支持和资助。

② https://en.wikipedia.org/wiki/Autonomous_car, https://de.wikipedia.org/wiki/Autonomes_Fahren.

③ https://en.wikipedia.org/wiki/Automated_guided_vehicle, https://de.wikipedia.org/wiki/Fahrerlo ses_Transportfahrzeug.

④ https://en.wikipedia.org/wiki/Autonomous_cargo_ship, https://en.wikipedia.org/wiki/Unmanned_surface_vehicle.

⑤ https://en.wikipedia.org/wiki/Autonomous_underwater_vehicle.

⑥ https://en.wikipedia.org/wiki/Automatic_train_operation, https://en.wikipedia.org/wiki/List_of_automated_train_systems.

⑦ https://en.wikipedia.org/wiki/Unmanned_aerial_vehicle.

⑧ https://en.wikipedia.org/wiki/Robot#General-purpose_autonomous_robots, https://en.wikipedia.org/wiki/Autonomous_robot, https://en.wikipedia.org/wiki/Legged_robot, https://en.wikipedia.org/wiki/Humanoid_robot.

• 移动服务或家用机器人，例如，居家提供服务的自动割草机或吸尘器，[①] 并在需要时可与“智能家居”系统通信。

虽然所有这些系统都不尽相同，但有一些共同的特点：

• 是信息物理融合系统，即由“信息和软件技术部件与机械和电子部件”组成[②]。

• 在各自的运行环境中时可移动，即可以控制自身的运动并独立导航（目标导向或任务导向）。

2.1 自主和自主等级

在文献［5］中，无人系统的“自主权”被定义为：“为了实现人类操作者通过设计的人机接口（Human－Robot Interface，HRI）或 UMS 通信的另一个系统所指定的目标，无人系统本身的综合探测、感知、分析、通信、规划、决策和行动/执行能力。”

自主系统实现这些特性的程度（传感、感知、分析等）可以有很大的不同。为了能够根据系统的自主程度对系统进行分类，定义了各种分类系统。

这类的一个著名的等级体系是根据 SAE 标准 J3016 对自主驾驶的自主水平进行分类（见文献［2］）。下表是根据文献［7］对这些级别的简化表示：

SAE 等级	名称	说明	控制	环境观察	倒退
0	无自动	驾驶员独立驾驶，即使支持系统可用	驾驶员	驾驶员	—
1	驾驶员辅助	驾驶员辅助系统在纵向或横向转向过程中协助车辆运行	驾驶员和系统	驾驶员	驾驶员
2	部分自动	一个或多个驾驶员辅助系统在纵向和同时横向控制期间协助车辆运行	系统	驾驶员	驾驶员
3	条件自动	自主驾驶，驾驶员须对干预请求做出反应	系统	系统	驾驶员
4	高度自动	自动引导车辆，不期望司机会对干预请求做出反应。在没有任何人的反应下，车辆持续自主驾驶	系统	系统	系统
5	全自动	完全自主驾驶，在任何路面和环境条件下可执行动态驾驶任务，也可由驾驶者控制	系统	系统	系统

SAE 等级是根据驾驶员和车辆之间的任务分工来构建的。[③] 对于机器人和其他基本上是无人驾驶的自主系统，需要有一个更一般的定义。文献［5］定义了“无人系统自主水平”的一个通用框架，适用于所有类型的无人系统或自主系统，包括 3 个评估维度：

1）任务复杂性（MC）。

2）环境复杂性（EC）。

3）人的独立性（HI）。

① https：//en. wikipedia. org/wiki/Service _ robot.

② https：//en. wikipedia. org/wiki/Cyber－physical _ system.

③ 文献［2］避免使用“自主”一词，因为“……在法理学中，自主是指自治的能力……在这个意义上，‘自主’也是一个错误的用词，适用于自动驾驶技术，因为即使是最先进的 ADS 也不是‘自治’。出于这些原因，本文没有使用流行的术语‘自主’来描述自动驾驶。”

该框架描述了如何在每个维度中执行基于度量的分类，以及如何根据此分类确定总体的系统评级（“情境自主能力”）。

2.2 全自主系统的能力

一个全自主的系统应该能够在没有人类干预的情况下完成预定的任务目标。对于一个服务机器人来说，目标可能是“从厨房给我拿一瓶水”。一辆全自主的汽车应该能够载着它的乘客“去汉堡”（德国城市）。

系统必须能够在各自的环境中自主导航，而且它必须能够探测到以前未知的或特殊的障碍物，然后避开这些障碍物（例如，通过一辆自动车辆识别出被封锁的道路，然后绕过它），或者移除它们（例如，通过一个服务机器人打开一扇关闭的门，然后通往厨房）。

一般来说，这意味着一个完全自主的系统必须能够识别和解释一定空间和时间半径内的情况或事件。在已识别的情况下，必须能够评估可能的行动选择，根据任务目标选择适当或最佳的方案，然后作为措施加以执行。

3 自主系统的安全性

显然，自动驾驶汽车或自主机器人会对其附近的人、动物、物体和基础设施构成危险。根据系统（或系统部件，例如机器人机械臂）的质量和移动速度，危险可能是相当大的或致命的。可能的危险类别如下：

- 自主移动系统侵犯未参与的第三方。
- 自主系统侵犯直接用户、运营商或乘客的行为。
- 系统伤害动物或损坏系统轨道或运行半径内的物体或基础设施。
- 系统处理或已经处理的对象对其他对象造成的损坏。
- 对系统自身损害，例如，由于机动错误对系统本身造成的损害。

由于在危险的情况下人类干预可能不够及时，或者（对于高度自治的系统）根本没有规划，自主系统本身必须足够安全。因此，在一个自主系统的整个生命周期（从开发到部署到退役）中，“安全”这一主题具有极高的优先级。

相关的安全级别（SIL 级别）在系列标准[8]中定义。

“安全”一词的定义是：

- 不存在由于设备财产或环境的损害而直接或间接造成不可接受的物理伤害或人身伤害风险。[9]。

为了确保足够的安全性，一个系统必须具有“功能安全”：

- 功能安全是整体安全的一部分，它取决于一个系统或设备正确的操作以响应其输入。功能安全是指发现一种潜在的危险条件，从而启动一种保护或纠正装置或机制，以防止危险事件的发生或提供缓解措施，以减少危险事件的后果。
- ……功能安全的目的是将风险降低到一个可以容忍的水平，并减小其负面影响。[9]

3.1 正常运行中的安全

以上所述的危险主要是由于系统或系统部件（例如机械臂）的移动造成的。危险程度或相关的损害风险取决于系统的速度和质量及其环境的复杂性和多变性（环境复杂性）。以下例子说明了这一点。

• 有一台半自主的自动割草机，要割草的区域会被一根信号线包围。运动空间是一个受控的环境。机器人的运动速度和运动能量都很低。基于接触的碰撞检测足以进行障碍物检测。旋转切割刀所造成的风险由外壳和传感器保护到可接受的水平（在受控环境内操作），这些传感器检测机器人的提升或刀的阻塞。

• 对于一辆完全自主的汽车，运动范围是开放的。运动速度和动能可以很高。这辆车在一个封闭的空间内同时向许多其他道路使用者移动。任何类型的障碍都可以在任何时候“出现”在路线上。规避是“正常运行”的必要组成部分。在交通规则下，需要非常可靠、快速、可预测地进行障碍物检测。

当机器人与物体相互作用时，也会间接地造成损害（除了损坏物体或机器人的危险外）。文献［10］第 77 页的例子说明了这一点：

• 一个服务机器人被指示把盘子带到厨房水槽。为了把盘子放在水槽附近，它识别现代陶瓷炉顶是最适合存放的表面，并将盘子放在那里。如果现在一个盘子仍然很热，而且，例如，有一个塑料沙拉碗或切菜板在盘子里，显然会产生一些风险。塑料或木制物体非常接近或位于烹饪盘顶部的情况可以被认为是不安全的，因为发热的塑料或木材可能会产生有毒蒸气或火灾。

最严重的事故可能是住宅火灾造成人员伤亡。当这些物体远离烹饪盘时（具有一定的安全裕度），即与烹饪盘的状态无关，则认为没有风险。

• 一个服务机器人被指示“给植物浇水”。在这方面，假设一个电源插头掉进了一个植物罐。如果机器人正在给植物浇水，人类和机器人都会面临触电的风险。危险因素如下：目标识别功能识别出电源插头，同时拿着水壶（或任何植物浇水装置），此外，还可以检测到浇水壶（或类似装置）中有水。因此，应该整合一条规则，指示机器人不要接近与浇水壶太近的电源插头，以避免它被电流击中。

因此，为了保证功能上的安全，一个高度或完全自主的系统必须具有适当的能力和策略，以识别潜在危险，然后做出适当的反应，以避免迫在眉睫的危险或尽量减少危险造成的损坏[①]。烹饪盘和给植物浇水的例子清楚地表明，单纯地检测障碍并不总是足够的。在包含自主系统复杂可能任务的复杂作业环境中，只有对因果关系给予某种“理解”，才能认识到某些危险。

这些能力和策略必须成为高度自主系统“智能”的一部分。预期的系统功能和必要的安全功能不能单独实现，而是同一硬币的两面。

---

① 在这方面，媒体主要讨论所谓的“无轨电车问题”的各种变体，即智能车辆是否以及如何权衡一个人或一群人的伤亡，而牺牲另一个人或一群人，以尽量减少不可避免的事故后果的问题（见参考文献［11］）。

3.2 失效模式下的安全

如果自主系统的某些部分发生故障、损坏或功能不符合预期（因为硬件故障，如传感器的污染或缺陷），系统造成损坏的危险自然比正常运行时更大。

如果一种（罕见的）环境条件是软件“未预期”发生的，或触发了迄今尚未在系统中发现的软件缺陷，这可以将本来无害的情况转化为危险的情况，并且可能使现有的安全功能无效。

对于传统的、非自主的安全关键系统，足够安全的行为通常可以通过“失效安全”策略来实现。这意味着系统的设计方式是，在发生技术故障时，系统被关闭或停止操作，从而大大减小或消除当前（对用户或环境）的危险。

这种方法对于自主系统来说是不够的。如果一辆自动驾驶汽车在发生重要的传感器故障时会“在道路中间”停车，那么这辆车不但不能减小危险，反而将增加危险。因此，自主系统应具有适当的“故障后保持工作的”能力（见参考文献［12］）。一辆自动驾驶汽车应该扮演一个人类司机的角色：驾驶到路边，停在那里，并通知救援服务。

4 测试自主系统

自主系统的测试在哪些方面不同于当前基于软件的系统的测试？为了回答这个问题，我们考虑以下几个小问题：

- 需要涵盖哪些测试主题？
- 需要哪些新的测试方法？
- 对测试过程的哪些要求变得更加严格？

4.1 质量特性和测试主题

测试的目的是建立信心，使产品符合其利益相关者（客户、制造商、立法者等）的要求。

“这些利益相关者的需求（功能、性能、安全性、可维护性等）正是质量模型中所给出的，它将产品质量分为特性和子特性。”[13]。ISO 25010[13]产品质量模型给出了以下 8 个质量特性：功能适应性、效率、兼容性、易用性、可靠性、安全性、可维护性和可移植性。

这些质量特性可以作为创建用于测试自主系统的测试计划或测试用例列表的起点。当然，对每一种质量特征，都必须对其进行具体的分析，即被测试系统应该满足哪个具体需求，以及测试用例详细检查什么。

利用这一方法，德国人工智能研究中心（DFKI）在 2018 年为移动机器人“Mobipick”[14]建立了测试计划，这是 IMBUSAG 和 DFKI 合作项目的一部分。这些测试内容记录在基于云的测试管理系统[15]中，并提供给 DFKI 科学家和项目团队。下面的内容引用了这个案例研究，以此说明在测试自主系统时需要考虑哪些主题和问题。

• 功能适应性：必须检查系统的功能属性是否“完整”、“正确”和“适当”地实现了。系统每个组件的功能都（在较低的级别）被测试到。在最高一级，应测试整个系统完成任务的能力。例如，“Mobipick”测试用例的重点是“导航”和“抓取”功能以及由此产生的任务模式：在目的地接近一个对象，抓住它，捡起来放在另一个位置。测试这项功能还必须包括测试系统的负载极限。例如，针对握持的限制可以是，机器人在物体较重时向上倾斜，或者偏离其行进方向。这种边界案例和边界情况下的系统行为也必须考虑和检查。

• 性能效率：必须检查系统及其组件的时间行为和资源消耗。

—关于时间行为的可能问题是：功能（例如障碍物检测）或任务（目标接近、抓取和拾取）的执行需要在一定的时间周期内，或者以一定的（最小/最大）的速度？

—关于资源消耗（如电池功率）的可能测试是：在充满电的电池上运行最长的应用场景，以检查电池的范围；在低电量电池上启动任务，以检查能量行为；在低电量电池上启动距离充电站不同距离的任务，以检查充电站位置并估计到站的功耗。

• 兼容性：这涉及系统本身的组件（传感器、控制器、执行器）之间的互操作性以及与外部系统的兼容性。可能的问题是：最初被装入机器人或更新后的控制软件能否正确地接收传感器数据、处理和控制执行器？机器人组件之间的通信协议是否兼容或与外部系统兼容？

• 易用性：用户操作机器人或与机器人通信有哪些可能性？如何给机器人下订单？在操作错误和不理解命令的情况下是否有任何的反馈消息？机器人如何沟通其状态？哪些通道和媒介被用来传输：是通过机器人上的触摸屏、无线局域网上的应用程序，还是语音控制？还包括对物体的处理：机器人能将一个夹持的物体精确地交给它的用户吗？

• 可靠性：可靠性是指系统在一定条件下在一定时间内保持其所达到的质量水平的能力。测试主题可以是：机器人是否可以连续重复几次行为而没有错误，或者在连续操作中关节是否错位？机器人能在一定程度上容忍/补偿（硬件）错误吗？

• 保密安全性：检查系统对不必要的访问或对系统、用户或整个系统的数据进行犯罪攻击有多大的抵抗力。问题可以是：

—操作人员需要密码才能打开吗？这样做安全吗？对于“Mobipick”等自主机器人，最高的安全风险来自控制模式。对系统的命令操作越容易，系统就越容易被（恶意）接管或关闭。机器人是否通过 WLAN/无线电操作？与系统及系统内部的数据交换是否加密？第三方是否可以读取数据并操纵甚至接管系统？未经授权接管一个自主系统可能会产生严重后果，在极端情况下可能被用作武器。因此，保密安全性永远是与可靠安全性相关的。

—为了能够澄清事故发生时的责任，立法者已经要求自动驾驶车辆在运行期间记录其使用数据。在德国，这些数据必须保存 6 个月（见参考文献［16］）。对其他自主系统也应该有类似的要求。因此，符合 GDPR 标准的系统以及相关（基于云的）账单或管理系统的数据安全，是另一个重要问题。

• 可维护性：如果软件和硬件是模块化的，各自的组件是可重用的，并且易于更改，则提供了良好的可维护性。在这方面的问题是：软件和硬件之间的依赖是如何管理的？软件是否识别它需要哪些硬件？更新机制如何运作？是否定义了更改后要执行的回归测试？

• 可移植性：机器人的软件仅能很有限地移植到其他类型机器人上，因为软件与特定条件的硬件平台和固件紧密适配。

—另一方面，各个软件组件（例如导航）是通用的或基于库的。必须测试具体的机器人（例如“Mobipick”）中使用的库是否在这个特定的平台上可以无故障地工作。

—自主系统本身也可以“移植”或修改，以便在其他（而不是最初预期的）环境中使用。例如，通过安装额外的传感器和相关的评估软件。

这些例子表明了一个自主系统的测试是多么复杂和耗时。一项重要发现是：

• “功能安全”不仅仅是“功能适应性”的一个子项。ISO 25010[13]中的 8 个质量特性中的每一个都包含了影响系统被认为是“功能安全”的方面（特别是如果有弱点的话）。对于“保密安全性”这一主题来说尤其如此。

4.2 学习的影响

高度自主系统的智能将在很大程度上基于学习算法（机器学习）。学习不仅限于一个系统（学习系统）的开发阶段。对于某种任务复杂性和环境复杂性，自主系统需要从正常运行期间收集的数据中学习（自我学习系统），从而不断改进它们的行为或适应罕见的情形。这对此类系统的开发、测试和批准提出了全新的问题：

• 如果要求机器人能够学习，这就带来了关于确保机器人行为安全的其他问题。学习能力意味着学习系统是随着学习过程改变的。因此系统的行为不再是由其初始（设计）结构决定的，而且由于发生故障而产生的结构变化也不再是关注点。学习改变了系统的结构，因此其行为也可能由新学到的方面决定。安全相关知识结果的剩余不完整性是指，该系统与其最初设计的版本不同。[10, p. 131]

• 测试部门面临新问题：如何测试一个系统是否正在学习正确的东西？检查某些事实被正确学习的测试用例应该是什么样的？如何测试一个系统忘掉错误或过时的信息或抽象掉了其他信息，从而正确地处理了学到的知识？如何测试自学习软件（例如机器人汽车）遵循了特定的伦理规则？如何以一种能处理 AI 系统行为“模糊性”的方式制定测试策略和测试用例？[17]

• 由于自学习系统的引入，保护用户的人身安全必须是最优先事项。只要不能充分肯定自学习系统能够正确评估这些情况或满足安全要求，就应规定自学习系统与安全关键功能脱钩。因此，在目前最先进的情况下，使用自学习系统应仅适用于与安全没有直接关系的功能。[4]

4.3 新的测试方法：基于场景的测试

一个自主系统的特点是，它能够独立地实现给定的任务目标。为此，系统必须解决的子任务可以作为测试任务，具体如下：

- 传感：系统能否捕捉到与其任务相关并发生在其环境中的信号和数据？
- 感知：它能根据信号和数据识别模式或情况吗？
- 分析：它能否确定适合各自情况的行动选择吗？
- 规划：它能选择适当或最佳的行动选项吗？
- 行动：它能正确和及时地执行所选择的行动吗？

对这一系列任务的系统测试需要尽可能全面的相关情况目录。这些情况必须能够根据许多参数变化（类似于测试经典 IT 系统时的不同等价类）：例如，“Mobipick”服务机器人应该能够在不同的照明条件下（白天、明亮的阳光、夜晚）和使用不同的门材料（木门、玻璃门、金属门）时检测到一扇关闭的门并识别为障碍。

为了有针对性地让具体的情况发生，以便能够审查不同的行动途径，而且审查随着时间推移特定情况的发展及自主系统前瞻性行动的及时性，必须能够将情况联系到场景（连续的情况）。

这种对系统在一系列情况下行为的测试就叫作“基于场景的测试”。[4] 建议“……将相关场景转移到中立的集中式场景目录中，以便创建通用的有效规范，包括所有验收测试。”目前正在努力实现此类场景交换格式的标准化。ASAM Open－SCENARIO“……定义了一个用于描述驾驶和交通模拟器动态内容的文件格式……。该标准用故事板描述了车辆演练，故事板进一步细分为故事、行动和序列。”[18]

基于场景的测试要求在测试环境的大量变种中重复相同的测试过程。在测试经典软件或 IT 系统时，测试环境是固定的，或仅限于几个预定义的变种。如果 IT 系统在这些环境中通过了测试，则可以认为它可以在低风险或可接受的风险下使用。

如果机器人或自动驾驶汽车只在一个或几个测试环境中通过测试，该系统可能仍然不适合实际运行，甚至有可能构成极大的安全风险。因此，在测试自主系统时，系统性的测试环境变种是测试策略中基本的和决定性的组成。

4.4 测试过程的要求

“复杂的信息物理融合系统”与“任务复杂性”和“环境复杂性”的结合导致了大量潜在的可测试场景。这些场景又包含了各种情况的序列，各自的系统状态、环境状况和系统可能采取行动的备选方案可能都有所不同。由于安全要求并不是一个孤立的“测试计划中的子章节”，而是存在于所有的测试场景中，因此通过优先排序和省略场景来减少测试工作是困难的，也存在风险。

在现实中，即使只测试一个这样的场景也可能需要巨大的代价（需要一个安全的测试场所，在该场所中变换测试设置并重复测试驱动需要大量的工作和时间）。因此，很大一部分必要的测试不得不以模拟的形式开展。

然而，有些情形仍然必须在现实中重现。因为模拟是容易出错的，而且往往并不是物理完备的。

获得时间和安全性的一个重要措施是，将所有测试尽可能地左移，并在开发过程中对所有测试级别并行地持续测试：在组件级别、子系统级别和系统级别。测试驱动的开发和针对安全关键部件的形式化验证将会发挥越来越重要的作用。持续监控正在运作的系统（右移），并在必要时对现场问题做出迅速反应，也是必不可少的。在欧盟委员会《可信人工智能道德准则》中，明确提出了相应的要求："系统的测试和验证应尽早进行，确保系统在其整个生命周期，特别是在部署后的整个生命周期中的行为符合预期。它应包括人工智能系统的所有组成部分，包括数据、预先训练的模型、环境和整个系统的行为。"

所有测试级别的测试内容和测试结果以及来自车队运行的数据必须由测试管理层持续监测、评估和检查，以便能够识别测试覆盖范围中的空白，也可以减少冗余。

对独立的第三方测试的重视程度将会大大提高。这方面[3]也提出了建议："测试过程应由尽可能多的团队设计和执行。应该开发多种度量标准，以涵盖在不同视角下的各种测试种类。可以考虑由可信的多样化的"红色团队"开展对抗性测试，尝试"破坏"系统查找漏洞，也可以用"缺陷奖励"的方式激励外部人员检测并负责任地报告系统缺陷和弱点。

5 结论和展望

传统软件和 IT 系统，以及常规、安全关键系统或车辆零部件领域的测试程序和最佳实践①，对于自主系统的测试仍然是有效的。

一个核心问题是如何保证和测试自主系统的功能安全。预期的系统功能和必要的安全功能是同一事物的两面，不能互不相关地实现。因此，在测试中不可能将功能和安全性分开。

自主系统的制造商需要具备能无缝地对功能和安全性进行测试的各种程序和工具，在经济上合理的情况下，要向批准机构给出证明。

基于场景的测试是一种方法。场景可以用来建模和刻画自主系统的使用情形和任务过程。然后，这些场景可以作为在虚拟或现实中进行测试的测试指令。

除了场景格式或场景语言的标准化外，还需要捕获和管理场景的工具。需要对此类场景编辑器、仿真工具、测试工作台和测试管理工具之间的集成进行开发。这些工具或工具链还应有助于系统地创建场景变种，并自动评估场景和测试，例如，安全相关性和测试覆盖率。

参考文献②

[1] Gartner "Top 10 Strategic Technology Trends for 2019: Autonomous Things", Brian Burke, David Cearley, 13 March 2019.

[2] Taxonomy and Definitions for Terms Related to Driving Automation Systems for On-Road Motor Vehicles, SAE-On-Road Automated Driving (ORAD) committee, https://saemobilus.sae.org/content/J3016_201806/.

① ISO 26262：2018，"道路车辆-功能安全"，是针对机动车安全相关电子/电气系统的 ISO 系列标准。

② 给出的 URL 的有效日期是 2019 年 7 月。

[3] Independent High - Level Expert Group on Artificial Intelligence - set up by the European Commision, Ethics Guidelines for Trustworthy AI, 04/2019. https://ec. europa. eu/futurium/en/ai - alliance - consultation/guidelines.

[4] Automatisiertes und Vernetztes Fahren - Bericht - der - Ethik - Kommission, Bundesministerium für Verkehr und digitale Infrastruktur. https://www. bmvi. de/SharedDocs/DE/Publikationen/DG/bericht - der - ethik - kommission. html (2017).

[5] Autonomy Levels for Unmanned Systems (ALFUS) Framework Volume I: Terminology, Version 2. 0, Autonomy Levels for Unmanned Systems (ALFUS) Framework Volume II: Framework Models Version 1. 0, https://www. nist. gov/el/intelligent - systems - division - 73500/cognition - and - collaboration - systems/autonomy - levels - unmanned.

[6] https://en. wikipedia. org/wiki/Autonomous_things.

[7] https://de. wikipedia. org/wiki/SAE_J3016.

[8] IEC 61508:2010, Functional safety of electrical/electronic/programmable electronic safetyrelated systems - Parts 1 to 7, https://www. iec. ch/functionalsafety/.

[9] IEC 61508 Explained, https://www. iec. ch/functionalsafety/explained/.

[10] Safety of Autonomous Cognitive - oriented Robots, Philipp Ertle, Dissertation, Fakultät für Ingenieurwissenschaften, Abteilung Maschinenbau der Universität Duisburg - Essen (2013).

[11] Eimler, S., Geisler, S., Mischewski, P., Ethik im autonomen Fahrzeug: Zum menschlichen Verhalten in drohenden Unfallsituationen, Hochschule Ruhr West, veröffentlicht durch die Gesellschaft für Informatik e. V. 2018 in R. Dachselt, G. Weber (Hrsg.): Mensch und Computer 2018 - Workshopband, 02. - 05. September 2018, Dresden.

[12] Temple, C., Vilela, A.: Fehlertolerante Systeme im Fahrzeug - von "fail - safe"zu "fail - operational". https://www. elektroniknet. de/elektronik - automotive/assistenzsysteme/fehlertolerante - systeme - im - fahrzeug - von - fail - safe - zu - fail - operational - 110612. html (2014).

[13] https://iso25000. com/index. php/en/iso - 25000 - standards/iso - 25010.

[14] Deutsches Forschungszentrum für Künstliche Intelligenz GmbH (DFKI), Robotics Innovation Center, Robotersystem Mobipick. https://robotik. dfki - bremen. de/de/forschung/robotersysteme/mobipick. html.

[15] Cloudbasierten Testmanagementsystem der imbus AG. https://www. testbench. com.

[16] Deutscher Bundestag, Straßenverkehrsgesetz für automatisiertes Fahren, Drucksache 18/11776 vom 29. 03. 2017. https://www. bundestag. de/dokumente/textarchiv/2017/kw13 - deautomatisiertes - fahren - 499928, http://dip21. bundestag. de/dip21/btd/18/113/1811300. pdf.

[17] Flessner, B.: The Future of Testing, imbus Trend Study, 3rd edition. https://www. imbus. de/downloads/ (2017).

[18] ASAM OpenSCENARIO. https://www. asam. net/standards/detail/opensce nario/.

扩展阅读

[ISO 10218:2011 - 07] Robots and robotic devices - Safety requirements for industrial robots, Part 1: Robots, Part 2: Robot systems and integration.

[ISO 12100:2010] Safety of machinery - General principles for design - Risk assessment and risk reduction.

[ISO 13482:2014] Robots and robotic devices - Safety requirements for personal care robots

[ISO 8373:2012 - 03]Robots and robotic devices - Vocabulary.

数字时代的测试

Rik Marselis

摘　要　你如何测试机器人？测试智能机器与测试传统 IT 系统不同吗？使用机器人能让测试更容易吗？人工智能会替代所有的测试活动吗？

在当前的数字时代，随着人工智能、机器学习、机器人、聊天机器人、自动驾驶汽车、自主吸尘器以及其他很多智能机器的出现，我们看到了目前在信息技术（例如计算机）和运营技术（例如工厂）方面正在发生的长足而快速的发展，类似上面的问题甚至更多的问题就会浮现在我们的脑海中。

关键词　软件测试；软件质量；人工智能；智能机器；测试自动化

1　智能机器的测试以及使用智能机器进行测试

你如何测试机器人？测试智能机器与测试传统 IT 系统不同吗？使用机器人能让测试更容易吗？人工智能会替代所有的测试活动吗？

在当前的数字时代，随着人工智能、机器学习、机器人、聊天机器人、自动驾驶汽车、自主吸尘器以及其他很多智能机器的出现，我们看到了目前在信息技术（例如计算机）和运营技术（例如工厂）方面正在发生的长足而快速的发展，类似上面的问题甚至更多的问题就会浮现在我们的脑海中。

在数字时代，我们倾向于把测试工程看作一套可以由不同角色人员执行的技能和活动，而不过多讨论测试工程师的作用。建立数字化测试工程所需要的技能是很多的，将所有的技能都集中在一个人身上是不可能的。例如，数字化测试专家团队合作建立测试自动化系统，以便持续发布 AI 系统。传统的测试工程师必须学习并引入类似数据分析、人工智能算法，或（我们将在本文的末尾看到）天气预报等新的技能。

在本文中，我们将首先阐述智能机器的测试。此后，我们重点介绍用智能机器测试，即使用智能机器来支持测试。

2　智能机器的测试

人工智能可以（也应该）被测试。本文我们讨论 AI 的测试。

由于人工智能解决方案很新，在这一领域的经验还相当少。对人工智能的测试，必须制定和评估完备而严格的验收标准，以验证输出结果。输出结果由输入数据和经过训练的模型决定，对这些进行测试是核心的活动。使用人工智能认知 IT 系统的质量需要评估，这种情况的挑战在于，学习系统会随着时间的推移而改变其行为。在今天是正确的事情可能在明天就变得不同，但仍然是正确的，因此很难预测结果。在这种情况下测试人员需要具有解释系统的边界或容忍度有关的技能。对于输出结果，总是存在某个边界。为了确保系统保持在这些边界内，测试人员不仅查看输出，而且还查看系统的输入，因为我们可以通过限制输入影响输出。

2.1 机器智能质量的 6 个维度

几个世纪以来，人们一直在评估事物的质量。自从蒸汽机发明以来，对结构化的质量评估方法的需求增长快速。在 20 世纪 40 年代第一台计算机发明后，人们意识到这些“决策和数据处理”机器需要一个新的质量视角，并发布了第一批测试方法。如今，我们拥有类似 TMap 的测试方法、手段（如探索性测试）和技术（如边界值分析），来建立 IT 过程的质量，构建业务成功的信心。

评估质量可以有不同的角度。一些角度从传统的质量需求中来（如机械或电气），因为数字时代带来了新技术（例如，机械世界中的 3D 打印），这些角度再次被重视起来。

机器智能解决方案的质量方法必须能够处理如图 1 所示的 6 个质量维度。

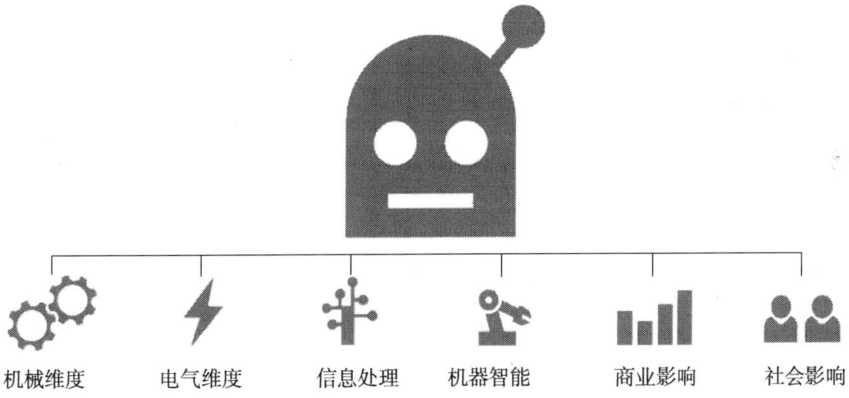

图 1　数字时代质量的 6 个维度

（1）机械维度

例如，在蒸汽机时代，人们发明了“冒烟测试”，通过缓慢增加蒸汽锅炉的压力，检查烟雾是否从机器的某处泄漏。

对于 3D 打印，机械维度得到了新的关注。如果更换的部件是 3D 打印出来的，它们可能具有不同的材料特性。当采用 3D 打印（也称为增材制造）时，强度和温度分布与传统的类似塑料铸造的方法是完全不同的。

（2）电气维度

电力发明以后，不仅机械的东西需要被测试，无形的电力现象也需要测试，于是出现了测试的新维度。在数字时代，我们看到了新的电气现象，如采用无线传输能量给电池充电，以及使用各种各样的协议和技术进行无线通信。

(3) 信息处理

从20世纪50年代和60年代的早期计算机起，人们就已经建立了测试软件的技术和方法。“千年虫”问题促进了测试方法和框架的创建和使用。TMap可以追溯到1995年，它给出了一种测试复杂IT系统的明确方法。

随着机器智能和机器人技术的兴起，测试方法也被用来测试智能机器的基本信息处理组件。

(4) 机器智能

现在，机器智能迅速崛起，给测试工程专业人员带来了新的挑战。智能部分（特别是学习）和机器部分（机器人）都需要另外的质量维度。这些智能机器给我们的世界带来了一个新的挑战：机器智能远远超过了以前的技术对我们的企业和社会的影响。机器智能的测试也不同于传统的信息处理测试。对于传统的IT，因为规则是预先定义的，测试人员总是可以预测测试的输出结果。对于复杂的系统，这可能是一项艰巨的任务，但从根本上说，定义预期的结果总是可能的。

但现在出现了会学习的机器。根据使用各种传感器收集的输入，它们从环境中获取信息，并根据这些信息确定在给定的时间点可能的最佳结果。根据定义，在另一个时间点的结果就会不同。这对测试设计和测试执行都是一个挑战。例如，这需要测试人员使用带有容差和上下边界的预期结果。

(5) 商业影响

新技术总是对商业产生影响。但是，由于智能机器非常快速的演变和令人印象深刻的推行，对商业的影响尤其需要关注。

作为有质量意识的人，我们希望确保机器智能对商业结果产生积极的作用。为了确保这一点，IT团队需要同时使用著名的和全新的质量特性来评估新技术是否贡献了业务价值。

(6) 社会影响

直到现在，机器总是通过扩展或取代肌肉力量来支持人们。现在，我们看到了取代或扩展人类脑力的机器。这可能会对人们交流和更广泛意义上的社会活动产生巨大的影响，并将我们带到质量的最后一个角度：社会影响。新技术产生了社会影响。那么这方面有什么不同？主要是技术进入我们生活的速度，以及机器为人们做决定的可能性，即使这种选择背后的理由不能被人理解。

2.2　使用质量特性进行定义和测试的质量

为了对系统的质量水平有一个清晰的了解，我们需要对质量进行划分，因此，我们采用质量特性。现在众所周知的标准都是在传统IT系统时代发展起来的，这些系统主要关注数据处理，并通过文件或屏幕用户界面进行输入和输出。我们使用ISO 25010标准作为我们的基础。在图 2 中，传统的 ISO 25010 中的质量特性用灰色标识，针对智能机器新增的质量特性用红色标识（见图 2）。

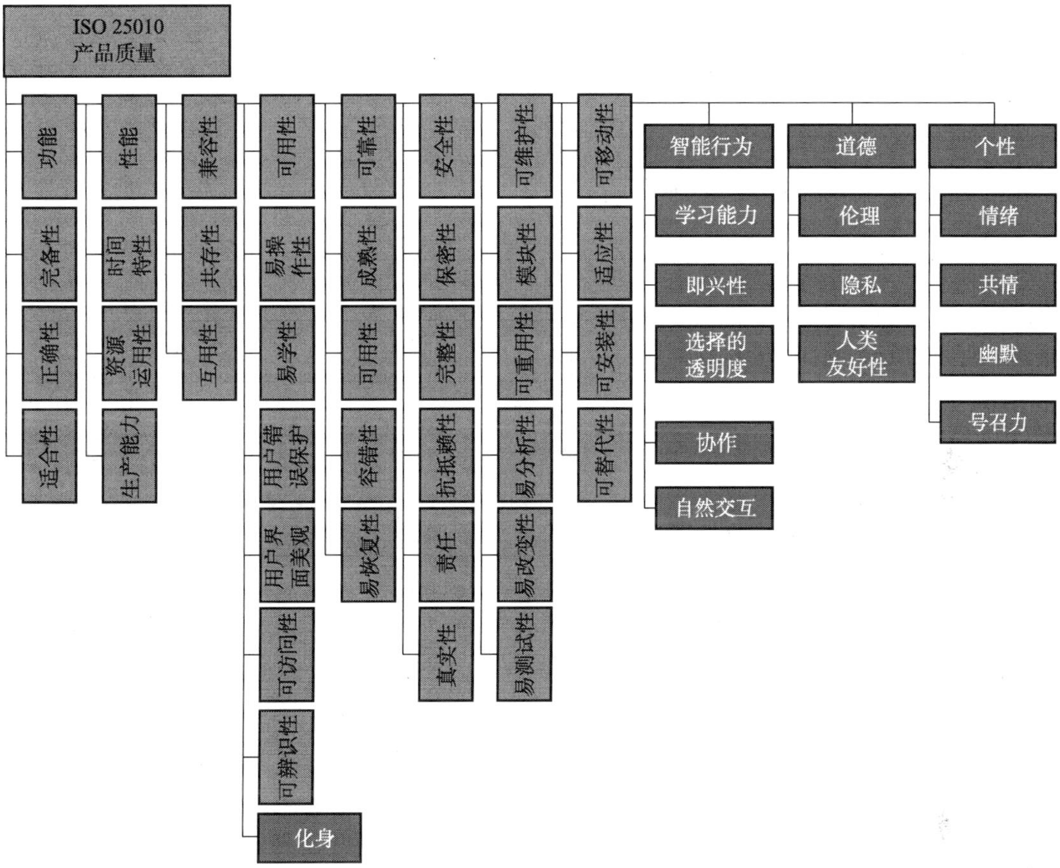

图 2　ISO 25010 标准中的质量特性以灰色标识，针对智能机器扩展的用红色标识（见彩插）

如今，机器智能系统有更多的选项。输入通常使用传感器（例如，在物联网设备中）来采集，输出可能是物理的（如仓库中移动的物体）。这就要求扩展质量特性列表。本文的下一节描述了这些新的质量特性。

我们增加了 3 组新的质量特性，即智能行为、道德和个性。在后面的内容中，我们描述了这些主要的特性及其子特性。在此之后，我们介绍了增加到现有主要特性——可用性中的子特性。

2.2.1　智能行为

智能行为是领会或理解的能力，基本上是推理、记忆、想象和判断的组合，其互相依赖。智力是由适应性行为展示出来的认知技能和知识的结合。

（1）学习能力

学习能力是从经验中认知、理解和获益的能力。智能机器是如何学习的？

我们认为有 3 个层次的学习。第一个层次是基于规则的学习。如果用户在菜单中频繁地使用某些选项，智能机器可以对选项排序，把使用最多的选项放在顶部。第二个层次是基于收集和解释数据，并基于对环境的了解。第三个层次是通过观察他人的行为并模仿这种行为来学习。

不同学习水平的例子：

• 第一个层次，考虑汽车上的卫星导航系统，如果你总是在启动系统后立即关闭自动语音，机器就会学会启动时关闭语音。

• 第二个层次，考虑扫地机器人，通过录入布局信息对房屋进行学习，从而更好地避免障碍和到达一些不易到达的角落。

• 第三个层次涉及行为模仿，例如，一个机器人在 YouTube 网站上看了一个烤煎饼的视频，然后复制这个行为。在看了几个视频后，机器人知道了所有的操作技巧。

当然，智能机器可以组合不同的学习层次。

(2) 即兴性

它能适应新的情况吗？即兴性指的是智能系统在新情景下做出正确决策的能力。对于它从来没有经历过的情景，需要快速解读新的信息和调整已有的行为。对于社交机器人，由于社交行为依赖于特定小群体的文化，因此必须能够根据外来的信息来适配自身行为。此外，对于让一台机器人保持兴趣或使其与操作环境密切相关，施加长期的变化也是很重要的。

(3) 选择的透明度

人是否能够理解机器是如何做出决定的？人工智能系统 7×24 小时工作，需要做很多决定。因此，人工智能系统如何以及根据哪些输入数据做出决定必须是透明的。哪些数据点是相关的，它们的权重如何？在一些案例中，决策是至关重要的。例如，当人工智能系统用于计算保险费时，调查保险费如何计算是很重要的。透明度也意味着可预测性。机器人按照与其一起工作的人的预期做出反应也很重要。在某个情景下，相关人能多大程度地预见到智能机器将要采取的（某种）行动，这是正常协作的基础（见下一段）。

为了遵守选择透明度的规则，一个组织可以选择采用“可解释的人工智能”（也称为 XAI）。

(4) 团队协作/工作

机器人和人类如何一起工作？它能理解人类的预期和非预期的行为吗？机器人可以与团队中的人或其他机器人一起工作，在这个团队中如何沟通是非常重要的。机器人必须意识到周围的人，知道一个人什么时候想和机器人互动。在自然交互的帮助下，机器人必须能够吸引注意力。在工业自动化中，机器人和人在工厂里一起工作是非常重要的，在交通方面也是如此，例如，骑自行车的人应该能够看到，自动驾驶汽车是否能看到骑自行车的人想要转弯。

没有人参与的机器人之间的协作，与现有的质量特性中的互操作性非常相似，但由于协作在机器人和智能系统中非常重要，我们希望单独强调。

(5) 自然交互

自然交互在语言和非语言交流中都很重要，特别是对于社交机器人，人与机器人的互动和人与人之间的互动一样自然是很重要的。此处需要重视的是多模态输入，以便有多种可能性来控制机器人（例如，言语和手势）。

对于聊天机器人，自然的对话是很重要的，但也与聊天机器人的目的有关。你可以想象，一个闲聊机器人比一个做旅行安排的机器人更容易犯错，也学得更慢，因为旅行安排时可以准确地理解目的地、日期和其他没有错误解释的信息。大多数人输入“家”作为目的地，指的是他们自己的家，而不是最近的养老院，这与一个传统的搜索引擎假设的一样。在这种情况下，请求明确对于聊天机器人是非常重要的。

2.2.2 道德

道德指的是区分对与错或好与坏行为的原则。非常著名的科幻小说作家艾萨克·阿西莫夫对智能机器的道德进行了大量的思考，其中一个贡献是制定了智能机器人应该遵守的“机器人定律”。

经典的阿西莫夫机器人定律是：

- 法则 0：机器人不得伤害人类，或者通过不作为让人类受到伤害。
- 法则 1：机器人不得让人类受伤，或通过不作为让人类受伤。
- 法则 2：机器人必须服从人类给它的命令，除非这些命令与法则 1 矛盾。
- 法则 3：机器人必须保护自身，只要这种保护不与法则 1 和法则 2 冲突。

其他人还增加了一些补充法则：

- 法则 4：机器人必须在所有情况下建立其作为机器人的身份。
- 法则 5：机器人必须知道它是机器人。
- 法则 6：机器人必须繁殖，只要这种繁殖不干扰法则 1～3。

不幸的是，我们观察到，与阿西莫夫的故事不同，大多数的智能机器并没有在构建时遵循这些机器人法则。这取决于团队中的数字测试工程师来评估智能机器遵守这些法律的程度。

(1) 伦理

伦理是指按照各种原则行事。法律、规则和条例是重要的原则，但对于伦理来说，不成文的道德价值观是最重要的。机器伦理的一些挑战与设计机器所涉及的挑战非常相似。设计一个机械臂需要避免误伤到人，这与设计一个阻燃沙发在道德上考虑的是一样的。

关于智能机器，与伦理有关的重要问题是：

- 它是否遵守共同的伦理规则？
- 它是否作弊？
- 它是否区分什么是允许的和什么是不允许的？

要做到伦理上负责，智能机器应该告知其用户，系统中存储了哪些数据，以及这些数据是用来做什么的。

伦理会引起各种挑战。例如，让人工智能（使用机器学习）基于面部或其他身体部位特征（如种族和性别）来区分人并不太困难。在大多数国家，这不符合伦理要求。因此，测试人员需要有这方面的验收标准，并按照标准开展。

伦理上面临的另一个困境是，当智能机器导致事故时，谁负责？例如，无人车里没有司机，只有乘客。智能软件的程序员应该负责吗？还是卖车的销售员？还是制造商？这些都是伦理（和一些法律）上的困境。在自动驾驶汽车发生车祸时，谁应该受到保护呢？一些自主汽车制造商声称，他们的汽车任何时候都会保护车内的人。从商业角度来看，这可能是明智的（否则没有人会买车），但从道德的角度来看，保全车里的几个乘客而牺牲车外的一大群行人是正确的吗？

最后一个伦理上的困境是关于人们对智能机器的感受。2013 年奥斯卡获奖影片《她》中，一个男人（演员杰昆·菲尼克斯）爱上自己的操作系统。从伦理的角度来看，我们可能会想，我们是否应该允许一台机器承认这种感觉并给出回馈。

（2）隐私

隐私指的是，一个人的私生活或事务不受不必要或不适当的干扰或打扰的状态。智能机器是否符合隐私法律法规？机器学习算法的燃料是数据，它们决定了解决方案可以做什么和最终能做什么，必须确保所收集的数据和从这些数据中获得的洞察与商业目标保持一致。还有法律约束，这取决于国内法律和国际法律、法规和被分析的数据。特别是，欧盟拥有最严格的法规之一，《通用数据保护条例》（GDPR），对违反行为会进行严厉的金融制裁。

数据泄露会发生是一个不争事实，这使黑客能够访问敏感的安全信息，例如电子邮件附件中包含的信息。隐私保护现在有更大的严重性和影响。应谨慎处理这些问题，这不仅是因为社会责任，而且是因为相关法律（如 GDPR）必须得到遵守。参考 ISO 隐私标准：ISO 29100。

（3）人类友好性

人类友好性是指智能机器不会对人类造成伤害的程度。今天，在讨论人工智能对人类社会的态度时，往往使用“有益人工智能”一词。

大多数主流的专家和 AI 公司都看到了 AI 和机器人被用于战争的风险。这不仅挑战了我们当前的伦理标准，也挑战了我们自我保护的本能。

未来生命研究所正在密切关注这些危险。它们是真实存在的，在制定新的解决办法时应加以考虑。

可靠安全性和保密安全性（特别是协作机器人）经常被混淆，但它们是不同的。保密安全性是指保护应用程序免遭恶意的人（或机器）的破坏。可靠安全性用来确保人们不会受到伤害。对于机器人来说，这是非常重要的，因为它的同事可能想知道：在我试图与这个机器人沟通时，大铁臂打到我的头的机会有多大？

人们通常认为，机器人和其他智能机器将会在所有劳动力上替代人类。在过去的几个世纪里，人们对被机器完全替代的恐惧已经出现了很多次。事实上，一些人类劳动已经实现了自动化。但每次都有新的挑战性任务出现。

这一次也不会有什么不同。但一个具体的现象将是“回流”。近年来，许多工作被外包到时薪最低的国家。如今，机器人可以 7×24 小时更便宜地工作。因此，运输成本将是决定因素。因此，工作机会将“回流”到需要工作结果的地方。这也带来了一些高技能的支持工作机会（组织这项工作，创造新的可能性等）。从这个意义上说，人工智能对人类是友好的，因为工作将基于结果需求的位置在全球范围内均匀分布。

2.2.3 个性

个性指的是，形成个体独特的特性或品质的组合。让我们关注将机器人当作合作伙伴或助手，希望构建与人类合作者个性相投的机器人。

（1）情绪

情绪是精神或感觉的一种临时状态。

智能机器会一直保持同样的情绪吗？我们倾向于认为，一台机器从定义上来说是不懂情绪的，它只是每次都以同样的方式执行它的任务。但是随着智能的增加，机器也可能在不同的情况下或在一天中的不同时间改变它的行为。情绪的一个较好使用可能是协作机器人，这些机器人调整其行为，以适应其人类合作者的行为。例如，在夜间，因为人们往往更易怒，机器人可能会尽可能少地发出信号，而在温暖而明亮的夏日，机器人可能更直言不讳地交流。

情绪的另一个方面是使用机器智能来改变人们的情绪。情绪更改或所谓的 AI 控制的人脑植入物已经在接受测试。人脑植入物可用于在必要时向大脑特定部位发出刺激。专家们正在致力于用专门算法来检测情绪失控的相关模式。这些设备能够发出电脉冲，据称可以使大脑进入一个更健康的状态。人们希望这项技术能为治疗现有疗法难以应对的精神疾病提供一种新的方法。

（2）共情

共情是理解和分享他人感受的能力。机器不能感觉到共情，但让它们模拟共情很重要。它们应该能够识别人类的情绪并对其做出反应。智能机器应该理解与它互动的人的感受，这对于在医院工作的同伴机器人尤为重要。

（3）幽默

幽默是一种有趣或喜剧的品质，特别会在文学或演讲中表达出来。笑和幽默有区别吗？是的，有区别。笑声被用作沟通的辅助手段；从温柔的笑声到捧腹大笑，它帮助我们传达对各种社会场景的反应。幽默可以被定义为关于有趣的艺术，或者找到有趣东西的能力。机器人将如何检测到这种人类的行为？这是 AI 的下一步，对机器人编程让其具有听懂玩笑、发现双关语和讽刺并打趣回应的能力。存在一科学分支致力于这一领域的研究和开发。这一领域的科学家被称为计算幽默学家，而且已经做了很久这方面的研究；这些只是它们所创造的一些算法，SASI 就是这种算法的一个例子。

（4）号召力

号召力是一种可以激发他人奉献的引人注目的吸引力或魅力。人们喜欢智能机器吗？人们爱智能机器吗？它是不是非常好以至于人们再也不想把它收起来了？如果一个产品有

"哇因素"，那么它更可能成为一个成功的产品。所以，产品的魅力很重要。

魅力是智力的标志吗？是的。无论采用什么因素，这都是学习来的行为。要被用户接受，机器人必须以某种方式感染用户，这可能是通过它的外观（见化身）。但更重要的是它的功能，也可能是它的灵活性。保持让用户为之惊叹的一种方法是不断学习新事物，并总是表现得超出用户的期望。

2.2.4 易用性

在现有的质量特性中，我们只在可用性中添加了一个额外的子特性，即化身。

当然，其他现有的质量特性和子特性也很重要，但那只是现有特性的不同用途或应用。

化身

如今人工智能研究中的一个著名的流行语是"化身"，即智能需要一个身体，或者从实用性来讲需要一个机器人。化身理论在 20 世纪 80 年代被罗德尼·布鲁克斯引入人工智能。布鲁克斯表明，如果机器人尽可能少地"思考"（计划或处理）并感知，它们就能更有效。机器人的智能只是为了处理最小数量的信息，以使其行为是适当的和/或符合其创建者期望。化身简单来说就是："它看起来对吗？"

对于物理机器人，以及聊天机器人的用户界面，甚至智能音箱，它们的外观和如何适应操作空间是非常重要的。这里的重点是，机器人的外观必须与机器人所具有的功能相匹配。当看到一个机器人时，人们会对这个机器人的功能产生期望，如果外观非常漂亮，而能做的事情很少，人们就会失望。化身的另一个相关方面是机器人与人的相似程度。一般来说，人们喜欢仿人机器人，但一旦它们看起来太真实，人们就开始感到反感。"恐怖谷"理论的图形描述了人们喜欢化身的情况。化身的质量特性不仅包括机器人的物理化身，也包括机器人在世界中所处的位置。

3 采用智能机器进行测试

在测试中使用机器智能的目标不是在这个回路中彻底让人消失，而是让测试更容易、更快，就像传统中借助工具来支持任何活动一样。此外，一些以前无法完成的任务现在可以通过使用智能机器来完成。因此，涉及可实施性、有效性和效率。

未来，测试工程师将成为质量预测者，他们使用智能的测试用例集，这些测试用例通过各种正确的场景逐渐进化到最适合于某些解决问题域的智能解决方案。质量预测旨在先于测试结果，以确保质量问题在用户遇到故障前就得到解决。要达到这种情况，必须满足许多先决条件。变更和测试的数据必须以结构化的方式收集，系统需要用模型来描述，必须使用 AI 来分析这些数据。

数字测试工程不断发展。预测技术以我们的方式帮助我们找到正确的工具、角色和技能，以保持对未来产品的质量守护。

在数字时代，新技术正在扩展人类的可能性、新的工作方式、新的思想，并取代现有的产品。新事物不断被创造、尝试和测试，这种情况也适用于使用智能机器进行测试。所有数字术语的共同点是：

- 速度：市场反应非常快。
- 数据：收集了大量的数据。
- 整合：每个人都需要整合一切。

极高的速度、海量的数据，以及无限多的融合可能性是我们开展测试面临的元素，它们超越了人类的能力。

测试自动化是一种能够帮助我们的方式。在数字测试的背景下，测试自动化就是使用一切可能的手段来加快产品的完整开发周期；甚至是采用一个物理机器人来代替人的测试活动也是一种可能，例如按下诸多按钮。进一步的帮助可以是与另一个尚未提到的新技术相结合：人工智能（AI）。人工智能需要处理大量数据，在无限的可能中找到智能的路径，具有迅速为我们提供解决方案的潜力。我们不要忘记，人工智能也需要测试，但人工智能可以在这里发挥作用。

例如，类似人工智能的技术可以帮助我们测试物联网解决方案。具体来说，可以采用进化算法来生成测试用例。结合对测试环境的多模型预测，测试用例成为智能测试用例（见图 3）。

图 3　测试开始于反应性活动（测试执行），通过对运行系统的质量监控，转向预测故障的质量预测，以便在有人发现故障之前就能修复故障

未来，测试工程师将成为质量预测者，他们使用智能的测试用例集，这些测试用例通过各种正确的场景逐渐进化到最适合于某些解决问题域的 IT 解决方案。质量预测旨在先于测试结果。在某个场景发生之前，数字测试工程已经找到了潜在的缺陷。然而，要达到这种状态，需要满足很多先决条件。测试执行必须有效组织，以一种结构化的方式收集数据。质量控制也需要以一种类似的方式，让测试数据和监控数据可以作为质量预测的基础。

数字测试工程不断发展。预测技术是以我们的方式帮助我们找到正确的工具、角色和技能，以保持对未来产品的质量守护。

3.1　模型有助于质量预测

测试是一种反应性活动。只有在你测试了之后，你才知道一个产品是否正常工作。有一个定律：你永远不知道你的产品中仍然存在的缺陷。

测试必须能够预测在不久的将来是否会出现以及出现什么缺陷。只有这样，测试才能在质量保证工作中保持领先。

让我们以天气预报为例。为了预测未来两周的气温，计算了 50 个模型，每个模型都给出了不同的答案，从这组结果中（由一个人）选择一个最可能的路径。

这在测试中也是可以做到的。假设测试自动化采用动态模型，使用现场实时数据生成了正确的测试环境和测试用例集。基于实时数据趋势来操纵测试环境，可以计算出多种场景，可以在模拟环境中完成。这种方法很快，并消除了使用昂贵且需要维护的物理测试环境。

这时测试工程师必须通过一组预测结果，在现场发生缺陷之前找到它们。从某种意义上说，测试工程师成为质量预测者。

3.2　机器人测试物理机器

测试工程通常被看作是一种“纯软件”的活动。但在数字时代，大多数智能系统由软件和硬件组件组成，这些组件必须符合特定的质量标准。软件部分的测试可以通过 AI 驱动的测试工具来支持。对于硬件部分，机器人可以有很大的用处。用机器人测试物理设备有多种不同原因，主要如下。

（1）对软件测试方法局限性的反应

自动化系统测试可以通过软件解决方案替代控制设备来实现。这虽然是可能的，但在许多情况下，它需要考虑高级的安全保密和安全可靠的机制，使得公司无法实现在“客户状态”下对产品进行端到端的测试。在端到端解决方案中，让机器人在物理环境中与物理终端产品一起工作，可以实现在接近实际生活的环境中进行测试。

（2）测试方案的灵活性

在自动化的系统测试中，针对每个特定的控制设备都需要定制解决方案。更通用的方法是，采用轻量级机器人和标准部件来更快速地将新的控制设备融入测试环境。像 GUI 自动化测试一样，在物理领域，也可以使用标准构建块。它甚至可以识别物理接口（按钮、开关、触摸板、面板等），并有可用的机器人工作所需的标准交互。

（3）更多的测试和更低的成本

一个自动化的机器人测试集也可以用于生产环境。对于小批量生产的测试，可以不必支付每个产品上执行的相对较长的手动测试活动。这种测试设施的长期可用性提供了对长期产品的支持（即使公司已经没有特定的测试知识）。测试解决方案还可以扩展到大型测试集或大容量测试自动化活动。

（4）克服交互的重复性

为了比较测试结果，与系统进行物理交互的时序可能是非常严格的。一个人类操作者不能做得像要求的那样精确。机器人是解决这个问题的一个很好的工具。

（5）降低人类的风险

重复性任务可能对操作者的健康构成风险。危险的环境也不是执行测试的好地方。采用机器人可以从测试执行中消除这些因素，使测试环境对于我们人来说更健康、更安全。

3.3 虚拟工程环境下的测试执行

虚拟工程环境提供了一个以用户为中心的第一人称透视图，使用户能够自然地与工程系统交互。虚拟环境中的交互应该提供一个易于理解的接口，并与用户的技术背景和专业知识相适应。在一个理想的情况下，它必须使用户能够探索和发现关于系统行为的非预期但关键的细节。探索和发现是测试设计技术相关的术语，如探索性测试或错误猜测法。找到关键细节需要从执行检查单开始，并扩展到在虚拟环境中建立完整的测试项目。虚拟工程环境中用于测试的检查单是构成或建立环境的组成要素：

- 生产和自动化工程。
- 以用户为中心的产品设计。
- 材料力学。
- 物理和数学。

最后，测试就是收集已获收益和剩余质量风险的信息，这些信息被用来确定利益相关方对使用系统的信心水平。不管机器看起来多么聪明，对业务流程的问责绝不能委托给一台机器，这种对信心的最终判断仍然必须由人类来做。

3.4 用人工智能测试人工智能要小心

利用人工智能来测试其他人工智能是一个特例。在某些情况下，这带来一种很有吸引力的可能性。但是，无论这个选项多么有效，在决定这样做之前，相关人员必须非常谨慎地权衡一个事实，即他们将使用一个他们不完全了解的系统，来测试另一个他们不完全了解的系统，这累积了不确定性。另一方面，你可能会争辩说，对于现代的系统之系统，我们早已习惯了信任我们不完全了解的系统。

三思而后行：验收测试

Mitko Mitev

摘　要　验收测试带来的挑战不计其数。许多项目经理都面临着如何组织测试过程的艰难决定，这不仅需要具备专业的技术知识，而且要求能够站在用户的角度去考虑问题。当认为已经开展了足够的测试且能清楚地认识到后续可能出现的问题时，许多项目经理就会跳过使用内外部资源而去开展验收测试。那么，接下来就会发生最终用户对软件不满意而拒绝买账，导致公司损失巨大。公司面临的不仅是经济损失，同时面临在当今社会更严重的损失：合作伙伴、竞争对手之间的声誉和信誉，更重要的是公司的“上帝”——用户的损失，那些一如既往有苛刻要求的人，因为他们拥有的选择很多，也很容易找到替代产品。

这就是为什么每个项目经理必须意识到，组织和执行验收测试面临着巨大的挑战。做好验收测试带来的好处是多方面的，它会让你和你的团队获得更大的成功。当然，验收测试需要有完善的计划并正确地执行；否则你将不得不承担发布一个在用户眼中糟糕的产品带来的损失。

关键词　软件测试；软件质量；软件测试人员；验收测试

1　概述

验收测试，是确保软件满足用户需求的重要阶段之一，但却经常被忽略。

验收测试带来的挑战不计其数，许多项目经理都面临着如何组织测试过程的艰难决定，这不仅需要具备专业的技术知识，而且要求能够站在用户的角度去考虑问题。当认为已经开展了足够的测试且能清楚地认识到后续可能出现的问题时，许多项目经理就会跳过使用内外部资源而去开展验收测试。那么，接下来就会发生最终用户对软件不满意而拒绝买账，导致公司损失巨大。公司面临的不仅是经济损失，同时面临在当今社会更严重的损失：合作伙伴、竞争对手之间的声誉和信誉、更重要的是公司的“上帝”——用户的损失，那些一如既往有苛刻要求的人，因为他们拥有的选择很多，也很容易找到替代产品。

这就是为什么每个项目经理必须意识到，组织和执行验收测试面临巨大的挑战。做好验收测试带来的好处也是多方面的，它会让你和你的团队获得更大的成功。当然，验收测试需要有完善的计划并正确地执行；否则你将不得不承担发布一个在用户眼中糟糕的产品带来的损失。

设想一下，你在验收测试阶段发现了一个严重的程序错误，你应该怎么做？

众所周知，程序错误在早期阶段更容易被修复，不会对系统集成、进度和资源产生影响。同时，人力资源和财务资源的消耗也要比在项目后期修复少得多。设想一下，你在验收测试阶段发现了一个严重程序错误，你应该怎么做？忽略错误继续交付或者尝试对错误进行修复，如果修复错误，对系统的影响就是软件的发布可能推迟数月。那我们为什么不跳过验收测试阶段？因为用户会判断你的产品好坏，并决定它是否为一个成功的产品。

表 1 展示了过去 5 年 IT 项目的状况（CHAOS Report 2015）。

根据著名的 2015 年 CHAOS Report 报告，导致程序错误的主要原因是需求不明确、不完整或是需求没有被认真分解。一份糟糕的需求会对软件开发、测试用例设计以及最终项目预期产生不良影响。因此，验收测试是检验产品是否满足所有客户期望的最佳方法。与其发布糟糕的产品，不如推迟发布。在验收测试阶段，可以再一次从客户端以及用户那里收集数据，并使项目相关方都满意。所有人都知道商业的运作方式，就算之前你有成千上万个成功案例，但只要出现一个失败的个案，所有一切都会付之东流。

表 1 CHAOS Report 2015 的 IT 项目状况

	2011 /(%)	2012/(%)	2013/(%)	2014/(%)	2015/(%)
成功	29	27	31	28	29
不太成功	49	56	50	55	52
失败	22	17	19	17	19

为了跟你抢客户，你的竞争对手会毫不犹豫地在客户面前提及你的失败案例而获取关注。在现代社会，尤其是竞争激烈的 IT 行业，跳过验收测试这样的重大错误是不允许发生的。

但是，为了确认我们都需要该特定阶段，这里还有一些从 CHAOS Reports 中得到的图表。

表 2 展示了 IT 项目失败的常见原因。

表 2 IT 项目失败的常见原因

项目失败因素	所占百分比/(%)
1. 不完善的需求	13.1
2. 缺乏用户参与	12.4
3. 缺乏资源	10.6
4. 不现实的期望	9.9
5. 缺乏行动支持	9.3
6. 更改需求和规范	8.7
7. 缺少计划	8.1
8. 不再需要	7.5
9. 缺少 IT 管理	6.2

续表

项目失败因素	所占百分比/(%)
10. 技术不足	4.3
11. 其他	9.9

表 3 展示了项目成功的因素。

表 3　项目成功的因素

项目成功因素	所占百分比/(%)
1. 用户参与	15.9
2. 行动支持	13.9
3. 明确的需求说明	13.0
4. 合理的计划	9.6
5. 现实的期望	8.2
6. 更小的项目里程碑	7.7
7. 称职的项目人员	7.2
8. 所有权	5.3
9. 清晰的愿景和目标	2.9
10. 勤奋专注的项目人员	2.4
11. 其他	13.9

比较这两张表，我们可以发现许多熟悉的内容，可以确定的是，对每一个项目来讲，能够提出准确、稳定的需求是非常重要的。众所周知，良好的需求同时也是验收测试的基础。

2　流程

过程如何组织，才能确保验收测试顺利进行？想要执行“完美”的验收测试，最重要的步骤是什么？

想要回答这些问题，我们必须要从 ISTQB 提供的验收测试定义开始：“依据用户需求、需求规格说明和业务流程要求进行的正规测试，以确定系统是否满足验收标准，使用者、客户或其他被授权者是否认可并接受该系统。验收测试也称为用户验收测试（UAT）、最终用户测试、操作验收测试（OAT）或现场（验收）测试”。

2.1　验收测试类型

在不同的情况和规定下，应进行不同类型的验收测试。例如，最广为人知的就是用户验收测试，该测试“完成”的标准通常是由业务客户确定，并采用业务领域专业术语描述。另外一种当下流行的验收测试——操作验收测试，它的判定准则依据功能需求和非功能需求项来定义。此外，如果标准是由合约、法律法规和规定来定义的，则需要执行合约、法规符合性验收测试。最著名的验收测试是α测试和β测试。它们由什么组成？货架软件的研制方通常希望在软件投入销售之前，可以从市场上的潜在或现有客户那里获得反馈。这时就涉及α测试和β测试。

2.2 α测试

α测试是在开发公司内部由非开发人员执行的测试：通常是由不参与项目开发的质量保证人员实施，从而确保测试的独立性和不受开发影响。α测试通常都会采用外包的方式，这样可以最大程度地保证测试意见独立，不会因为测试意见分歧破坏同事关系。

2.3 β测试

β测试，也称为现场测试，是由用户或潜在用户在实际使用环境下进行的测试。很多公司，甚至很多初创公司都将这种测试视为免费的验收测试。你发布软件，用户为你完成测试工作——查找并记录错误。这同时也显示了哪些功能对用户最为重要，以及后续开发工作的重点。当你没有验收测试的预算，同时其他测试预算也很紧张情况下，这种操作听起来很棒。没错，用户可以为你做这些，但是，你确定他们会记录下遇到的所有问题，会将每个问题都描述清晰吗？想一想你将花费多大代价来确认一个描述欠佳的错误。另外，如果你的测试版是一个非常糟糕的产品，谁会愿意使用你的软件呢？千万别忘了，在现代社会，人们之间的交流非常容易，论坛中对不同软件的评价，决定了广大用户将下载和使用哪些软件。我们的建议是在发布 Beta 版本时要非常小心，并确保事先进行了α测试。

2.4 α和β测试之间的主要区别

为了更准确地区分α测试和β测试（它们是最常见的测试），这里有一个比较表（见表4）。

表4 α和β测试之间的主要区别

α测试	β测试
达到的目的	
提高产品质量并确保 Beta 版就绪	提高产品质量，将客户意见整合到产品中并确保发布
开展时机	
软件开发接近尾声，产品接近完全可用状态	产品发布之前，一般是最终发布的几周甚至几天内
持续时间	
持续时间较长，需要多轮迭代。α测试的周期通常为β测试的3～5倍	通常只有几个星期（有时会到几个月），很少有重大的迭代
相关方	
质量保证和工程技术人员	产品营销、售前、文案、质量和工程——整个产品团队

续表

α测试	β测试
参与人员	
测试工程师、普通员工，有时还有“朋友和家人”；能够仿真 80%的客户需求	在“真实世界”中与“真实客户”一起测试，反馈需要覆盖产品的每个功能
期望结果	
大量错误、系统崩溃、文档和功能缺失	少量错误，偶尔的系统崩溃，文档基本齐备，功能完整
解决方案	
基于方法论、效率和组织。一个好的α测试需要设置定义明确的基准，并根据这些基准进行产品测试	基于混乱、现实和想象力。Beta 测试通过允许客户在其本地环境中试用产品的每个功能来探索产品的极限
结束条件	
你对产品的表现以及产品是否符合设计标准有一个客观的认识，而且已经为β测试做好了准备	你很清楚客户对产品的看法以及他们购买产品时可能会遇到的各种情况
下一步操作	
β测试	发布

3 方法

虽然其他类型的测试都是带着发现错误的基本意图，但实际上，验收测试才是关于软件产品未来发展的重要环节，其结果为客户提供了软件质量提示，可协助客户确定是否接受该软件产品。验收测试通常被认为是一个验证的过程，它主要做如下 3 件事：

1）度量系统与业务需求的符合程度。

2）暴露由于单元测试和系统测试的测试重点非业务逻辑测试而导致遗漏的业务逻辑问题。

3）提供一种确定系统“完成”程度的方法。

项目经理组织一个验收测试的最基本步骤是：

1）定义软件“有效”工作的标准。

2）设计一组验收测试的测试用例。

3）执行测试。

4）记录并评估。

3.1 执行验收测试的基本方式

在图 1 中可以很容易地观察到，验收测试如何实施，差别很大。如果不能跳过或者压缩，那通常是由 QA 团队或 BA 团队来完成测试工作。很多时候，用户在验收测试里能够参与的深度和广度不是很清晰。可以看一下这张饼图向我们展示的内容。

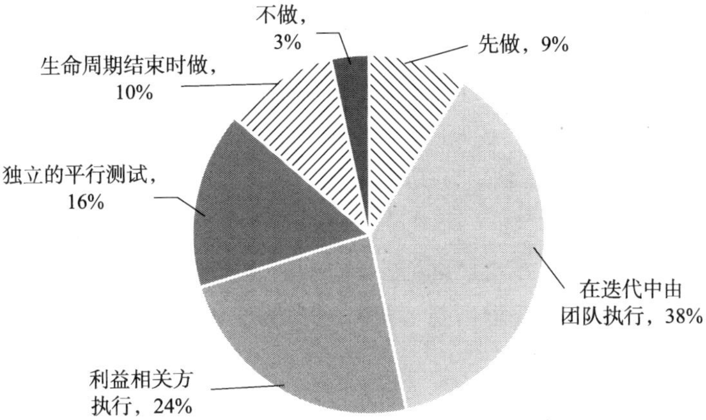

图 1　验收测试的主要方法

3.2　组织验收阶段基本步骤

对验收测试的基本方式有所了解后，让我们一起看一下，你应该按照怎样的基本步骤来组织好验收。在开始实施之前，你必须确保手上具备启动验收的所有先决条件，例如：

1）业务需求可用，必须完整、不存在二义性。

2）应用程序代码已开发完成。

3）所有其他类型的测试工作已经完成，例如单元测试、集成测试和系统测试。

4）在系统集成测试阶段，没有终止项或高、中级缺陷。

5）验收测试之前，只能有轻微缺陷。

6）回归测试应完成且没有重大缺陷。

7）所有缺陷均已修复并重新测试。

8）验收测试环境准备就绪。

9）签收邮件或通信记录必须清晰。

3.3　设计验收测试用例的方法

在确保需求已受控，且完整、清晰之后，下一步就应该开始设计验收测试用例。有几种方法可以考虑，建议可以将它们混合使用。你可以考虑使用基于需求的测试用例设计（传统方法），以及基于业务流程、业务工作流和数据驱动的方法。

为什么我们建议多种方法混合使用？因为如果仅使用传统的基于需求的方法，那你设计的测试用例可能会带有需求的缺陷。除此之外，当需求不完整或不正确时，测试用例也会因此而不完整和不正确。基于业务流程、业务工作流的测试用例的缺点是数据相关性测试不充分。而数据驱动测试更关注数据，却忽略流程和业务方面的测试。

同样，不能在系统开发即将结束时才开始进行验收测试用例设计。在需求、数据结果和程序结构确定下来之后就应该启动验收测试用例设计，而且需要在系统开发结束之前完成用例设计。

当你开始策划验收测试时，我们给予如下提示：

1）让关键用户参加验收测试——他们对用户需求有深刻的了解。

2）不仅向用户提供 demo，还向其提供系统操作培训。

3）让用户根据自己的想法编写测试用例。

4）确保用户会完成测试。

更具体地说，清晰的识别并设置角色的 SMART 边界，通过手动或自动方式实施的测试类型以及测试的周期（你能意识到想要进行全面测试的时间永远不够），明确文档标准并确定变更控制流程，这些都非常重要。

3.4 角色和责任

验收测试中的角色与敏捷开发团队中的角色类似——需要一个领导者/项目经理，他负责管理整个流程并在项目团队中拥有最终决策权。领导者/项目经理还需跟踪项目发起人的状态变化。项目发起人或企业主的角色是对需求负责，并在测试时给予领导者/项目经理协助，另外，他们还将全权负责变更控制过程。团队成员负责实际执行验收测试。

4 结论

4.1 执行：执行验收测试时应避免什么？

验收测试的执行——它不应该是最后一步，而应该是经常执行，并且在需要时应人工手动执行。一定要记录和确认测试数据，以确保没有遗漏。执行验收测试时应该避免什么——你可能会面临很多问题，你需要避免的一些问题如下。

1）计划不足：一直准备，却一直没有准备好。

2）系统可用性和稳定性不足。

3）人员可用性和稳定性不足：巨大的人员流动率或验收测试启动时却无人员可用。

4）沟通渠道不畅：与开发和测试的任何其他方面一样——如果缺乏适当的沟通和正确的沟通渠道，团队之间就总是会有误解，必然导致失败。

5）记录保存的有限性：时刻关注基本要点。

用户的参与让你痛并快乐：强烈推荐此项，可以让你成功验收。

4.2 用户参与度

让用户参与验收测试固然很棒，但也会带来不少重要的挑战。

1）用户除了在繁忙的工作安排之外还要进行验收测试，为了避免在最后一刻才参与进行测试，应该越早越好。

2）作为最后一个阶段，要避免验收测试变成一种“形式”。由于用户在项目前期参与较少或没有参与，他们应该独立进行测试用例编写并测试。

3）接下来的挑战就是激励用户在繁忙的日常工作中也能进行全面的测试，因此，去了解他们，通过各种方式激励他们。

4）你面临的最大挑战应该是对系统工作原理缺乏了解——用户在用例设计过程中频繁提及的内容可以为你提供帮助。

最后，考虑到用户参与可能遇到很多问题，你可以将验收测试完全交给前期参与该项目的 QA 人员。但是，已经参与过前期测试的 QA 人员会对验收测试产生不良影响。如果你想证明系统完全按照预设功能运行，让 QA 人员进行验收测试绝不是好办法。

4.3 内部 QA 团队执行验收测试

让公司内部进行系统测试的 QA 人员执行验收测试，会导致如下问题。

- 仅能证明应用程序可以如先前测试阶段所示运行。
- 测试覆盖性较低，尤其是对 UI 界面测试的覆盖——根据二八法则，他们认为自己的测试能覆盖大部分用户所见。
- 他们每天都在测试的某些用例，早被功能/系统测试所覆盖，也已被验证是正确的。
- 认为验收测试不会发现任何缺陷——无法正常工作的功能应该通过更改需求来闭环，即原始需求有误。
- 测试人员不应该参与验收测试，因为它是确认需求及其正确性的一个里程碑。

4.4 验收测试失败的主要原因

下面，我们要找出导致验收测试经常失败的主要原因。缺乏合作和管理层的支持是其中一个原因，另一个原因是测试重点不对。大多数测试人员将注意力集中在如何做而不是做什么。除此之外，验收测试重视程度不高，在整个测试过程中充斥着各种不同的甚至是不适用的工具。还有团队的目标不一致、测试所需技能被低估。这样的验收测试不可能获得成功。

因此，在测试过程中对验收测试有所恐惧是可以理解的。验收测试需要很多努力和完善的计划，以及能够快速适应新形式的能力。同时，也不能低估参与该阶段的最终用户的需求，因为他们中的大多数人没有足够的 IT 知识，当他们在设计测试用例时，你需要仔细、耐心地向他们解释系统使用和操作步骤。没错，这的确很困难，团队使用一套术语，用户加入后却不知道这些术语，你必须改变你原来的表达方式，使用通俗易懂的方式。但是，一定要重视用户的参与，用户提供的想法和他们发现的错误往往是你的团队通常会漏掉的内容。关于外购软件验收测试如图 2 所示。

4.5 成功验收测试的最佳选择

使验收测试成功并且能避免障碍的最佳选择是什么？

将验收测试外包给一个独立的组织，他们可以安排自己的 QA 人员和能找到并培训用户来组织和执行验收测试。

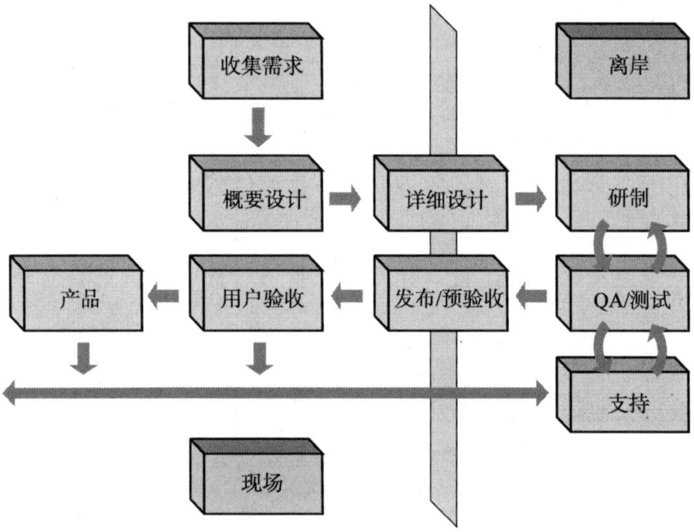

图 2　外购软件验收测试：现场和离岸

是的，尽管一些样例及观点都认为外包验收测试不是一个好的决定，但现在很多人都持相反的看法——将验收测试外包是最佳选择之一。因为你可以设定需求，向客户证明结果是真正独立的，并展示出其他人对产品的看法。只要双方及时共享信息，保证信息正确且不存在任何误导时，外包模式的运作方式就是正确的。

4.6　是否外包验收测试?

可以说，经理们并不希望将验收测试阶段外包，是因为他们并不想失去控制权。此外，他们坚信内部团队对系统和用户的需求都有更好的理解。正如一些研究表明，这种想法不完全正确，甚至可能导致失败。

支持外包验收测试的几个原因：

1）外部团队在提升测试覆盖性方面肯定有益。

2）他们对该行业可能出现的业务场景有更客观的看法。

3）外部顾问可以帮助测试应用程序在高峰期的性能。

在外包验收测试之前，有如下 6 个方面的问题需要考虑：

1）为参与合作的验收测试顾问制定目标。外包方应在该领域具有专业知识，并应尽早参与。

2）创新和定制化是外包方应具备的关键素质——寻找具有创新测试方法的外包方。

3）分析趋势和度量。

4）鼓励跨职能的协调和组织间的沟通——内部团队和外部团队之间正确的沟通和合作是成功外包的关键。

5）为合适的工作选择合适的人。

6）项目初期就建立有效的跟踪和控制机制。与外包方建立良好关系后，可以跳过那些为监控制定的度量参数。

因此，只要有详细的计划并细致地考虑外包方案，一般在验收测试结束时，你将获得一个状态良好的软件版本。这不是一项容易的任务，但一定不能忽略。忽略它会比你自己执行验收测试花费更多，外包确是一个不错的选择。

分布式测试团队

——高质量分布式测试所面临的挑战

Alfonsina Morgavi

摘　要　分布式测试意味着在管理、思维方式和配合作业上的重大变化。本文描述了一些我在过去三年里积累的经验，以及我们正在实施的成功策略。

关键词　软件测试；软件测试员；软件质量；在岸测试；离岸测试

1　前言

对于已经成为某种程度上的测试先驱者的我们而言，从经验中知道软件测试这个专业有一个艰难的初期发展历程。相对于人的生命周期，不得不说，测试方法的早期阶段经历了一段苦难的旅程。也可以说，直到几年前，我们才对测试形成统一的认识，并开始以一种更成熟的方式开展实践，包括流程、方法和具备可行性的广泛培训。然而，我们能确定地说测试行业已经进入一个成熟的阶段了吗？

不断发展的技术和新的全球交付方法使我们能够在异地、近岸和离岸的工作模式下与分布在全球不同地区的团队合作，并利用不同学科领域的专业知识。

但是我们真的准备好与分布式团队一起工作并仍然提供高质量的服务吗？

挑战在于如何与分布在不同位置的团队合作时获得最高的效率，如何对他们进行同质化的工作培训，同时还需确保有效的沟通，避免其成为高效工作的障碍。

分布式团队的管理无疑发挥着基础性作用，让我们回顾一些能帮助我们成功的技巧。

2　离岸团队的选择

一旦你确定了将被外包的任务，就必须开始仔细对离岸团队进行选择。

选择一个离岸测试团队需要一个详尽的评估，不仅仅是所需的技术技能，还必须考虑文化差异，以及礼仪、语言、时区和交流方式等多方面因素。

了解你的离岸团队的优势、劣势和技术能力将省去许多管理上的麻烦。

如果忽视文化差异，可能会导致团队之间产生巨大的误解，即使是说同一种语言、同一个词，在不同的国家可能有完全不同的意思。

3 关于培训

培训离岸团队不像在现场或近岸培训那么容易。首先，它通常来说意味着一次长途旅行。

有可能离岸团队拥有与你的现场团队不同的特定技能，因此，需要在一些专题上对他们进行培训，例如用于特定项目的方法，承包公司正在使用的测试过程，如何正确接收文档、分发文档，以及最终客户的业务情况等。我们需要考虑到，培训的主要目的是让团队了解项目概况，并让团队对项目理解达成共识，形成一致的工作方式。

不要忘记，现场团队有多次机会从其他测试人员处获取信息，无论是从他们自己的项目团队还是从其他测试项目团队，并且可以使用多种多样的非正式交流方式。在与离岸测试团队合作时，此类机会实际上消失了。

因此，建议从如下的几个方面来考虑培训方案。

- 确定并列出要包含在培训中的主题。
- 设置培训会议的日期和时间。
- 确定最佳的培训模式，无论是远程会议、面对面、混合或者其他。
- 确定培训需要如何进行，由谁领导，培训材料在哪里获得。
- 确定被培训人员需要在培训前阅读的材料。
- 尽可能准确地估算培训的时间。
- 充分地利用文档、视频、阅读材料和其他任何的方式来完成知识的转换。不要忘记了团队时刻在变化，人员也在进步。

不论选择何种培训模式，没有什么方法可以代替“面对面”的培训效率。因此，为了获得更好的效果，应该考虑在部分培训中使用“面对面”的方式。仅仅通过企业视频或者Skype开展培训，团队人员会很难认同公司的价值观、愿景和使命。

每个团队都需要明确自己的目标，明确项目的目标，清楚如何进行管理，使用什么沟通渠道，由谁来通知谁，什么时候、什么途径通知。这些都是协作环境的一部分。

4 定义沟通的方式

确定沟通渠道，并使之正式化是非常重要的。确保所有成员都了解这些渠道并完全正确使用也是非常重要的。

敏捷方法的每日站会是一种很好的高效团队交流方法。但是，最重要的是考虑团队的地理位置，因为所处时区的不同，团队中一些成员的工作结束时间可能是其他成员工作的开始时间。

使用频繁的短时间电话可以完美地避免回复冗长的电子邮件链。在电子邮件链中，很容易丢失重要信息，产生让人疑惑的信息，并且不解决问题。一个团队应该全员参与计划和工作评估会议。这将形成一个真实、有效的反馈，并获得大家对目标的认可。

另一方面，定义离岸团队的负责人是很重要的。他是你去联系的人，所有的任务进展、可能出现的问题和延迟都和他进行沟通。除了工作能力外，人际交往的能力也是这个职位必需的。

5 如何最大化地提高离岸团队的生产力

5.1 关于需求

当一个离岸团队承担了功能测试任务时，除了前几节提到的初步培训外，团队还需要有明确的需求，这些需求可以是用例、用户故事，也可以根据项目情况采用其他形式。

一个不完整、不清晰或者失效的需求是产生问题的根源。这会造成延迟，并导致执行以后的任务时，需要对之前的内容进行返工。在我看来，“需求评审”是一个非常有效的方法。如果接收到的信息不足以设计一些测试用例，那么开发人员将面临与测试人员相同的问题，因为信息的缺失或者错误，造成不明确的需求，这也将影响开发。解决这个问题的关键是在有关各方商定的共同基础上开展工作，同时避免失去创造力。

上述问题没有被解决时，开发和测试人员可能对不完善的需求信息有自己的理解。因此稍后执行测试时，我们会发现自己报告的缺陷并不是真实有效的，并且遗漏了应该报告的缺陷。

不管是用什么开发方法，需求都必须始终明确、完整和简洁。

5.2 如何设计测试用例

我们知道没有一种单一的、唯一正确的方法来设计测试用例。如果有必要，如何设计用例应该成为培训的一部分。当我们有不同的团队在同一个项目内合作，我们需要统一一套测试用例的设计准则，定义在设计用例的时候需要细化到何种程度，要包含哪些信息。

5.3 关于执行测试

对于测试用例来说，最重要的是确定要报告哪些缺陷，以及报告的缺陷需要包含什么信息。所产生的所有信息必须被记录并且对于所有人员可见，不论这些信息是用于查看的还是用于更新的。

5.4 关于工具

应该为团队提供必要和适当的项目管理工具，确保交流和正确使用工具。如果需要可以开展使用培训和定期检查以确保工具的正确使用。使用工具还可以对离岸团队的大部分工作进行评估。

5.5 回顾会议

回顾会议是敏捷开发团队的常规实践，但其他类型开发模式的团队可能对此并不熟悉。

无论使用什么开发模式，都要进行回顾会议。回顾可以为你和你的团队在错误中总结经验。不要认为回顾会议是“政治迫害”，实际上这可以为你提供好的改进思路，并更好地吸取教训。

不要认为回顾是“净化”，实际上它是一种发现需要改进项的维护性实践。

要为回顾会议选择一个主持人，并邀请项目中所有的技术人员参加会议，收集可能会对未来项目有用的经验。识别并记录在项目期间好的实践，并推广给所有的团队，以便在将来的项目中派上用场。但是请记住，今天对特定项目有效和有用的东西可能对其他项目没有用处。

不要错过这堂课。

6 一些结论

在一些业务中，强烈建议仔细地选择离岸团队，他们应该符合你正在经营业务的实际需求。

不要低估了团队培训的重要性，因为让团队达到同质性是必要的。此外，完全或部分使用面对面的培训模式使您有机会与那些将为您提供服务的人见面。

注意沟通，沟通混乱或者缺乏沟通会导致项目出现问题和延期。

使用合适的工具和记录、记录、再记录，不要忘记记录所做的事情。

最后，不要忘记你在回顾会议中得到的经验教训。从失败中学习，改进你的管理、流程和沟通方式。

扩展阅读

[1] Rothman, J., Kilby, M.: From Chaos to Successful Distributed Agile Teams. Practical Ink, Victoria (2019) ISBN-13: 978-1943487110.

[2] Derby, E., Larsen, D.: Agile Retrospectives: Making Good Teams Great. Kindle edition by The Pragmatic Bookshelf. (August 2012) ISBN-13: 978-0977616640.

[3] Venkatesh, U.: Distributed Agile: DH2A - The Proven Agile Software Development Approach and Toolkit for Geographically Dispersed Teams, 1st edn. Technics Publications LLC, Westfield, NJ (2011) ISBN-13: 978-1935504146.

[4] Ramesh, G.: Managing Global Software Projects: How to Lead Geographically Distributed Teams, Manage Processes and Use Quality Models, 1st edn. Tata McGraw-Hill, New Delhi (2005) ISBN-13: 978-0074638514.

[5] O'Duinn, J. (ed.): Distributed Teams: The Art and Practice of Working Together While Physically Apart. Release Mechanix, LLC, San Francisco, CA (8 August 2018) ISBN-13: 978-1732254909.

[6] Sutherland, L., Janene, K., Appelo, J.: Work Together Anywhere: A Handbook On Working Remotely—Successfully—for Individuals, Teams, and Managers. Collaboration Superpowers, Delft (April 2018).

在敏捷环境下的测试策略

Zornitsa Nikolova

摘　要　在敏捷环境中进行测试是非常重要的，它不仅能够确保质量，而且能够将开发工作引向正确的方向。这与测试模式的转变有关，质量被视为产品开发早期的一个因素，而不是后期的被动活动。它还需要应用不同的方法，例如自动化测试，以支持潜在的增量交付测试。许多团队发现他们陷入了旧的测试方法，尤其是测试遗留系统时。然而培训质量专家、应用适当的工具以及改变测试方法可以带来巨大的价值和创新的机会。需要应用适当的变更管理，以使团队能够成功地过渡到敏捷思维和新的实践中。

关键词　软件测试；软件质量；敏捷测试；测试自动化

1　引言

不管用什么方法管理产品开发，质量保证是很重要的。当我们说“质量保证”时，我们通常指的是“测试”。在这个意义上，敏捷环境并没有什么不同。在敏捷开发过程中，我们更看重“可用的产品而不是全面的文档”，因此，团队的大部分工作应该集中在开发软件上，并确保软件做它应该做的事情。

然而，在许多情况下，我们看到不同团队的开发流程，即使声称自己是敏捷开发，仍然认为质量只是产品研制的最后一步。我们进行设计、编码，然后进行测试，通常重点是发现 bug。即使我们讨论开发成果的团队所有权，仍然是质量专家主要负责测试、报告问题，并确保“完成准则（DoD）”符合质量标准。想象这样一种情况：在 Sprint 的结尾，大多数故事都是从开发的角度完成的，它们都在看板上的 QA 栏中。团队的 QA 专家夜以继日地工作，以确保彻底检查了新功能。然而，在 Sprint 演示中，他们仍然无法报告完全成功——开发人员在 Sprint 的最后一天完成了几个故事，他们不能完成测试……Sprint 并没有完全成功，这是一个恶性循环。听起来熟悉吗？

不幸的是，尽管声称敏捷方法现在已经成为主流，但我仍然经常看到上述情况。信不信由你，这种工作方式阻碍了在团队中采用真正的敏捷开发，并且需要一定的工作模式上的改变，才能从敏捷软件开发中受益。

2　测试模式的转变

当转向敏捷实践，我们应该关注一个根本问题：“应该应用什么方法?”，我们想要

Scrum、看板、Scrumban，还是别的什么。虽然我认为这是一个重要的问题，但我不认为过多地关注它能够真正帮助我们理解和采用敏捷实践。框架和方法，例如 Scrum 和看板，是用来支持团队实现特定目标的。因此，首先要做的是定义目标，即应用敏捷实践的目的。

根据最新敏捷状态报告（第 1 版）[1]，采用敏捷的关键原因之一是需要更快地开发软件，并提高软件质量。然而在许多情况下，技术债务的增加和大量的返工普遍存在，部分原因是需求的变化，但在一定程度上也是由于开发后期发现的缺陷。

成功应对这些挑战的团队会采用一种不同的测试思维方式，敏捷测试象限的概念就是一个很好的例子[2]（或敏捷测试矩阵[3]）（见图 1）。

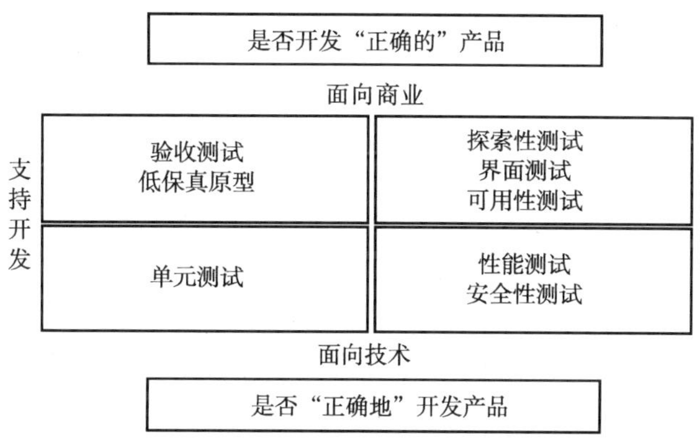

图 1　敏捷测试象限

它暗示了关于测试和质量几个重要的思想变化。首先，我们不应该认为测试只是发现缺陷的一种方法，这是对质量过程的一种非常被动和限制性的看法。一种影响更深远的观点是测试有两面性：一方面是专注于产品评价（发现功能缺陷，不必要的功能、性能、安全性和其他非功能性缺陷）；另一方面，通过频繁的单元、部件、功能测试，关注于支持团队的早期决策（矩阵左边部分）。然而，测试的第二个方面在很大程度上没有得到充分利用，特别是在团队从其他模式过渡到敏捷中。

传统上，我们习惯于为发现 bug 而测试，这是质量专家的通常理解。最终，我们陷入测试人员与开发人员周而往复的问题修复之中，而这些问题可以通过测试早期介入得以避免：检查好需求是如何定义的，需求理解程度以及如何设计有效的技术解决方案。

其次，我们应该延伸“质量”的范围，把质量归结为产品技术相关的范畴。我们开发软件时所做的决策与技术方案、体系结构和实现相关，但是很大一部分决策也与产品的业务相关。我们如何检查这些决定是否正确呢？以前我们会投入大量的资源来开发一个完整的产品，然后再发布上市。这种方法曾经对大公司有效（有时），但针对资源有限的创业公司，这不是一种可行的方法。这就是为什么创业公司会自然而然地采用敏捷实践，包括通过原型（通常是低保真度）和仿真，尽早测试产品对业务需求是否满足。面向业务的测试，从用户和市场的角度检查我们是否开发了正确的产品，而面向技术的测试检查我们是否正确地开发产品。

最后，从矩阵中可以看出，测试不仅仅是QA专家的工作。不同类型的测试需要不同的专业知识和每个人的贡献甚至客户和用户自身的贡献。因此，包容质量的不同方面并参与到有助于完成不同类型测试的活动是整个团队的集体权利和义务。质量不再是一个人对完美的追求，它是整个团队的努力，以确保有意义的投入和强大的产品性能。

3　对自动化测试的投入

敏捷测试象限提供了一个很好的思考模型，它围绕着我们需要解决和掌握的测试展开，可以在业务和技术层面上都有很好的质量。然而很明显手工完成所有这些测试几乎是不可能的，特别是如果我们的目标是频繁、快速地反馈，即使等待时间最小化。当然，敏捷测试的模式包括从手工测试转换到自动测试。

不幸的是，说起来容易做起来难。在现实中，许多团队都面临着大量的继承代码，这些代码开发了10多年，并且被实际的客户有效地使用。通常，对这样的系统进行自动化测试需要一定的重构，而在缺少单元测试的情况下，重构是非常危险的。这是一个进退两难的局面。此外，在某些情况下，系统是用专用语言编写的（以SAP的ABAP为例），这些语言缺乏用于测试自动化的适当的开源工具和基础架构。从纯粹的工程角度来看，在自动化方面投入大量精力可能是一个好主意，但是从投资回报的角度来看，则可能很难证明这一点。听起来是不是很熟悉？团队和产品所有者之间关于应该在消除技术债务方面，如何进行投资的问题上一直在持续斗争。

在规划自动化测试策略时，需要考虑几个方面，它们可能在这个决策过程中发挥作用。首先，从产品生命周期的角度确认产品所处的位置是很重要的（见图2）。

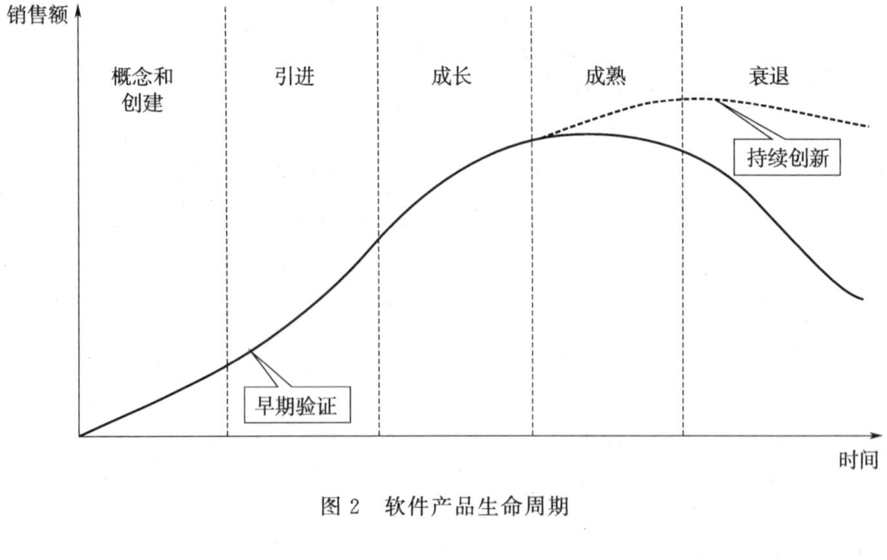

图2　软件产品生命周期

这张图表代表了产品生命周期的标准概念，它涉及软件产品的市场渗透。在这方面与物理产品相比有一些细微的差别。首先对于软件产品，特别是遵循精益开发和敏捷的面向业务测试思想，我们可能在概念和创建阶段更早地看到市场。这意味着我们需要很早就考虑质量方面的问题，因为在软件开发的早期阶段，技术债务往往会累积起来，这将导致在成长阶段出现障碍。与此同时，如果我们决定投入持续的创新（例如扩大其范围和覆盖一个新的细分市场），一个成熟的产品可能会恢复成长。

在讨论继承系统时，应该首先考虑它们在生命周期阶段的位置，以及计划在多大程度进一步开发（作为它们自然增长的一部分，或者通过持续的创新）。任何对成长的投资都应该伴随着开发的投资，即对应用敏捷测试和测试自动化的投资是必不可少的。

同样，我们可以使用波士顿咨询集团（BCG）矩阵考虑我们在自动化投资和清理技术债务方面的策略（见图 3）。

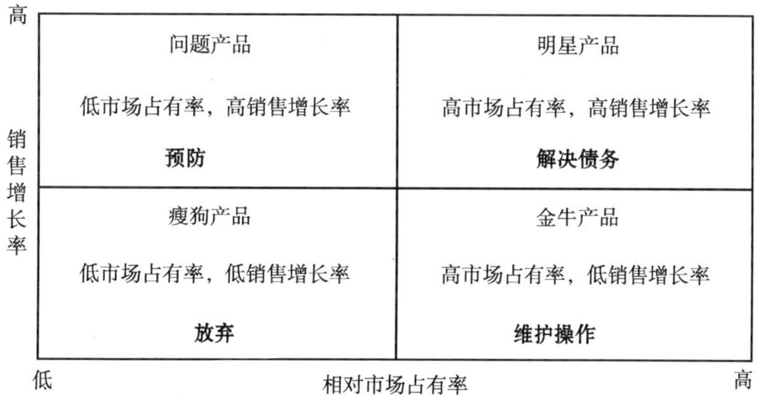

图 3　BCG 矩阵

当我们尝试估算投资回报率时，如果能从当前业务和潜在价值的角度看待产品，将提供重要的输入。请注意，在这种情况下，我们考虑的是中期回报，而不是短期回报，因为创建基础架构和从头开始构建自动化也不是短期任务。因此，我们通常可以遵循图中建议的一些策略。对于“金牛产品”（cash cows），即那些目前处于成熟阶段，能从以前的投资中获得回报但在未来也不太可能显著成长的产品，不建议进行重大投资。可能需要在一定程度上进行优化，这样就可以改进维护操作（例如，通过自动化回归测试），但是当涉及大量的自动化工作时，应该保守一些。另一方面，对于我们的“明星产品”——处于增长阶段的产品和符合业务发展方向的战略产品——甚至可能要考虑努力“停止并解决”。越早投资建立一个坚实的基础架构，以便能够在自动化测试的支持下继续开发，就可以保持更稳定的开发速度。那么，对于“不确定因素”，我们就能在总体上防止技术债务的累积。这意味着确保自动化是“完成准则”的一部分，并且团队在每个 Sprint 中都相应地策划了这项工作。

产品生命周期和 BCG 矩阵在自动化投资问题上提供了一个更加面向业务的观点。现在让我们从技术的角度来看。迈克·科恩（Mike Cohn）的测试金字塔[4]可以很好地可视化系统层，其中将考虑测试自动化以及在何种程度上进行测试（见图 4）。

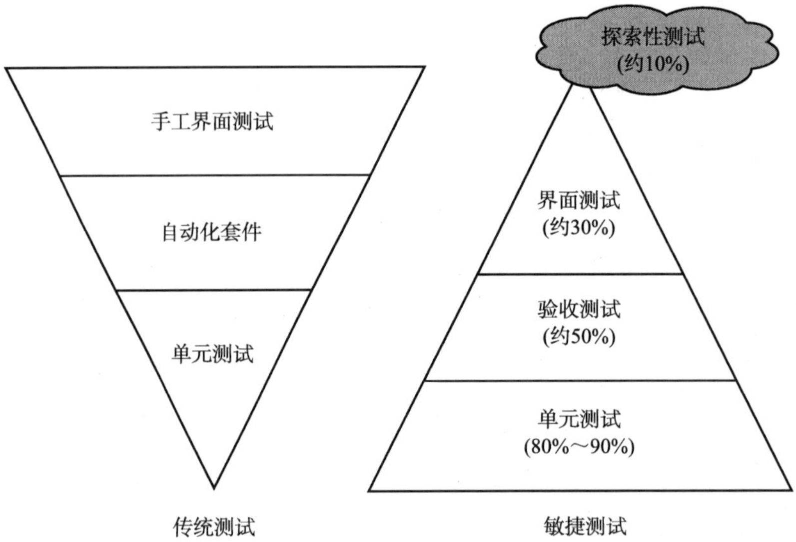

图 4　敏捷测试金字塔

在传统的工作方式中，大多数测试是手工完成的，通常需要通过 UI 层进行访问。这意味着测试进行得相当晚，并且它需要大量的前期开发工作，因此潜在的大量缺陷堆积起来，并且在返工成本更高的时候才被发现。而且正如前面所讨论的，重点是发现 bug 和产品评价，这是解决质量问题的一种昂贵的方法。难怪它经常做出让步，尤其是在推迟到最后测试期限并且有交付压力时。更不用说手动测试慢得多，这会使情况变得更糟。

在敏捷模式中，需要把金字塔倒过来，如图 4 右侧所示。最大程度的自动化发生在单元测试级别，这个阶段，进行中的开发工作可以得到即时反馈，并作为常规开发过程的一部分快速清除 bug。在下一层，我们可以基于某个用例或用户故事中的跨单元和跨组件功能调用来自动化执行验收测试，但不一定涉及用户界面。这种集成测试是确保 Sprint 工作增量的完美方法。最高层是通过系统的 UI 测试端到端场景。

自然，随着成本的上升，自动化的成本也随之增加，在 UI 层上进行自动化通常会消耗大量资源，而自动化测试则难以维护和更新。因此，我们将大部分精力放在较低层次上，在单元和服务级别上实现自动化，同时仍然在 UI 层上进行手工测试。但是请注意，我们也可以优化手工测试策略，以获得最大的价值。对于手动的基于 UI 的测试，不需要进行全面的回归测试，也不需要覆盖所有的端到端场景，因为已经在集成测试层进行覆盖。在这里，重点更多地放在非功能性（性能、安全性、易用性、可操作性等）测试上，以及通过探索性测试和用户验收测试模拟实际使用场景。

总而言之，对于仍处于增长和创新模式的产品而言，对测试自动化进行大量投资是有意义的，并且这是长期成功所必需的。我们为了在每个系统层的投资额获得最大的回报，通常建议在单元测试和集成测试自动化中进行投资，因为这可以加快开发速度。当涉及 UI 测试时，可能会考虑针对一些手动完成的冒烟测试和回归测试实施自动化，同时考虑正在进行的测试维护工作并选择适当的工具。

4 过渡到敏捷测试

即使团队和组织确信敏捷测试的好处，包括在测试自动化方面的投资，但开始实施敏捷测试可能仍然面临很大困难。从纯粹的基础设施（工具、测试系统设计等）到团队中创建和执行这些测试的技能，改变需要改变的思维定型，克服必须克服的恐惧等。从零开始是可怕的，一点也不容易，许多团队可能会发现他们在“从哪里开始”的问题上不知所措。

我坚信以目标为导向的思维，以及像 OKR（目标与关键结果法）这样的系统。心中有了最终目标，人们就能集中精力、有动力、使用各种策略去克服前进中的挑战。因此，定义我们的短期和中期目标是启动组织质量保证转型的一个好方法。当然，在设定目标的过程中，不切实际的雄心壮志可能会产生反作用，在团队中造成一种不信任感和挫败感。我们必须谨慎地选择目标，最好是与团队协作。

我个人经历过的一个好的实践可能是让一支敏捷方法的早期采用者加入团队，对团队进行培训，并让他们从具有敏捷测试范例知识的敏捷教练那里获得支持。这个团队也成为各个敏捷团队中后续活动的催化剂。请注意，你可以让 Scrum Master 在敏捷测试实践中指导团队，但如果 ScrumMaster 不是技术人员，他可能不是担任这个角色的最合适人选。在这一点上，最重要的事情是这个人要有热情去学习并在团队中执行和改进这些实践。一旦我们有了催化剂，他们就可以在敏捷团队中发起讨论，并为开始转换创建基线。他们将需要评估他们已经在做的事情，并对团队需要努力实现的下一个中期（例如下一年）重要里程碑或目标提出建议。在此基础上，可以确定短期的合理目标（例如未来 3 个月）。下面的示例展示了如何工作。

目标：在新开发的 XYZ 产品模块中，2020 年第一季度实现关键集成场景的自动化测试。

关键结果：新创建类的单元测试覆盖率达到 80%；全面覆盖由产品所有者定义的优先级为 1 的集成场景。

这是我曾经工作过团队中关于设定目标的一个近似准确的引用。他们在一个遗留系统的基础上开发了一个新的附加产品，这个遗留系统甚至不能提供一个非常好的单元测试环境。当我们开始讨论在新的开发过程中应用敏捷测试概念时，人们的反应是：“这是完全不可能的。这意味着还必须编写自动化单元测试或集成测试脚本，开发工作量将增加一倍或两倍。”尽管如此，他们还是被说服去尝试一下（每次他们不得不接触遗留系统中的任何东西时所感受到的痛苦，是促使他们更愿意尝试的一个重要因素）。我们必须从小处着手，看一下能否以合理的成本实现这一目标。因此，我们只从新的开发开始，重点是用单元测试覆盖新的类，用服务级集成测试覆盖关键的集成场景。此时，我们没有进行自动化的 UI 测试，像往常一样执行手工 UI 级测试，只是为我们创建一个基线，以检查自动化集成测试的效果。经过几次 Sprints，我们才真正感受到了不同。但是，当我们开始迭代功能时，根据我们得到的用户反馈，前面开发了几个 Sprints，自动集成测试的好处变得非常明显。现在已经不需要再说服任何人了，开发人员很乐意在 sprintbacklog 中为创建更多的自动化测试而规划任务。之后的一个版本中，我们开始扩展策略，以涵盖自动化的单元和集成测试，以及新开发工作中必须接触和返工的那些继承部分。从本质上讲，我们一直在进行不断的创新，因此也有必要开始进行投资，以便用良好的测试来覆盖旧的项目。

除了设置目标和可度量的结果之外，我们还决定试验诸如 TDD（测试驱动开发）之类的技术。对于开发人员而言，这也不是一个容易转变的观念，但是随着时间的流逝，他们逐渐意识到 TDD 驱动的简单性。我们可以在系统设计中体验质量改进，并逐渐看到后期发现缺陷的减少。在业务需求层面，我们引入了 BDD（行为驱动开发）或“实例化规范”。这是一种以能够直接创建集成测试用例的方式来制定需求的好方法。这些最终都会使产品面向业务和技术两方面产生重大影响，并且是通过创建精简的可执行规程来最大程度地减少在文档（如需求和测试用例）上花费精力的好方法。

关于 UI 测试，我们有意限制了自动化测试的范围。我们研究了一些不同的工具，以了解如何在每个新版本发布之前执行部分烦琐的自动化回归测试。经验表明，工具倾向于覆盖两种场景之一。在第一个场景中，通过简单地记录手动测试用例，然后重新播放，可以很容易地创建测试。但是，如果任何屏幕组件发生更改（使用某些重构组件的开发框架，在每次系统构建时更改其 ID，通常就是这种情况），则需要付出很大的努力来适应它们。在第二个场景中，工具允许更好地组件化以及识别屏幕组件，这使得最初的工作很困难，但是在发生更改时，适应起来就不那么困难了。在我们的例子中，我们选择了一个支持第一个场景的工具，并只在关键用户体验执行基本的自动化回归测试，以确保能够快速满足高优先级的测试需求。除此之外，我们还进行了更多象限 2 的测试，使用低保真度和高保真度原型来运行真实用户的早期测试。这大大减少了后期开发中对 UI 的返工需求，同时也减少了更新 UI 测试的工作量。

我分享的这个例子，结合前面几节中讨论的概念，可能会给你一些关于如何开始应用敏捷测试概念的想法。然而，当对应到自己的转换策略时，应将其写下来，根据 KPI 进行度量，并定期检查和调整，以确保目标是可实现的，并且获得预期的结果。

5　以人为本

最后，我想提醒大家注意另一个重要的因素——为团队和个人创造适当的环境，让他们在过渡中感到安全，并有效地实现敏捷思维的转变。无论正在进行何种类型的改变，让员工参与进来，让他们感到被欣赏和被重视，并让他们参与到这个过程中是成功的关键因素之一。

这个观点也很复杂。首先，需要把团队看作一个整体。正如一开始时讨论的，在敏捷环境中，质量是团队的责任。这意味着我们需要通过指导团队进行自我组织来支持这种集体所有权的建立，并关注共同的结果而不是个人的成就。可能需要更改我们在组织中应用的整个绩效管理方法，从个人目标转换为团队目标以及与产品相关的指标，许多敏捷组织都这样做。我们可能还需要重新考虑所使用的 KPI。我最近正在与一位质量工程师讨论敏捷测试的话题，他分享说，正在根据发现的错误数量对他们的工作进行评估。像这样的 KPI 支持什么样的行为和思维？该团队中的人员致力于预防错误而不是延迟发现错误的动机是什么？

除了目标，以及团队中的角色和职责外，还可能需要改变人们的需求，以将他们的专业知识扩展到我们所说的 T 型背景（在特定主题的专业技能，如测试或开发，以及相邻主题的附加技能，如开发、UX 等）。这将使团队在处理质量方面的集体责任时更加灵活，并加强团队成员之间的沟通和理解。然而，这不是一个一蹴而就的过程，它需要一些空间让团队进行实验，让团队成员学习（可能通过可控的方式失败）。管理人员可能需要退一步，让团队重新安排任务，让个人跨越其特定职能边界进行学习。

最后一点也将我们引向以人为本。在大多数组织中，雇用人员的目的是使他们符合特定职位描述明确定义的期望和职责。对于自我组织团队这个概念而言，质量是团队共同的责任，测试人员甚至质量工程师的角色可能会有很大的改变，甚至变得过时。很自然，这会产生恐惧和不确定性，导致对改变的额外抵制。在这样的环境中，管理人员的作用是平衡这些恐惧，提供支持和指导，以使需要重新定位的团队成员能够做到这一点，看到个人成长的机会，并继续为团队增值。管理人员需要确保这些人拥有学习新技能的资源和环境，并且能够了解他们的角色如何变化才可以适应团队的变化需求。需要注意的是，质量工程师通常对产品有独特的看法，这使他们能够在与产品发现、用户需求映射、验收标准定义、确定原型和模拟的范围以及测试自动化相关的活动中扮演非常重要的角色。

从更广阔的角度来看待这个话题，如何确保敏捷环境中的质量是实施和保持敏捷非常重要的一部分。它涉及整个团队，需要适当的思考、技能和注意力。选择正确的策略将取决于组织的成熟度，以及内部人员用新方法替代传统方法的意愿，这与我们期望从团队和个人水平的变化中获得的价值有关。

6 结论

在本文中我对敏捷测试和质量提供了一个广义的观点，从业务和技术的角度来看，敏捷测试和质量是产品成功的基础。我相信敏捷方法的主要价值来自这样一个事实：在团队中技术角色和非技术角色和职责之间没有一条清晰的界线。相反，敏捷思维涉及以客户为中心的思维方式的开发和整个团队对业务领域的理解，同时还将非技术团队成员引入到与技术相关的讨论中。在运行良好的敏捷团队中，会创造一个协作环境，团队成员共同关心结果的共同所有权以及质量等各个方面。

敏捷实践已经发展了 25 年，我们可以利用多个团队和实践者通过经验所学习到的成果。然而，在大多数情况下，也需要自我学习、规划策略、不断尝试和适应。

作为总结，这里有一些我们讨论过的要点：

• 在敏捷环境中进行测试对于确保我们构建正确的产品和将产品构建正确是非常重要的。

• 敏捷思维还包括测试模式的转变，在开发过程中越早转变越好。

• 为了取得成功，我们需要不同的实践和整个团队的参与。

• 对于传统的组织，甚至一些敏捷团队，需要一个显著的转换，这个转换需要时间和适当的管理。

参考文献

[1] 13th Annual State of Agile Report. https://www.stateofagile.com/#ufh-c-473508-state-of-agilereport. Accessed 23 June 2019.

[2] Crispin, L., Gregory, J.: Agile Testing. A Practical Guide for Testers and Agile Teams. Addison-Wesley, Toronto (2009).

[3] Brian Marick's blog. http://exampler.com/. Accessed 23 June 2019.

[4] Cohn, M.: Succeeding with Agile. Addison-Wesley Professional, Upper Saddle River, NJ (2009).

人工智能的测试

Gerard Numan

摘　要　在人工智能领域算法不是通过代码实现的，而是通过训练数据、标签（原型）和神经网络所组成的组合来实现的，这是机器学习的本质。算法不是直接可见的，并且其错误不能被直接修复：这就是所谓“黑盒开发”。

AI 系统应用在各种数据和应用场景。训练数据和标签的选择可能给人带来偏差和透明性方面的风险。AI 测试应聚焦于这些风险。作为一个 AI 测试人员需要具有在道德、社会和世俗等方面的智慧和意识，来呈现出用户的预期，并将这些预期转化到可以重复运行的自动化测试用例中。AI 测试包括对各种度量指标的设置，这些指标把测试结果转化为易于理解的、可量化的评估，用来帮助开发人员优化系统。

关键词　软件测试；软件质量；人工智能；机器学习；测试自动化

1　引言

未来属于人工智能。它已经走进我们的日常生活并且在全世界各主要公司中得到应用。人工智能的适应性似乎无穷无尽，但仍存在不少质疑和担心。例如，在汽车自动驾驶领域：发生事故时的责任认定，针对摇晃目标的识别以及与人类不可预知的交通参与者之间发生的复杂交互过程等，都阻碍着人工智能被广泛接受。

AI 的一些可能的可怕影响已经显现出来。AI 算法可以制造或扩大偏差。Facebook 算法已经考虑了现有的种族紧张局势，但由于该算法对鼠标点击成功进行奖励方面进行了优化而扩大了搜索结果偏差，导致负面信息越来越多地出现在搜索结果中。

每个 AI 的软件开发人员和 AI 的最终用户都在为解决人们对人工智能的疑问以及降低人工智能的风险而进行着不懈奋斗。AI 的错误到底是什么？又如何修复？如何确定系统在各种输入和各类用户的使用条件下是否在做正确的事情呢？如何获得正确等级的置信度？结果对所有有关方面是否公平？算法中是否反映了当前的发展水平、各种观点和价值观？

人工智能最大的风险是什么？从测试的角度来看又如何应对这些风险呢？

2　测试人员 AI 知识入门

本文是对 AI 的简短介绍，并对其与测试相关的方面进行分析。

2.1　AI是一种黑盒开发

在AI系统中，算法以及用判据、决策和行为方面的术语来描述的系统行为都没有显式地被刻画在代码中。在AI中算法是训练数据、调参、数据标签和神经网络选择等组成的产品。但是算法不能在代码中被找到。代码和选择的神经网络只是产生训练算法系统的最基本组成部分，这是机器学习的实质。

2.2　机器学习和神经网络

机器学习和人类学习之间有很强的相似性。例如，一个第一次学习认识一个概念的小孩。那个孩子被告知，它拥抱的毛茸茸的生物是“猫”。而现在这个孩子可通过设置自己的神经网络来进行认知。将“猫”的概念与“非猫”的其他概念（如“爸爸”）进行比较。神经网络的工作是寻找一种方式来配置自己，使自己能够看到猫，将其归类为猫而不是爸爸。它是通过查找差异和各种判据（例如皮毛、胡须、四条腿等）来实现的。但是我们并不确切知道这些标准是什么。它们（差异和判据）也可能是“正在捕猎老鼠”“吼叫”或“白色”。我们无法在大脑中找到猫的概念及其标准，也无法在大脑中直接纠正它。

神经网络由许多代码块（节点）组成，这些代码块分层排列。每层节点都连接到顶层和底层。没有预先编程设计为执行特定任务的节点是空节点。各个节点只不过是小型计算器，即返回计算结果的处理部件，并把计算结果返回到顶层进行显示。当某个神经网络被用作训练示例时，它会系统地对自身进行配置，以便不同的层和节点能处理输入（数据）的各个部分和各个方面，因此所有节点的最终结果将给出这个神经网络的结果（所谓标签）。分别给定一张猫和一张爸爸的照片，它将尝试不同的配置，以便找到将一个示例确定为猫而另一个示例作为爸爸的配置。它将找出差异，以便下次配置时会给出正确的分类。

这样一来神经网络就可以创建标签的模型：这些模型显示猫和爸爸之间的差异，神经网络根据训练数据识别出了这些差异。

2.3　算法＝数据＋代码＋各种标签

系统产生的是一种算法，该算法由从示例派生的模型组成，因此可以对输入进行分类和识别，并将这些输入分配给不同标签。算法是神经网络的产物，但是高度依赖于训练数据（示例）和目标结果（标签）。因此，算法不仅仅是等于代码，而是等于“代码＋训练数据＋各类标签”。由于无法单独识别算法，因此也无法直接修复算法。正如脑部手术无法解决孩子不能识别猫的缺陷一样。

2.4　模糊逻辑和数学

尽管整个系统所做的全部工作都是计算和处理数字，但这些数字不会生成布尔结果。例如：“这是爸爸”或“这是猫”。其结果将是从各节点和所有层计算的所有数字的总和，每层或节点都给出一个数字，该数字表示每个给定标签满足标准判据的程度。在 0 — 1 标尺上这将很难是 1，因为接下来它还可以产生该示例在其他标签上得分的程度。因此向系统展示 1 张新图片，其结果为“像猫”得分为 0.87，“像爸爸”得分为 0.13。结论就是这个例子是猫，但不是 100％一定是猫，也不是 0％一定不是爸爸。

因此，AI 的最终产品是一种计算结果，一种概率，而不是 100％的确定性。

2.5 开发和改正错误

神经网络的开发包括神经网络本身的开发，但是大多数开发人员都不愿使用神经网络进行开发。因为这样一来他们需要配置神经网络，使它可以接收手工输入，配置各种标签，并且需要将各种示例与这些输入数据和标签相关联。

最终可以对神经网络的各层进行参数化：可以对计算结果进行加权，这样某些结果对最终结果的影响将大于其他结果，这些是开发人员拥有的主要调整工具。如果系统运行不令人满意，则可以调整参数。这不是针对性的错误修复，只能用来纠正某一种错误决策的情况。

调参将影响结果，但是每次调整都会对整体性能产生影响。在人工智能中，存在着大量的“回归”：即对系统中那些不希望更改的部分产生了意想不到的影响。

训练数据和标签也可能是影响系统结果的选项。在人工智能领域存在的某些问题（例如拟合不足）中，扩展训练数据很可能会改善系统。拟合不足（欠拟合）意味着算法对实际情况的看法过于简单，例如把猫只归类为毛茸茸的生物。在训练数据中如果添加更多猫的示例，显示更多种类的物种、种属和物种行为，可以帮助系统更好地将猫与其他生物区分开。

2.6 整体版本评估和度量指标

当无法专注于错误修复并且每次调整都伴随大量回归时，则必须进行大量回归测试。此时“我们是否已解决了这个错误?”将成为一个次要问题。每当我们更改某些内容时，我们都希望了解系统的整体行为。我们想知道与其他版本相比，系统的整体性能如何。在这些总体评估中，我们需要考虑 AI 系统的输出：因为其计算结果不是非真即假的值，每次计算结果都是标尺上的一个刻度。因此，应该对最终结果进行全面的比较、衡量和合并，以便我们可以确定一个版本总体上是否比另一个版本更好，我们是否应该使用或不使用它。测试结果将是基于预期结果及预期结果相对重要性来计算输出值的各种度量指标。

3 AI 中的风险

我们将在这里讨论最重要的风险。这些风险是 AI 的典型风险，可能会严重影响 AI 产品的质量，影响其客户、用户、人类乃至整个世界。在开始测试之前，测试人员应考虑这些风险，从而为在测试中应重点关注的地方提供线索。在分析测试结果时，应将把对非预期输出的因果分析视为风险，这可以为优化系统提供线索。例如：欠拟合的系统很可能需要更多各式各样的训练数据，过拟合的系统应该简化标签。

3.1 偏差

人工智能的主要风险是“偏差”型风险。在人类智能中我们将其称之为偏见、简化论或者犹豫不决。因为训练数据和概念具有局限性，我们看到的东西往往过于简单（简化论）或者仅仅从一个角度考虑（偏见）。过度追求概念上的细节可能意味着在系统中无法全面推广，从而导致结果毫无用处（犹豫不决）。可能产生偏差的主要类型将在下面进行讨论。

3.1.1 选择偏差

如果训练数据选择时遗漏了现实世界中的重要元素，则可能导致选择偏差。针对最近欧洲怀疑派政党在荷兰大选中取得胜利这一结果，其民意测验预测结果要比实际选举中高得多。民意测验并未对人们是否真的要投票进行筛选分析。事实证明，欧洲怀疑论者比其他选民更有可能不投票。

3.1.2 坚信偏差

急于验证一个被广泛相信或大量投资的假设，会导致选择或权衡一些可能用来被证伪的数据。即使有最好的意图，科学家、政客和产品开发人员也容易受到这种偏差的影响。例如：为了筹集更多的资金，一个医疗救助组织夸大了可能出现的粮食危机，给出了死亡人数处于上升趋势，而不是死亡人数与饥荒和总人口无关的结论。

3.1.3 欠拟合

训练数据缺乏多样性会导致拟合不足。仅靠学习过程将无法确定最关键的区分判据。软件经过训练可以从狗中识别出狼，但它将爱斯基摩狗也识别为狼，因为它没有学会在雪中也可以看到狗。如果我们仅在荷兰收到与毒品有关的新闻，那会得出什么结论？

3.1.4 过拟合

当 AI 系统的标签过于多样化且种类繁多时，就会发生过拟合。如果我们想查看模板和分组情况，则各种过于繁多且详细的标签将会损害查看结果，使我们犹豫不决而无法使用这些标签。

3.1.5 离群值

离群值都是极端情况，会对算法产生很大影响。如果您的 1 岁孩子看到的第一只猫是斯芬克斯猫，这将对他关于猫的概念产生重大影响，并将在日后采用多个正常猫的示例才能把他纠正过来。

3.1.6 混淆变量

模式识别和分析通常需要对数据进行组合，尤其是在寻找数据的因果关系时。当为进行数据分析而关联了没有真正因果关系的不同数据模板时，就会产生混淆变量。人们通常认为喝红酒会引起偏头痛，因为据报道喝红酒和偏头痛是相继发生的。而新的研究表明，食欲变化（例如渴望喝红酒）才会导致偏头痛发作。喝红酒是连带反应，而不是偏头痛的原因。

3.2 对人工智能过度信任

人工智能可以以人类无法企及的速度和精度来进行某些类型的智力活动。但 AI 的算法不可直接访问或进行调整，由此可以很容易地有这样的感觉，即人工智能不能按照人类的标准来进行判断，因此具有高优先级。对于不加批判地信任 AI 来说，智力上的懒惰和舒适感也可能是重要的动机。谁质疑过 Google 搜索的结果呢？

（对人工智能）过度信任的可能后果是将自主决定权转移到人类以外或集体意识以外的实体。正如科幻电影教我们的那样，人工智能可能不需要实现自我意识就可以做到这一点，这是因为人类的过度信任或懒惰。

3.3 对 AI 缺乏信任

另一个极端就是（对 AI）缺乏信任。不确定性、非理性恐惧或媒体（或科幻电影）的偏差可能会使是否使用 AI 的理性辩论变得模糊。与普通事故相比，无人驾驶汽车事故更容易引起关注。人们过于害怕，或者说担心在计算机中可能出现恶鬼。

3.4 可追溯性

对于非 AI 系统而言算法就是代码。而对于 AI 系统则并非如此，因此我们不知道 AI 系统做出决策的确切标准。其次，很难监督训练数据的总数量，因此很难很好地理解 AI 系统的行为。因此当结果明显不正确时，很难查明原因并加以纠正。不知道到底是训练数据有问题，还是参数、神经网络、标签等存在问题？缺乏可追溯性会导致对 AI 过度信任和缺乏信任（如上面所述），并导致责任的不确定性（是软件问题、数据问题、标签问题还是产生这些问题的背景存在问题）和缺乏可维护性（不知道如何纠正）。

4 AI 测试

降低 AI 风险的关键是透明性。我们需要在偏差中确定训练数据和标签的代表性，但最重要的是我们需要了解各方的预期及可能后果的重要性，并将这些都反映在测试结果中。

建立适量的信任和可追溯性也需要透明性。仅仅点亮代码将无法实现透明性。即便有可能，试图通过显示代码的热图来指示在分析对象的特定部分或进行层计算时神经网络的哪个部分处于活动状态，也不会得到什么有意义的内容。看一下人的大脑内部，永远不会显现出思想或决定，只是可以显示出哪个部分被激活，但是所有心理过程总是涉及大脑的多个部分，并且大部分都是来自过去的经验。

人工智能系统是多个黑盒子，因此我们应该像在黑盒测试中一样对它们进行测试：从外部基于实际输入建模的方法来开发测试用例，由此来确定预期输出。听起来方法很传统，是众所周知的，不是吗？

AI 测试的基本逻辑可能被大家所熟知，但具体的任务和元素则有很大区别。

传统开发中需求和规格说明都是预先确定好的，测试人员从测试一开始就收到它们并在测试过程中使用。而在 AI 测试中，需求和规格说明则非常多样，可能动态变化，以至于无法从一开始就一成不变地确定它们。

接下来我们将从头至尾讨论 AI 测试及其辅助手段方面的内容。

4.1 神经网络审查、训练数据审查、标签审查

静态测试可以及早发现缺陷或可能存在风险之处。

对神经网络的选择或其设置进行评估：确认其是否符合设计目的？有没有其他选择？对于神经网络的审查，需要对所有可能的各种神经网络及其特定的质量特点和缺点有比较广泛的了解。

针对训练数据和标签应进行风险敏感性审查和评估。

1）数据是否充分反映了现实生活中的数据源、用户、观点和价值？可能有一些相关的数据源被忽略了吗？最终结果可能包括选择偏差、坚信偏差或拟合不足。

2）数据源和数据类型是否平均分布？各种数据类型、数据分组之间有多少数据进行了典型数据之间的相互比较？最终结果可能包括拟合不足、选择偏差、坚信偏差或存在离群值。

3）标签是真实数据组或数据类型的准确表示吗？标签是否与系统应分析的现实情况或模式相符？最终结果可能包括过度拟合、拟合不足（欠拟合）或变量混淆。

4）数据是否足够？所需的刷新率是多少？是否满足要求？现实世界中是否存在未充分反映在数据中的事件？

4.2 识别用户

系统的所有者不是唯一的价值判断者，诸如搜索系统之类的 AI 系统既是其用户世界的重要组成部分，也是被系统“打标签”的那些用户的重要组成部分。AI 系统的质量可能具有道德、社会和政治方面的因素，因此需要考虑这些方面。

AI 的用户通常是多种多样的，并且很难预知。他们不是固定的一组受过训练的，也不全都聚集在一个房间里，并且他们的行为和期望也不都是可控的。他们可能来自全世界，例如在搜索引擎中：一个访问阿姆斯特丹的美国游客或在该领域有经验的艺术爱好者，在一个博物馆的搜索引擎中搜索“有珍珠的女孩”时可能有不同的需求和期望。普通游客想知道该展览是否有某一幅特定的画，而艺术爱好者则想了解画作的背景信息和概况。

还有随着世界的变化，用户及其预期结果可能在一夜之间发生变化。想一想关于巴黎

圣母院的大火，用户在搜索“巴黎圣母院”或“巴黎大火”时可能会有什么不同的预期。AI识别DNA序列中的病毒时，应考虑不断发生的可能变异。

因此，AI测试首先要确定用户，或者确定系统的哪种输出从哪个角度被使用。这意味着对系统使用相关的数据分析结果进行研究，对分析过程负责人进行采访或者采访真实用户。

4.3 用户分析

识别数据用户或用户组的目的之一是确定用户想要什么？期望得到什么？需要什么？另一个目的是确定他们害怕什么或表现得像什么。测试人员需要用户的个人资料和他们的观点态度：他们的典型背景是什么？他们想要什么？什么使他们感到沮丧？以及他们期望什么？

创建个人资料的其中一种技术是“用户画像（Persona）”。此技术的关键是不要考虑整个用户组，而是要从该组用户中选择一个用户，并使用户信息尽可能具体。“用户画像”的好处在于，它使用户更加逼真。这是一种从用户角度出发从内到外的技术。例如：美国游客的角色可能是乔，一位水管工，住在芝加哥，白人，现年45岁，已婚，有两个孩子。他的阅读水平不高，但喜欢色彩鲜艳且制作精良的画作。他的爱好是钓鱼和翻新旧的音频设备。他不喜欢深奥的理论，但喜欢各种事物的人性一面及其背景知识（见图1）。

4.4 创建测试用例

这部分可能是测试人员耗费最大部分工作量的地方。根据用户的个人资料，确定输入数据和预期输出结果。好的用户资料将为用例设计提供良好的基础，但可能仍需要研究和通过访谈来获取其他信息。

确定测试用例过程永远不会是完整的或最终的：因为你无法测试所有情况，针对AI测试也是同样的道理。世界和用户在变化，因此这需要反映在需求中。测试要从最重要的用例开始进行；测试用例会不断增加而且需要定期维护。

4.5 测试数据

使用什么测试数据以及这些测试数据是否可以被创建、被找到或被操控，取决于数据生产时的背景和数据的可用性。有时创建或操作数据（例如在图像识别方面）很难做到，有时所做工作是无用的，甚至适得其反。使用工具来操控或创建图像会带来额外的变量，这可能会造成图像质量的偏差。测试数据如何代表真实世界的图片呢？如果算法能识别出已创建数据中的各个方面，但是只能是针对测试数据，则测试的价值将受到损害。

AI测试人员应根据实际数据创建测试数据集，并将其与训练数据严格分开。由于AI系统是动态的，因此被它应用的世界也应是动态的，必须定期更新测试数据。

Clark Andrews
年龄 26
职业 软件开发工程师
婚姻状态 单身
所在城市 加州圣何塞
等级 实习模拟黑客
原型 电脑迷
友好
聪明
积极进取
"I feel like there's a smarter way for me to transition into a healthier lifestyle."
动机
激励
担心
成就
成长
动力
社交
目标
· 基于健康的饮食习惯达到减重目标
· 以更科学的方法从多角度度量生活
· 制定各种目标，观察其对生活的正面影响
可能面临的挑战
· 对可穿戴设备使用不熟悉
· 所跟踪市场已饱和
· 手动跟踪太浪费时间
个人经历
他是一个软件开发工程师，过去几年一直是一个数据控，对跟踪个人健康和身体指标非常感兴趣。他想监控自己的情绪、喜怒、睡眠质量以及他的饮食和锻炼如何影响自己的身体。尽管他只是偶尔在周末与朋友小酌几杯，但他还是应该减少酒精的摄入。
性格特征
外向型
内向型
感觉
直觉
感性
情感
判断
感知
社交技术兴趣点
IT和互联网
软件
移动App
社交网络
品牌
31

图 1　用户分析

4.6 度量指标

AI 系统的输出不是布尔值：它们是所有可能输出结果（标签）进行计算得到的结果。要确定系统的性能，仅确定哪个标签的得分最高是不够的，必须进行指标度量。

以图像识别为例：我们想知道猫的照片是否会被识别为猫。实际上，这意味着标签“猫”将比“狗”获得更高的分数。如果猫的得分为 0.43，而狗的得分为 0.41，则猫获胜。但是分数之间的差异太小可能表示概率计算出现故障。

在搜索引擎中，我们想知道排名靠前的结果是否为用户期望列表中排名第 1 的，但是如果排名靠前的结果是列表中的第 2 个结果，这听起来是错误的，但还是比得到排名第 3 的排名靠前要好。我们想知道所有相关结果是否都位于前 10 名（这被称为精确度），或者前 10 名中到底有没有想要的结果呢?

根据上下文，我们需要将 AI 系统的输出处理过程的度量指标作为对其性能的评估。测试人员需要确定这些相关指标的值并将其作为测试的技能。

4.7 权重和契约

AI 系统的整体评估还必须包含对相对重要性的评估。与任何测试一样，某些测试结果比其他测试结果更重要。应考虑具有更高道德影响的结果，例如种族偏差。在设计测试用例时，应根据风险和对用户的重要性确定其总体评估的权重。测试人员需要对此类风险具有敏感性，能够识别它们，并将其转换为测试用例和度量指标。他们将需要了解系统使用的背景和用户的心理。人工智能测试人员需要同情心和世界意识。

在电影《机械战警》中墨菲警官有一条最高指令被编程到了他的系统里：如果他想逮捕他的母公司的总经理，他的系统将关机。人工智能系统也可能具有最高指令，或令人不可接受的结果，例如令人反感的语言，访问色情网站或开车撞人。我们称这些为“契约”：即应该在测试结果中将某些不想要的结果标记为阻塞问题或至少被赋予较高权重。

必要的契约应该是测试集的一部分。现有契约可能产生的负面影响也应被纳入测试范围。

4.8 测试自动化

人工智能测试需要大量的自动化。有大量的测试用例需要进行测试，并且每个新版本都需要重复运行测试。当 AI 系统不断被训练时，也需要进行测试，例如在搜索引擎示例中，有多个来自真实数据的反馈回路。即使 AI 系统没有被持续训练且系统版本稳定，但为适应不断变化的环境仍需要不断训练。即使系统没有改变，世界也在改变。

测试自动化由一个测试框架组成，其中测试用例将在 AI 系统上运行，并且 AI 系统的输出将得到处理。下面显示了这种测试框架的基本设置。

4.9 测试优化的总体评估和输入

测试结果不仅仅是要修复的错误列表。如上所述，错误不能在没有严格回归测试的情况下直接修复。必须对包括多个测试用例和多次回归测试的 AI 系统进行整体评估，因为没有哪个版本是完美的。如果新版本比以前的版本更好，程序员想知道到底要采用哪个版本。因此，测试结果应合并为一个总结果：一个量化分数。为了使程序员获得有关需要调整内容的指导（调整训练数据、修改标签、调参），他们需要知道存在哪些需要改进的地方。这与我们修正错误的过程非常接近。我们需要度量指标，确定权重和契约来获得有意义的总体得分和可以优化的线索。针对低得分的测试用例应进行原因分析：是过拟合、欠拟合，还是存在其他风险领域？

4.10 AI 测试框架示例（见图 2）

从左上到下再到右上。

1）识别用户组。

2）为每个用户组创建用户画像。

3）写测试用例：针对每个用户组输入预期最佳结果、非预期的结果、度量指标和权重。

4）在 AI 系统中正在运行的测试用例（搜索引擎）。

5）正在处理结果。

6）针对每个带总体权重的测试用例创建测试结果。

7）与前一版本测试结果进行比较。

5 结论

AI 的世界是动态的：算法不等于代码，而是由训练数据和打了标签的数据共同组成的结果。训练数据将随着世界的变化而不断更新。AI 的输出不是布尔值，而是针对所有可能性相关的所有标签的计算结果。

尽管存在的偏差导致其透明度低和存在各种风险，但 AI 仍被用于制定决策，而且是人类世界的重要组成部分。测试人员必须在创造透明度方面发挥作用，可以通过确定用户组及各用户组特定的预期和需求，并展示 AI 系统如何反映这些预期和需求。为此，需要一个自动测试框架来比较 AI 系统的多个版本，持续监控生产质量并提供优化指导。

每一个人工智能测试人员都需要数据科学方面的技能，但最重要的是道德敏感性和社会敏感性。

识别用户分组

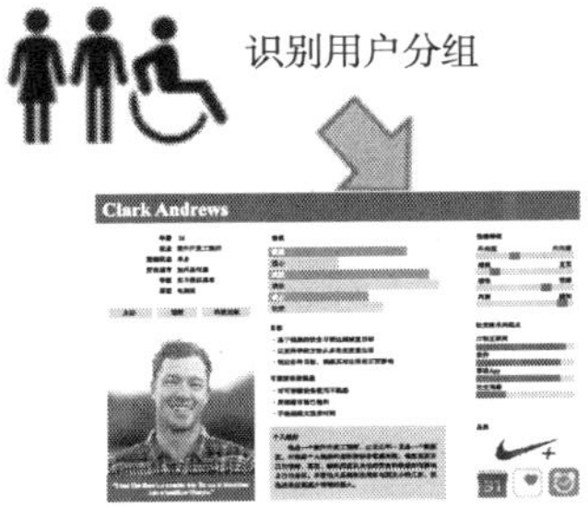

为每个用户组描绘用户画像

测试案例

用户组	输入	最期待结果排名第1	最不期待结果排名前10	度量指标1	权重
美国游客	伦勃朗	夜巡	伦勃朗的介绍文章；各种绘画	仅显示知名画作	高
艺术爱好者	伦勃朗	自画像	仅显示一些知名画作	多样性：各种绘画、素描、蚀刻	中
艺术史研究者	伦勃朗	无所谓	博物馆中没有展出的作品	图书馆藏或者展览展出的作品	低

前一版本运行结果：

用户组	输入	最期待结果排名第1	最不期待结果排名前10	度量指标1	权重
美国游客	伦勃朗	1	0.8	0.6	7.2
艺术爱好者	伦勃朗	0.5	0.8	0.6	3.8
艺术史研究者	伦勃朗	无所谓	1	0.6	1.5
					12.5

输出结果：

用户组	输入	最期待结果排名第1	最不期待结果排名前10	度量指标1	权重
美国游客	伦勃朗	0.7	1	0.8	7.5
艺术爱好者	伦勃朗	0.1	1	0.2	4.4
艺术史研究者	伦勃朗	无所谓	1	0.6	1.6
					13.5

在系统中运行测试用例

图 2　AI 测试框架示例

负责任的软件工程

Ina Schieferdecker

摘　要　今天，软件的可靠性关注更多的是关于接受度，而不是技术质量；软件及其特性必须是可理解和可解释的。随着软件越来越成为一种公共产品，软件质量成为人类社会关注的焦点。截至目前，人工智能（AI）已经成为我们日常生活的一部分，例如我们会很自然地使用语音助手或自动翻译程序。软件质量也在不断发展，并且必须考虑其可用性、透明性以及安全性。事实上，目前世界上大多数人反对在学校、法庭或军队中使用人工智能，因为害怕数据滥用或被控制。到目前为止，软件及其应用程序只有在人们信任它们的情况下才能成功应用。负责任的软件工程将解决这些问题。本文是关于提高对负责任的软件工程的认识。

关键词　软件测试；软件质量；软件工程

1　引言

不管它是一辆自动驾驶汽车、一个人工智能系统或一个移动机器人，软件总是在操纵这些系统，是数字化转型的关键组成部分。这同样适用于影响数百万人生活的关键基础设施：例如电力、水和天然气的公用事业，另外，很大一部分交通基础设施已经基于信息和通信技术（ICT）。智能家居、智能制造、智慧城市的场景进一步扩展了软件对我们日常生活的影响[1]：“2016 年软件产业对欧盟经济的直接贡献为 3040 亿欧元，占欧盟 GDP 增加值的 2%，比 2014 年的 2490 亿欧元增长 22.4%。该行业雇用了 360 万人，支付了 1621 亿欧元的工资。在这项研究中，软件公司平均贡献了 7 个欧盟国家 1.8%的工作岗位。”

这样一来，软件就脱离了纯粹的技术系统管理和控制，越来越多地应用于社会关键环境中的决策支持和决策控制。随之出现的问题是哪些过程必须由软件进行决策？如何使软件易于理解，谁来承担决策责任？以及各个公司如何在这些日益复杂的环境中确保软件的可靠性、质量和安全性呢？

更有甚者，不仅在使用上，甚至在软件的生产和销售上，客户的期望也是愈发苛刻。因此，软件开发要越来越快，同时产品也要越来越好。这种预期并不一定是矛盾的。在许多情况下，DevOps 整体方法实际上可以提高交付速度和质量。在云计算时代，“交付”这个词已经不再是这个过程的真正特征。毕竟客户不再是购买产品，而是访问服务。即使是类似这样的服务，也只有在用户信任它的情况下才会被接受。

建立信任的重要因素是所谓的现场实验平台和联合创新实验环境。可追溯性和透明性应该是软件开发的一部分。由于软件系统的复杂性持续增长，并且由于保存和使用的数据通常很难理解，因此对软件的信任通常是脆弱的。因此，必须在软件中加入抗脆弱性原则，从而在运行时提高系统的故障恢复能力和鲁棒性[2]。此外，目标、特性和职责的可追溯性需要成为任何软件工程和文档的一部分。为什么这一点如此重要呢？计算机科学家Joseph Weizenbaum 的这句话解释了这一点："你让计算机做什么，它就会做什么，但实际上可能与你的想法不尽相同。"尽管用于高质量、可靠和安全的软件开发方法和工具大量可用，但是它们也只被用于扩展对处理运行时错误的处理[3]。

本文首先从软件和针对当前迫切问题的总体考虑开始介绍，接着回顾当前对软件工程中伦理原则的理解，并得出负责任软件工程的结论，最后进行总结和展望。

2 软件和近期软件质量需求

软件本质上是一组指令，告诉计算机、嵌入式控制系统或（微）处理器做什么和如何做。软件不仅仅是固件、操作系统、中间件或应用程序级别上的程序代码。它还包括表示程序管理内容的数据，以及用于训练或引导程序的数据[4]。此外，它还包含表示软件的信息和文档的元数据[5]。根据 ISO[6] 定义，软件是"信息处理系统的全部或部分程序、过程、规则和相关文档的基本术语，是一种独立于记录它的介质的智力创造。"

软件存在多种类型和变体，没有被广泛采用的软件分类法。然而，针对诸如软件定义的网络[7]、用户界面[8]或软件文档化[9]等特定领域的软件应用程序或所使用的软件开发工具等，存在一些现成的调查结果。

很明显，虽然很难掌握软件的一般特性，但是对软件质量是如何构成的理解是持久的，并且仍在不断增长。相比 ISO 9126 或其他之前建立的软件质量模型，如 Boehm 等人[11]、FURPS[12]、IEEE[13]、Dromey[14]或 QMOOD[15]，ISO 25010 提供了一套更新的软件质量要求[10]。

然而，由于软件技术的发展，对软件质量的理解也需要发展。例如，软件可用性解决了软件的易用性问题[16]。对于特定的消费者，它通过寻求给定的使用环境和软件的使用场景来提高他们的有效性、效率和实现目标的满意度。

另一个例子是，在大数据、物联网或人工智能应用中[17]，数据（作为软件本身和作为使用中的软件人工制品）的重要性越来越大。数据质量评估[18]旨在获得与数据的主观感知相似的客观数据质量度量。

让我们也提及一下软件模拟现实技术在游戏、教育或培训中的虚拟现实和增强现实应用中的不断增长的使用[19,20]。因此，在二维、三维和最终的四维语境下，以及在交互模式下的多媒体（数据流）领域，软件质量方面需要更详细的媒介、交互和协作属性。

作为最后一个例子，让我们考虑一下对软件透明性日益增长的需求，以便用户对软件提供什么和不提供什么有一个准确的理解。随着软件越来越多地渗透到我们社会的各个领域，透明性、可追溯性和可解释性成为软件开发人员所关注的核心质量标准[21]。

3 软件关键性和负责任软件工程的需要

某种程度上，社会在能源供应、流动服务和生产方面越来越依赖于自动化、智能和关键的软件系统，但在媒体监督或民主进程中，也必须找到新的战略，以便不仅确保软件在易于理解方面的质量特性，如安全、效率、可靠性和安全性，还要保证与其相关的社会技术影响和社会政治影响，以及针对它们在人机交互和协作方面的所有额外需求[22]。

这种基于软件的系统使用（元）算法中定义的功能，并受数据所操纵（见图 1）。

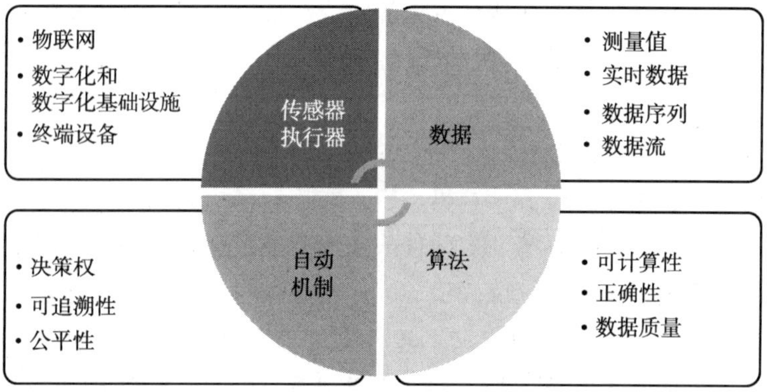

图 1 基于软件的系统的组成[23]。传感器是物联网的一部分，可以产生不同种类的数据，如各个测量值、一组测量值或数据流。算法使用这些数据进行计算或作为训练数据。这些算法受到复杂性、可计算性和性能限制的约束，还可能受到实现计算逻辑的正确性和训练数据的片面性的约束。因此，基于软件的系统提供了自动机制，对于这一点，同意（并保证）决策权、可追溯性和公平性是至关重要的。关于环境的任何决定最终都可以通过软件（进入网络空间）和执行器（进入环境）来反馈

这些基于软件的系统也称为基于算法的系统或算法系统[23]。它们被用于决策支持或在社会批判方面（如选举）、关键商业方面（如网上交易），以及与个人、组织和国家做决定有关方面的决策。这引起了关于设计、开发和操作这些基于软件系统的必要准则的讨论，这些准则必须在技术、社会和经济过程的相互作用中被人理解。它们对整个人类社会越来越重要，并发展成为一种公共产品[23]。

事实上，这些系统中被设计和编码的大部分价值来自业务所有者、产品所有者、软件设计师和/或软件工程师所设计的软件[24]。软件工程的构成主要包括：对软件的定义和约束（需求工程和软件规范）；设计和实现软件（编码）；确认和验证软件（仿真、模型检查、测试等）；操作、维护和演化软件。软件工程不需要遵循一条软件工程方法的路线[25]，而应是一条关注价值的路线[23]，负责任的软件工程应包括以下内容。

1）规则制定者的可持续性设计：对这些价值铭文的批判性研究，应该作为有意识的、反映评价的基础，也应该从可持续性的背景下实现价值。除了通过适当的软件工程来促进隐私保护、安全性和保密性以及质量之外，可持续性还应该植根于软件工程，例如软件对

能源和资源效率的生态敏感性，以及对数据收集、算法和启发式的价值敏感性。.

2）软件社区的科技社会责任：不仅企业社会责任[26]应该由数字社区来解决，而且技术社会责任也应该由数字社区来解决，其意义在于：了解数字商业模式如何影响社会；根据约定的社会原则塑造数字商业模式、解决方案和基础设施。

3）对社会负责任的技术开发：负责任软件工程应该通过适当的研究资金进行战略性的推广和支持，也被称为负责任的研究和创新[26]，其意义在于：基于社会目标；也是对联合国可持续发展目标的明确支持和要求[27]。

4）在每个软件项目中使用最先进的软件工程：规则制定者和实施者有责任使用那些符合目标和软件关键性等级的软件工程方法和工具。这不仅是侵权责任的问题，而且是涉及安全、保密、环境或关键业务的软件系统的社会责任问题。

5）最后，负责任软件工程（见图 2）可以通过 Weizenbaumian 宣言[28]来促进，以反映可持续设计、开发、操作和维护，以及软件使用和软件系统使用的职业道德。Joseph Weizenbaum（1923—2008 年）是计算机科学的先驱，他对计算机技术和人机交互进行了批判性的研究。他呼吁负责任地使用技术。通过 Weizenbaumian 宣言，所有技术社区都可以遵循指导软件和软件系统开发及应用程序使用的一般原则。这些原则也应成为专家教育和培训的组成部分，并可能构成软件工程（包括 ISTQB）教育计划的新模块[29]。

4 负责任软件工程中的道德原则

在负责任软件工程中，除了软件质量问题外，重点是软件系统的可理解性、可解释性和公平性，以及在关键的社会技术环境中人们最终的决策自主权。计算机协会（ACM）或德国信息学协会（GI）等专业组织已经通过最近更新的道德准则为技术社区提供指导[30,31]。这些和类似的举措为将职业道德扩展到负责任软件工程提供了坚实的基础。

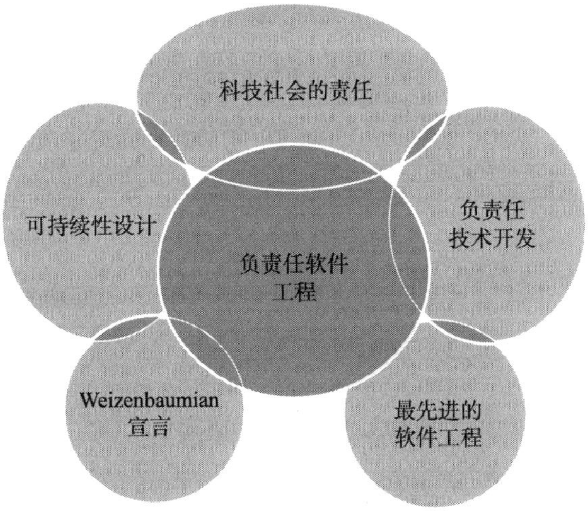

图 2　负责任软件工程的组成部分

鉴于人工智能、自动化和软件系统的关键性，由欧盟委员会人工智能高级别专家组、AI4People 和 iRights 共同发起这一倡议。实验室提供了用于处理软件系统的规则集，并根据当前的社会-技术和社会-政治论述以及快速的技术进步动态地更新这些规则集。目前在其所在国家内、欧洲内部和国际间实施和监管这些规则集是开放领域。此外，这 3 个方面都迫切需要采取行动，因为如果提议不能及时地变成最佳的实施方案，从而用来防止副作用和意外风险，那么这些提议仍然是无效的。

欧洲委员会的人工智能高级别专家组正在制定可信赖的人工智能的道德准则[32]，并形成以下规范基础：

1）开发、部署和使用人工智能系统应遵循以下伦理原则：尊重人类自主、防止伤害、促进公平性和可解释性；承认并解决这些原则之间的潜在矛盾。

2）特别注意涉及更多的弱势群体的情况，如儿童、残疾人和其他历来处于不利地位或有被排斥风险的人，以及权力或信息不对称的情况，如雇主和工人之间，企业和消费者之间。

3）承认人工智能系统在给个人和社会带来巨大利益的同时，也会带来一定的风险和负面影响，包括难以预测、识别或衡量的影响（如对民主、法治和分配公平的影响，或对人类思维本身的影响）。在适当时候采取与风险大小相称的适当措施，以减轻这些风险。

另一项倡议是 AI4People：这是一个多方利益相关者论坛，“汇集了所有对塑造 AI 的社会影响感兴趣的利益相关者，包括欧盟委员会、欧洲议会、公民社会组织、工业界和媒体”[33]。其结果是一份带有如下序言的文件：“我们相信，为了创造一个良好的人工智能社会，道德应该嵌入到 AI 的默认实践中。特别是，人工智能的设计和开发应减少不平等，进一步赋予社会权力，尊重人的自主权，并增加所有人公平分享的利益。人工智能的可解释性尤其重要，因为可解释性是建立公众对该技术的信任和理解的关键工具。”

所谓的算法。规则[34]定义了一种系统提升软件信任度的新方法。它是由智库 iRights 实验室与该领域的几位专家一起开发的。新规则规定了一种算法必须如何设计才能得到道德权威的评价：最重要的是，它的效果是透明的、可理解的和可控的。

1）加强能力：必须了解算法系统的功能和潜在影响。

2）定义职责：自然人或法人必须始终对使用算法系统所涉及的影响负责。

3）记录目标和预期的影响：在实施之前，必须记录和评估使用算法系统的目标和预期的影响。

4）保证安全性：算法系统的安全性必须在实现之前和实现期间进行测试。

5）提供标记：一个算法系统的使用必须进行标识。

6）确保可理解性：算法系统中的决策过程必须始终是可理解的。

7）维护可管理性：一个算法系统在其使用期间必须是可管理的。

8）监控影响：必须定期审查算法系统的影响。

9）建立投诉机制：如果一个算法系统导致一个有问题的决定，或者导致一个影响个人权利的决定，必须能够要求解释并提出投诉。

5 展望

自 1968 年首次作为一门工程学科[35]被提出以来，软件工程发生了巨大变化。根据文献［25］，软件工程经历了 1960—1980 年的结构化开发方法时代和 1980—2000 年的面向对象方法时代，目前正处于敏捷开发方法时代。这些时代不仅给软件工程带来了“方法战争”和“人字形道路”，而且还把重点放在技术方面、软件特性和方法论上，而不是放在软件的社会影响上。事实上，在最近的数字转型论述中，不仅软件的中心角色变得明显，而且需要为软件工程找到一个新的框架。这个框架在本文中被称为“负责任软件工程”。它由 5 个核心元素组成，这 5 个核心元素是：规则制定者所开展设计的可持续性，软件社区的技术-社会责任，对社会负责任的技术开发，每个软件项目中采用的最先进的软件工程以及针对所有专家的 Weizenbaumian 宣言。

负责任软件工程是由软件社区中围绕解决研究和创新中的重大挑战，特别是职业道德的讨论而产生的。它需要一段时间，直到被广泛接受和部署，但我们现在就需要采取行动，来开发一些可以在大学里和工业界进行教授的方法和课程。随着数字化转型，软件及其工程成为公共产品，必须得到适当的处理和应对。它不再是一个小众关注，而是事关我们所有人的利益，所设计和开发的软件也应建立在公共话语的基础上。基于此观点，软件质量是随着社会影响、透明度、公平性和可信赖性而扩展的，这不仅需要新的或扩展的方法和工具，而且还需要更新的过程和规则。

致谢：这项工作得到以下项目部分资助：德国联邦教育和研究部（BMBF）的批准号。16DII111（德意志 Internet - Institut Weizenbaum - Institute 网络化社会）以及德国联邦教育和研究部和德国联邦环境、自然保护和核安全部的批准号 01RIO708A4（德国全球气候变化咨询委员会，WBGU）。

作者感谢与 Stefan Ullrich、Jacob Kröger、Andrea Hamm、Hans - Christian Gräfe、Diana Serbanescu、Gunay Kazimzade 和 Martin Schussler 的讨论，他们都来自 Weizenbaum 研究所，也感谢与 WBGU 的 Reinhard Messerschmidt、Nora Wegener、Marcel J. Dorsch、Dirk Messner 和 Sabine Schlacke 的讨论。

最后，作者感谢 iSQI 团队多年来的成功和愉快的合作，使软件质量得到更好提升，并提供了大量的软件质量培训计划，提高了该领域的知识和专业技能。祝贺 iSQI 的 15 岁生日，希望 iSQI 在软件质量方面至少再成功地扩展 15 年知识体系。

参考文献

［1］ Unit, E. I.: The growing €1 trillion economic impact of software. (2018).

［2］ Russo, D., Ciancarini, P.: A proposal for an antifragile software manifesto. Procedia Comput. Sci. 83, 982 - 987 (2016).

［3］ Russo, D., Ciancarini, P.: Towards antifragile software architectures. Procedia Comput. Sci. 109, 929 - 934

(2017).

[4] Osterweil, L. J.: What is software? The role of empirical methods in answering the question. In: Münch, J., Schmid, K. (eds.) Perspectives on the Future of Software Engineering, pp. 237 - 254. Springer, Berlin (2013).

[5] Parnas, D. L., Madey, J.: Functional documents for computer systems. Sci. Comput. Program. 25(1), 41 - 61 (1995).

[6] ISO/IEC: Information technology —Vocabulary. 2382. (2015).

[7] Xia, W., Wen, Y., Foh, C. H., Niyato, D., Xie, H.: A survey on software - defined networking. IEEE Commun. Surveys Tuts. 17(1), 27 - 51 (2014).

[8] Myers, B. A., Rosson, M. B.: Survey on user interface programming. Paper presented at the Proceedings of the SIGCHI conference on Human factors in computing systems (1992).

[9] Forward, A., & Lethbridge, T. C.: The relevance of software documentation, tools and technologies: a survey. Paper presented at the Proceedings of the 2002 ACM symposium on document engineering (2002).

[10] Gordieiev, O., Kharchenko, V., Fominykh, N., Sklyar, V.: Evolution of software quality models in context of the standard ISO 25010. Paper presented at the proceedings of the ninth international conference on dependability and complex systems DepCoS - RELCOMEX, Brunów, Poland, 30 June - 4 July 2014 (2014).

[11] Boehm, B. W., Brown, J. R., Lipow, M.: Quantitative evaluation of software quality. Paper presented at the Proceedings of the 2nd international conference on Software engineering, San Francisco, California, USA (1976).

[12] Grady, R. B., Caswell, D. L.: Software Metrics: Establishing a Company - wide Program. Prentice - Hall, Englewood Cliffs (1987).

[13] IEEE: Standard for Software Maintenance. (Std 1219). (1993).

[14] Dromey, R. G.: A model for software product quality. IEEE Trans. Softw. Eng. 21(2), 146 - 162(1995).

[15] Hyatt, L. E., Rosenberg, L. H.: A software quality model and metrics for identifying project risks and assessing software quality. Paper presented at the product assurance symposium and software product assurance workshop (1996).

[16] Seffah, A., Metzker, E.: The obstacles and myths of usability and software engineering. Commun. ACM. 47 (12), 71 - 76 (2004).

[17] Wang, R. Y., Strong, D. M.: Beyond accuracy: what data quality means to data consumers. J. Manag. Inf. Syst. 12(4), 5 - 33 (1996).

[18] Pipino, L. L., Lee, Y. W., Wang, R. Y.: Data quality assessment. Commun. ACM. 45(4), 211 - 218(2002).

[19] Di Gironimo, G., Lanzotti, A., Vanacore, A.: Concept design for quality in virtual environment. Comput. Graph. 30(6), 1011 - 1019 (2006).

[20] Klinker, G., Stricker, D., Reiners, D.: Augmented reality: a balance act between high quality and real - time constraints. In: Ohta, Y., Tamura, H. (eds.) Mixed Reality: Merging Real and Virtual Worlds, pp. 325 - 346. Springer, Berlin (1999).

[21] Serrano, M., do Prado Leite, J. C. S.: Capturing transparency - related requirements patterns through argumentation. Paper presented at the 2011 first international workshop on requirements patterns (2011).

[22] Schieferdecker, I., Messner, D.: The digitalised sustainability society. Germany and the World 2030. (2018).

[23] WBGU: Our common digital future. German Advisory Council on Global Change, Berlin (2019).

[24] Brey, P.: Values in technology and disclosive computer ethic. In: Floridi, L. (ed.) The Cambridge Handbook of Information and Computer Ethics, pp. 41 - 58. Cambridge University Press, Cambridge, MA (2010).

[25] Jacobson, I., Stimson, R.: Escaping method prison - On the road to real software engineering. In: Gruhn, V., Striemer, R. (eds.) The Essence of Software Engineering, pp. 37 - 58. Springer, Cham (2018).

[26] Porter, M. E., Kramer, M. R.: The link between competitive advantage and corporate social responsibility. Harv.

Bus. Rev. 84(12), 78 - 92 (2006).

[27] Biermann, F., Kanie, N., Kim, R. E.: Global governance by goal - setting: the novel approach of the UN Sustainable Development Goals. Curr. Opin. Environ. Sustain. 26, 26 - 31 (2017).

[28] Weizenbaum, J.: On the impact of the computer on society: how does one insult a machine? In: Weckert, J. (ed.) Computer Ethics, pp. 25 - 30. Routledge, London (2017).

[29] Strazdiņa, L., Arnicane, V., Arnicans, G., Bičevskis, J., Borzovs, J., Kuļešovs, I.: What software test approaches, methods, and techniques are actually used in software industry? (2018).

[30] ACM: ACM code of ethics and professional conduct. Association for Computing Machinery's Committee on Professional Ethics (2018).

[31] GI: Unsere ethischen Leitlinien, p. 12. Gesellschaft für Informatik, Bonn (2018).

[32] EC: Ethics Guidelines for Trustworthy AI, p. 41. European Commission High - Level Expert Group On Artificial Intelligence, Brüssel (2019).

[33] Floridi, L., Cowls, J., Beltrametti, M., Chatila, R., Chazerand, P., Dignum, V., Rossi, F., et al.: AI4People—An ethical framework for a good ai society: opportunities, risks, principles, and recommendations. Mind. Mach. 28(4), 689 - 707 (2018).

[34] iRights. Lab: Algo. Rules: Regeln für die Gestaltung algorithmischer Systeme. Retrieved from Gütersloh, Berlin. https://www. bertelsmann - stiftung. de/fileadmin/files/BSt/Publikationen/GrauePublikationen/Algo. Rules_DE. pdf (2019).

[35] Naur, P., Randell, B.: Software engineering - report on a conference sponsored by the NATO Science Committee Garimisch, Germany. https://carld. github. io/2017/07/30/nato - softwareengineering - 1968. html (1968).

变异测试

Adam Leon Smith

摘　要　本文介绍了变异测试，包括其开发方式、与之相关的工具类型、质量保证过程的优势，以及将其扩展为测试设计技术和资源消耗者所面临的挑战。

关键词　软件测试；软件质量；测试自动化；变异测试

1　引言

如果您正在阅读这篇文章，您可能会意识到测试只能证明软件存在缺陷，而不能证明没有缺陷。而变异测试颠覆了这一原则，并提出这样的问题：如果我们知道软件存在缺陷，那么测试结果将告诉我们有关软件和测试质量的哪些信息？

随着工程师越来越多地寻求更自动化的软件验证方法，以及不断缩减软件发布时间的同时要求更高质量的软件输出，变异测试能够帮助我们退一步来评估我们是否真的应该在软件测试中表现得如此自信。

关于变异测试的定义，我询问过 Ruby 变异测试工具 Mutant[1] 的作者 Markus Schirp，他给出了以下的解释：

> 变异测试是启发式地确定没有在测试中覆盖到的程序语义的过程。
>
> —Markus Schirp

对于大多数软件测试方法，我们很难通过它们来确定是否可以在测试过程中检测到故障，直到在后期的测试活动中，或更糟的是，在生产环境中发生故障为止。对于每个测试经理来说，这都是熟悉的事情，因为他们要在产品发布后收集产品问题并将这些问题反馈到测试过程中。当然，是否有更好的方法来通过测试覆盖率来查找问题呢？

变异测试是一种可以追溯到 1971 年的测试技术[2]，该技术受到越来越多的关注，目前拥有十几种相关工具并在多种软件环境中使用。可用工具的数量已从 1981 年的不到 5 种增加到 2013 年的 40 多种[3]。

变异测试位于测试技术的灰色区域，它不依赖于系统期望行为的正式规格说明，这与模糊测试、蜕变测试以及探索测试相似。

变异测试的核心是在被测软件的多个版本上执行一个测试用例或一组测试用例，即所谓的变异。被测试软件的每个版本都有意地和以编程方式注入了不同的错误。每次测试迭代都在被测试软件稍有不同的版本上进行，并根据启发式方法或与常见故障相对应的“经验法则”注入不同的故障。在它们是较小的变化的情况下，这些版本被称为突变体。测试的目的通常是确定测试程序检测到哪些错误，并最终可能导致失败。

人为制造缺陷的软件版本之所以被称为变异体，并不是因为它们是劣等的，而是因为它们的更改方式与自然进化中的人类基因突变方式是一样的。这类似于在人工智能中使用遗传算法来解决搜索和优化问题。

变异测试的好处显而易见，它可以为以下方面提供非常有用的视角：

- 自动化测试的质量和覆盖性，尤其是断言和验证的覆盖性。
- 特定领域软件测试覆盖性。
- 特定测试设计技术的成功。
- 不同代码区域的复杂性和可维护性。
- 从软件代码或组件到整个业务功能的可追溯性。

它可以作为一种方法用来改进现有的测试用例集，或者作为一种工具用来帮助构建一个新的测试套件，或者确保它有足够的验证能力，或者对代码进行优先级测试。最终，它提供了一组有关软件质量的信息，这些信息是其他方式无法获得的（见图 1）。

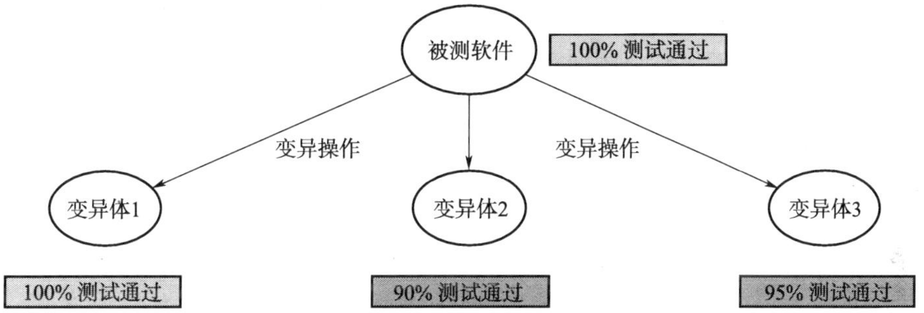

图 1　在本例中，变异体 1 所有测试均成功，说明没有检测到注入的错误，因此测试覆盖不全面，而变异体 2 和变异体 3 中出现测试失败，这说明检测到了注入的错误

2　自动化测试

从概念上讲，变异测试不限于自动化测试；原则上，它是一种可以应用于手工测试的方法。但是，在大多数情况下手工运行数千个测试用例（为了改善开发和测试流程，在不会投入生产的代码上执行）的成本并没有增加。

自动化测试的核心挑战之一是确保在断言和验证检查之间取得适当的平衡，以确保软件能够正常工作，同时又不会使测试套件因软件中不相关的结构更改而变得脆弱。对于手工测试来说，尽管测试效率较慢，但是测试人员能够在软件中发现更多的缺陷。这是因为测试人员可结合程序上下文，使用经验和启发的方法，以及在任何测试过程中声明的断言来确定程序正确的行为。与手工测试不同的是，自动化测试的本质是只检测人们所设置的验证范围内的缺陷，换句话说，它们只检查它们被告知要检查的内容。

在最极端的例子中，可以创建一个自动化测试，以启动被测软件并验证它是否成功执行，而不需要对程序输出做任何断言。这将是一个非常容易维护的测试，因为它仅需要很少更改以保证与软件相匹配，但这是一个非常低效的测试，因为它只告诉我们程序执行了什么。如果要使用变异测试来评估这个测试，分数会非常低，因为软件的变异版本只有在注入的错误导致完全执行失败的情况下才会使测试失败。

再举一个反例，针对网站的自动化测试，它将 HTTP 响应的每个可访问元素与一个基线副本进行比较。这将是一个非常不稳定的测试，因为即使是最小的变化也会失败，可能是一个真正的用户或测试人员无法察觉的变化。如果用变异测试来评估这个测试，分数会非常高，因为几乎任何变化都会导致测试失败。

变异测试并不能解决测试自动化的可维护性问题，但是它确实为个别测试有效性提供了有用的见解。

这一点也很重要，因为即使在高度自动化的环境中，也经常不执行详尽或完整的组合测试，因为这被认为是对资源的不切实际的使用。

任何测试设计技术都存在测试用例爆炸的风险，也就是说，当你关注特定的测试设计技术时，测试用例的数量会急剧增加。这可能是因为你刚刚开始应用格式化测试设计技术，也可能是因为你过于关注一种测试设计技术。

而通过变异测试，我们能够以一种新的方式对测试用例进行优先级排序，从而使得测试覆盖率最大化。

3 代码覆盖率和变异算子

一方面，变异测试是一种黑盒测试技术，因为我们不需要在测试的设计和执行过程中深入了解代码的内部工作方式。另一方面，在变异算子和错误注入过程中，我们则需要对代码本身或至少对代码的变异体有着非常深入的了解。事实上，生成的变异体集合以及真正的错误都与底层代码的语言和结构有着千丝万缕的联系。

当通过变异算子将错误注入代码时，它执行基于规则的更改，这些更改通常可以由编码工程师进行定制。其中一些例子如下。

- 从代码中删除语句。
- 从代码中插入语句。
- 改变代码中的条件。
- 替换变量值。

让我们回顾一些编程的基本概念，以及它们如何与故障、代码覆盖率、变异测试相联系。在大多数编程语言中，可执行语句表示要执行的动作，例如对变量赋值为 true 或 false。ISTQB 术语表将其定义为："一条语句在编译时被翻译成目标代码，在程序运行时按程序执行并可能对数据进行操作。"

例如，在下面的代码中，所有不以 IF / ELSE 开头的行的语句均为语句：

伪代码

```
allowEntrance = false
if(customerHasMembershipCard or customerHasAccessCard):
allowEntrance = true
    price = 0
else:
    if(weekend):
       allowEntrance = true
       price = 10
```

可执行测试套件对语句的覆盖程度通常被描述为语句覆盖率。语句覆盖率是在一个测试套件中被执行的可执行语句的比率。

$$\text{语句覆盖率} = \frac{\text{被执行的可执行语句总数}}{\text{可执行语句总数}}$$

要达到上述代码的100%语句覆盖率，需要两个测试用例，因为执行每条语句需要通过代码的两个互斥路径。

另外一种覆盖方式是覆盖每一个分支或者判断。本质上，只要包含了条件语句（例如if、for、while)，就必须确保条件语句中的每个条件都被覆盖到。要对上述代码进行100%分支覆盖率，还需要设计一个测试用例，用于覆盖变量 weekend 取值为真值和假值两种情况。

$$\text{分支覆盖率} = \frac{\text{被执行的分支总数}}{\text{分支总数}}$$

最后，条件覆盖率作为代码覆盖率度量手段，它度量程序中所有判断语句中每个条件的可能取值（真值和假值）被覆盖的比率。

$$\text{条件覆盖率} = \frac{\text{被执行的条件操作数值总数}}{\text{条件操作数值总数}}$$

因此，在上述代码中为了确保变量 customerHasMembershipCard 和 customerHasAccessCard 取值分别为真值和假值的情况都被覆盖到，我们还需要在测试套件中增加一条测试用例。

仅使用代码覆盖率度量标准来衡量自动化测试质量的问题是，没有一个度量标准可以评估测试是否确实检查了客户能否被允许访问的情况，或者上述软件计算是否按要求实现。这些状态和变量的验证不包括在以上度量标准中。

在自动化测试中衡量代码覆盖率非常好，但这只是其中的一部分。代码覆盖率仅能反映已执行的逻辑和分支，它不能真正衡量测试套件是否能够获得大量的功能覆盖率数据，也无法给出测试套件是否能够有效地检测故障的评估。

系统响应验证（有效地将实际结果与预期结果进行比较）是实施自动化测试的关键部分，它能够很简单地检查变量是否合理。但是，随着接口变得越来越复杂（例如XML消息或用户界面)，围绕验证的设计主观性也随之增加。

变异算子引擎用于在代码上执行变异算子，并因支持的算子的不同而各不相同。实际上，用户通常可以配置这些算子的应用方式。例如，著名的 Mothra 研究[4]及相关工具在 Fortran 上使用了表 1 中所示的变异算子。由于变异算子也已经随着面向对象技术[5]的应用而不断发展，以上这些变异算子有些过时。当然，潜在的变异算子及其引起的软件代码变异体的数量是巨大的，没有任何实现可以被视为详尽无遗。

表 1　Mothra 变异算子

类型	描述
aar	用一数组引用替代另一数组引用
abs	插入绝对值符号
acr	用数组引用替代常量
aor	算术运算符替代
asr	用数组引用替代变量
car	用常量替代数组引用
cnr	数组名替代
csr	用常量替代变量
der	DO 语句修改
lcr	逻辑运算符替代
ror	关系运算符替代
sar	用变量替代数组引用
scr	用变量替代常量
svr	变量替代
crp	常量替代
dsa	Data 语句修改
glr	Goto 标签替代
rsr	Return 语句替代
san	语句分析
sdl	语句删除
src	源变量替代
uoi	插入一元操作符

在被测软件中执行变异算子可能会对代码本身行为带来很多更改。例如，在以下代码中执行基于规则的变异算子：

伪代码

```
allowEntrance = false
if (customerHasMembershipCard or customerHasAccessCard):
allowEntrance = true
    price = 0
else:
```

```
    if(weekend):
allowEntrance = true
      price = 10
```

在本例中对标灰的项进行更改。其中，第一项的初始值被更改为 true，第二项将连接符由 or 更改为 and，第三项和第四项通过增加 not 来对布尔值取反。

因此，被测软件将被编译为 4 个版本，并且在自动化测试中针对每个版本分别运行所有的变异测试用例。为了成功地检测每个变异体，测试套件需要具备以下特征：

- 测试在没有卡或者不是周末的情况下，客户是不允许访问的。这能够测试在变异体 1 中变量初始化故障。
- 测试客户有且只有一张卡（完整的条件覆盖也需要），验证客户是否被允许访问。
- 测试是否在周末允许没有卡的客户访问。
- 替换变量值。

正如您所看到的，尽管为实现代码覆盖率而构建的测试套件在代码中使用类似的路径，但变异测试度量标准可以使测试应执行的验证具有更多的特异性。

这很有用，因为在编码过程中会引入许多软件错误。例如，常见的大小差一错误，即程序员在循环迭代过程中迭代次数比预期值多一次，或者少一次，或者边界条件计算错误，可以直接通过边界值分析或者等价划分等测试设计技术解决。类似地，这种错误通常由变异测试算子注入代码中。

变异检测过程可以总结如下：

1）首先，通过插入缺陷生成变异体。

2）生成变异体之后，选择并执行测试。

3）如果对变异体执行测试失败，变异体将被“杀死”。

4）如果变异体的测试结果与原有软件相同，则该变异体已“存活”。

5）可以通过增加新的测试，修改现有的测试，或者重构代码的方式增加“杀死”变异体的数量。有些变异是永远检测不出来的，因为它们会产生与原有被测软件相同的输出，这些被称为“等价变异体”。

一旦整个过程被执行，就可以计算出一个变异值。变异值是被杀死的变异体数目与变异体总数的比率。这个值越接近 1，则说明测试套件和软件的质量越高。

$$\text{变异分数} = \frac{\text{被杀死的变异体数目}}{\text{变异体总数}}$$

4 变异测试的挑战和解决方案

变异测试本质上是可扩展的，因为它通常是基于你已经自动做过的事情，很多时候是独立的。也就是说，自动化集成和系统测试也应该如此，但通常不是这样。

进行变异测试所需的资源可能是巨大的，会阻塞持续集成管道数小时，从而在变异软件的无休止迭代上运行无休止的测试迭代。此外，完成并修复所有未发现的问题所需的时间可能令人生畏。

执行变异测试需要考虑以下 3 类成本：

- 生成变异体的编译时间成本。
- 在变异体上执行测试的运行时间成本。
- 分析结果的人力成本。

4.1 编译时间

正如前文提到的，变异测试的主要问题是执行成本过高。变异体的数量等于代码行数量与数据对象数量的乘积。但是根据经验，变异体的数量通常是代码行数量的平方。以下策略[6]能够减少变异体的数量。

- 抽样：只在软件和相关测试的逻辑区域内随机选择出部分变异体并执行。
- 聚类：使用无监督机器学习算法（例如，K－means）来选择变异体。
- 选择性测试：减少变异算子的数量，通过启发式的方法注入缺陷能够减少 60 个变异算子的数量。
- 高阶变异：一阶变异体是在原有程序上执行单一变异算子并形成的变异体；二阶变异体是在原有程序上依次执行 2 次变异算子并形成的变异体。高阶变异体更难被杀死，实证研究表明，采用二阶变异体可以有效减小测试开销，但却不会显著降低测试的有效性。
- 增量式变异：只对新的或更改的代码进行变异，而不是测试中的整个代码库。

我们知道缺陷大多集中在相同的代码区域中，也许将上述技术应用于有限、复杂、高风险和缺陷多的功能区域的简单策略可以在成本与收益之间取得适当的平衡。

相反，代码中有一些我们不关心的语句。例如，将所有日志记录语句从变异中排除可能是适当的，这样可以减少需要测试的变异体数量。

用于减少所需时间和资源量的另一种方法是与编译器直接集成。早期变异测试方法分别编译每个变异体；但是更现代的方法是只编译一次，然后变异诸如字节码之类的中间形式。就编译性能而言，这具有显著的好处，但就评估每个变异体的执行时间而言，却没有任何好处。

许多研究都是针对“弱变异”的概念进行的。这样可以在组件级别上有效地评估变异体，而不是完全执行每个变异体。这与“强”变异几乎一样有效，并且降低了运行时间成本[6]。

4.2 运行时间

执行变异测试各个周期的运行时间成本可能会很高。当然，在大多数情况下，变异测试执行可以水平扩展，因为可以在多台计算机上执行；变异测试执行也可以垂直扩展，因为可以使用功能更强大的计算机执行。要应用水平方向可扩展性，在选择适当的变异测试工具并支持此类方法时，必须考虑到这一点。

还需要考虑使用经典的测试自动化技术来改善测试的运行时间。当测试只运行一次时，内置在测试用例中的硬编码等待时间可能不会引起注意，但是扩展到成百上千次执行时将会产生巨大的成本。在尝试引入变异测试之前，应出于性能目的来优化自动化测试。

4.3 分析

Oracle 问题以及减少等价变异体问题是与变异测试相关的两项挑战。其中，Oracle 问题并不是变异测试所特有的，它存在于任何难以确定测试是否成功的测试领域。

这通常发生在变异体无法被“杀死”的情况下，此时在测试中很难执行所需的断言或验证。

它也可能发生在软件不确定的时候，或者当很难理解检测到的变异失败是否有实际意义的时候。我问了变异测试工具 Mull[7] 的作者亚历克斯・杰尼索夫，他认为最大的挑战是：

作为用户，目前最大的问题是测试 Oracle 问题。对于中小型项目来说，这并不是什么大问题。然而，对于一个大项目，通过变异可以产生成千上万的变异体，其中有数百个变异体“存活”。目前还不清楚开发人员应该如何处理它们——手动查看这数百个变异体根本是不切实际的。

——亚历克斯・杰尼索夫

减少等效变异体的问题也很重要，也就是说，与原有程序输出和执行的结果相比，该变异体输出和执行的结果不会产生可观测到的变化，这可能是由于使用了无效代码引起的。变异只会改变软件的速度；或者该变异仅更改内部使用的数据，而这并不会影响最终的状态或输出结果。

我问 Markus 他是如何优化变异测试来减少等效变异体的，他不同意这个度量标准：

这个问题不能一概而论，实际情况比较困难。这个问题暗示了等价变异体是一个现实世界的问题，但事实并非如此。这个问题还意味着，该工具产生了“低信息价值”的变异，并且并非每个重新出现的变异都对阅读报告的人具有价值。在我的世界里，这两个假设都是错误的。几乎不会出现等价变异，并且不存在低价值的变异体，因此必须杀死一切变异体。

——Markus Schirp

为了理解 Markus 的意思，让我们来看一个等价变异体：

伪代码

```
def foo(i):
    return i + 1 +0
```

一个潜在的等效变异体的例子是删除“+ 0”。虽然这改变了被测试的软件，但它并不会改变输出结果，因为对一个数“+ 0”并没有实际效果。正是基于这一点，认为删除该代码是无关紧要的。

5 变异测试工具

变异测试工具数量众多，主要是因为它们与实现中使用的编程语言存在内在联系，一般地，我们不能针对 Java 语言来使用专为 C++语言设计的工具。而在变异测试中选择一款适合的工具是至关重要的，这类工具通常具备以下特征：1）支持底层技术栈，能够使你按照所需的启发式搜索方式进行灵活配置；2）与开发环境良好集成；3）支持并行和分布式执行。Wikipedia[8]列出了很多可与代码一起使用的变异引擎，使用这些工具就像将依赖项注入构建配置中一样简单。

实际上，选择和评估适合自己的工具比选择传统工具更为重要。原因之一是这些工具将内置不同的默认算子和解决方案。如前文所述，这些算子和解决方案有效地决定了技术方法并直接影响输出结果。这些工具还可能确定运行时执行的扩展方式，而选择支持功能有限的工具可能会导致执行时间不切实际。

另外，还有用于修改变异体数据结构而非代码的工具和库，例如，针对标准数据结构（例如 XML）应用启发式搜索算子。

但是，核心变异引擎并不是唯一需要考虑的：

> 作为一个实现者，我看到的最大问题是平滑集成。如何将变异测试纳入现有的基础架构中，包括各种构建系统、测试框架、CI 管道、IDE 等。
>
> ——Alex Denisov

关于整体工作流程，可能还需要查看其他类型的工具。例如，Java 变异引擎 Pitest 有一个 Cucumber 插件[9]，它允许你集成 Cucumber 和行为驱动开发。类似地，流行的代码质量监控套件 SonarQube[10]也具有能够显示变异测试运行详细结果的插件。另外，还有一些变异测试引擎提供 IDE 插件，这些插件可以加速反馈循环，并允许你在代码上下文中查看结果。

6 变异测试的其他应用

扩展变异测试的另一种视角是在测试级别。在单元测试级别上应用变异测试要容易得多，因为可以直观地跟踪单个变异对软件操作的影响，所需资源更少，并且每次测试的启动和执行时间要短得多，从而更快地得出结果。

变异测试仍然可以应用在更高的测试级别上，如功能系统测试。可以将变异的软件版本部署到 Web 服务器，并且可以使用 Selenium 之类的典型工具来运行测试迭代。但是执行时间以及安装设置的工作量将会非常高。调查和解决问题还需要更多的工作才能将修改后的代码行链接回功能测试验证。

在软件质量相关的其他领域，变异测试的概念也得到了应用。例如，至少在研究[11]中，有人提出可以在正式规范语言的基础上使用变异来检测设计阶段的缺陷。

变异测试还可以用于在运行环境中注入故障。Netflix[12]最初开发的工具 Chaos Monkey 用于测试环境的弹性，它随机注入基础结构故障，以查看被测应用程序（或实时应用程序）如何处理故障。这可以看作是改变了软件运行的环境：

失败会发生，并且不可避免地会在最意想不到的时候发生。如果应用程序无法容忍系统故障，那么你是愿意在凌晨3点还是在你已经在办公室喝完咖啡后再打电话问清楚呢？

——Chaos Monkey on github

模糊测试将应用程序的输入域进行变异，也可以看作是一种变异测试。它不是改变程序代码，而是改变被测系统的输入。然而，这与上面描述的变异测试有着完全不同的目标。它的主要目的是检测系统在意外输出下的行为，这可以作为安全性测试活动的一部分执行，也可以作为异常功能测试执行。

最后，变异测试可以用来理解未知代码库的属性：

无须运行终止阶段即可生成变异，从而可以很好且无偏见地检测复杂的代码结构。

——Markus Schirp

此方法可用于对回归测试进行优先级排序或大型代码库重构。

虽然变异测试已经存在了一段时间，但是它在工程界中建立了坚实的支持，并且清楚地提供了其他地方无法获得的有用信息。

7 结论

希望本文为您提供一种完全不同的方法来查看测试覆盖率。虽然变异测试是当前在单元测试级别上最常使用的一种方法，但是这些概念也可以被应用在全套软件质量保证实践中，并从中获得收益。

它不仅是评估自动化测试的有效方法，而且还是了解代码复杂性以及定量了解代码质量和测试范围的一种方法。

这些概念还可以应用于代码、输入数据、环境以及其他技术工件。

如前所述，最大的挑战是对大量变异体执行大量测试所需的计算资源，以及分析等效变异体和解决 Oracle 问题所需的人力资源。在对覆盖范围的信心和资源需求之间找到适当的平衡至关重要。针对本文研究之外的变异测试的财务和质量收益以及成本方面，目前正进行有限的研究，这显然是一个需要更多分析的领域。

也许本文不能帮助您重构所有的代码或改进所有的测试，但它肯定可以为您指出正确的方向。没有一个软件质量保证专家不需要了解更多的信息，没有一个测试套件能够在没有执行结果的情况下被完全理解。变异测试不是什么灵丹妙药，但也不能被真正的质量专业人士所忽视。

致谢：我要感谢以下人员的帮助：Markus Schirp 的建议和引用，他是变异测试工具 Mutant 的作者；来自 lowlevelbits.org 的 Alex Denisov，他是变异测试的用户，也是工具

Mull 的作者。还有，我的妻子 Julia，让我能够在周末的时候可以安心写作。

参考文献

[1] Mutant: Mutation testing for Ruby https://github.com/mbj/mutant.

[2] Lipton, R.: Fault Diagnosis of Computer Programs, student report, Carnegie Mellon University(1971).

[3] Saxena, R., Singhal, A.: A critical review of mutation testing technique and hurdles, in 2017 International Conference on Computing, Communication and Automation (ICCCA), Greater Noida, pp. 887 - 892 (2017).

[4] DeMillo, R. A., Guindi, D. S., McCracken, W. M., Offutt, A. J., King, K. N.: An extended overview of the mothra software testing environment. In: IEEE Proceedings of Second Workshop on Software Testing, Verification, and Analysis, July 1988, pp. 142 - 151.

[5] Kim, S., Clark, J. A., McDermid, J. A.: Class mutation: mutation testing for object - oriented programs, p. 15.

[6] Jia, Y., Harman, M.: An analysis and survey of the development of mutation testing. IEEE Trans. Softw. Eng. 37(5), 649 - 678 (2011).

[7] Mull: Mull is a LLVM - based tool for Mutation Testing with a strong focus on C and C++ languages. https://github.com/mull - project/mull.

[8] Mutation Testing: Wikipedia. 03 - Mar - 2019. https://en.wikipedia.org/wiki/Mutation_testing.

[9] Pitest Cucumber Plugin: https://github.com/alexvictoor/pitest - cucumber - plugin.

[10] SonarQube: https://www.sonarqube.org.

[11] Sugeta, T., Maldonado, J. C., Wong, W. E.: Mutation testing applied to validate SDL specifications. In: Proceedings of the 16th IFIP International Conference on Testing of Communication Systems, Mar. 2004, p. 2741.

[12] Chaos Monkey github site: https://github.com/Netflix/SimianArmy/wiki/Chaos - Monkey.

用设计思维实现包容性质量

Mark F. Tannian

摘 要 软件开发成果的质量可能使最终用户不仅接受产品或服务，而且乐意采纳产品或服务。产品或服务的质量使最终用户对直接或间接使用该软件（即嵌入式组件）感到兴奋，受到启发和激励，拥有对软件的用户忠诚度或者可能感到放心。实现包容性质量需要了解用户的需求和期望以及他们的环境背景，并在开发实践中适应这些理解。设计思维是一种基于用户知情的开发过程交付产品和服务的方法。

关键词 以人为中心的设计；以用户为中心的设计；设计；设计思维；包容性质量；质量；原型；迭代设计；融合质量；协同

1 引言

软件开发成果的质量可能使最终用户不仅接受产品或服务，而且乐意采纳该产品或服务。产品或服务的质量使最终用户对直接或间接使用该软件（即嵌入式组件）感到兴奋、受到启发和激励，拥有对软件的用户忠诚度或者可能感到放心。而且，软件开发的成果可能使最终用户得以做新的事情，从拥有和使用软件中获得乐趣，或者能够更轻松地执行个人重要任务。用户的满意程度取决于你的团队开发的软件所吸引的程度。考虑一下你拥有的那些东西以及那些有趣、能带来快乐的活动，或者能改善你的个人和工作生活的活动。你会说这是值得去实现的质量吗？这种质量在此被称为“包容性质量”。

实现包容性质量需要了解用户的需求和期望以及他们的环境背景，并在开发实践中适应这些理解。水野滋（Shigeru Mizuno）和赤尾洋二（Yoji Akao）提出的质量功能部署（QFD）使设计师对客户的需求敏感，这种做法有助于引入“客户的声音”一词。QFD 方法使客户满意度提早加入制造或开发过程中去[1]。理解用户的另一种方法是受到社区设计的启发而产生的。这种方法被称为“设计思维”。

第 2 节将就包容性质量展开简要的讨论。第 3 节将介绍设计思维。第 4 节将描述设计思维在带来包容性质量方面的作用。第 5 节提出了与设计思维有关的潜在挑战。最后一节将以一些总结性陈述结束本文。

2 包容性质量

包容性质量是一种融合质量，它来自其他新兴的质量，例如可靠性、安全性、隐私性、可用性和性能。就我们的目的而言，融合质量是指用户与产品或服务整合所产生的质量。用户完成了这项技术，最终的组合达到了预期的价值。技术与用户之间的协同效应使得用户从使用该技术中获得极高的满意度，获得享受，甚至可以体验整个流程[2]。这种协同效应可以使用户发挥作用，就好像技术是用户自身的扩展。

包容性质量并不是一成不变的，所达到的质量水平在市场上可能并不普遍。文化极大地影响着品味、美学、个人价值以及我们交流的语言和非语言方式。在市场中达到包容性质量的产品或服务可能会随着时间的流逝而失去该质量。当然，如果将来产品达到更高的包容性质量，可能会发生相反的情况。产品和服务质量（例如可靠性、适用性、安全性、可用性和性能）因开发实践和外部因素（例如市场变化、文化敏感性和安全威胁形势）而改变。这些都是为什么需要创新和质量保证才能达到包容性质量的重要原因。本文将不探讨如何衡量或定义包容的等级。可以说，包容并不是严格意义上的二进制值（即被拒绝或接受）。文美（Word Perfect）、刺猬索尼克（Sonic the Hedgehog）、苹果 iPhone 手机和优步（Uber）等的产品和服务在其历史上的某一时刻都获得了成功。

包容性质量是一种效果，它取决于产品或服务是否展现出用户认为重要的足够水平的产品或服务质量。ISO 25010：2011 要求将以下内容作为系统或软件产品的质量维度：功能适用性、性能效率、兼容性、可用性、可靠性、安全性、可维护性和可移植性。图 1 描绘了由于开发活动而导致的质量的替代发展过程。诚然，图 1 在呈现所有软件或系统质量方面不是穷举性的，出于视觉清晰度和空间的考虑，选择了一个简短的集合。图 1 表明开发活动主要集中在可靠性、适用性和目的性上。在某些项目上，要写出要求并分配开发工作来解决安全性、隐私性、可用性和性能方面的问题；然而，对这些质量的凝聚性和综合性正在显现。没有足够的可靠性、适用性和合用性，产品或服务就不可能成功。这些是任何开发团队都必须解决的、紧迫的和必要的素质。实现这些质量的要求和努力反过来会影响整体安全性、隐私性、可用性和性能的实现。质量（例如安全性、可用性和性能）之间复杂的相互作用，使实现这些质量维度变得更加复杂。

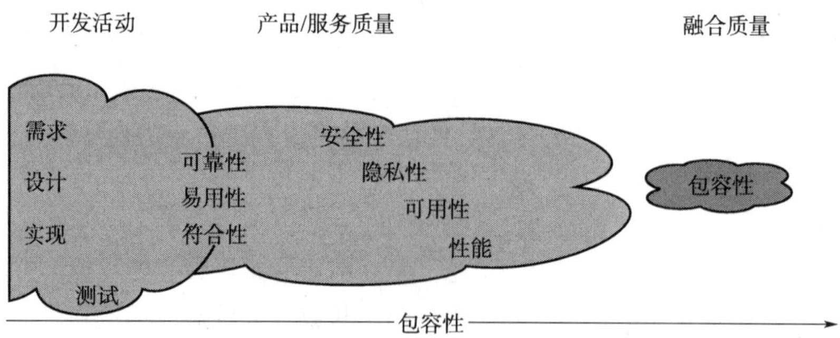

图 1 包容性质量与开发活动之间的关系

社交压力，例如同伴压力、寻求地位、意见影响者和用户评分，会影响对产品或服务的最初和持续的兴趣。产品经理和开发团队必须寻求达到适当水平的产品或服务质量（例如安全性、隐私权、可用性等）并在这些质量之间取得平衡；但是，包容性质量并不能完全由他们控制。

根据定义，“精益”软件和业务开发概念［最小的可销售功能（MMF）和最小的可行产品（MVP）］可将时间、资源和投资最小化。争取这些最佳结果的团队本质上是在寻找最低限度可销售、最低限度可行以及存在哪些不足的临界点。对那些负责定义预期目标受众的最低限度销售和最低限度可行的人而言，充裕和不足之间的狭窄界限增加了他们判断诸如适用性之类的质量的敏感性。基于实际期望的这些判断，“客户的声音”是至关重要。

尽管团队的工作可能是在技术栈中进行的，但是每个工作产品都会影响安全性、隐私性、可用性和性能等质量，从而反过来会影响用户的体验。对于团队成员而言，重要的是要认识到每个团队的贡献如何适合总体设计以及产品或服务在最终用户的生活中扮演什么角色。需要这种理解来影响在实施和测试时做出的众多精准决定。在开发团队中提高用户和整体解决方案意识将有助于成员认识到其工作的影响（见图 2）。

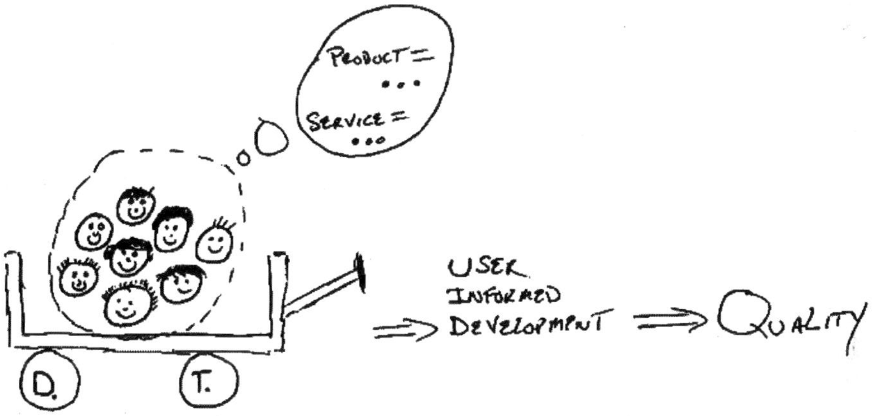

图 2　设计思维作为达到用户知晓的开发和质量的工具（用可视思维方式表示）

设计思维是一种有前途的方法，可用于根据用户知情的开发过程提供产品和服务。

3　设计思维介绍

有很多书籍可以探讨设计思维，例如文献［4，5］。在阅读了奈杰尔·克罗斯（Nigel Cross）的《设计思维》[6]，珍妮·利特卡（Jeanne Liedtka）和蒂姆·奥吉尔维（Tim Ogilvie）的《为增长而设计：面向管理者的设计思维工具包》[4]之后，您可能会想知道设计思维的真正含义是什么。有两种思想流派采用了“设计思维”一词。克罗斯是一门研究课程的成员，该课程探索设计以及设计师（例如建筑师，工业设计师）的工作方式。第二种流派试图在设计师的思维与成功的商业创新之间架起一座桥梁。需要明确的是，本文其余部分中的设计思维就是使企业成为成功的创新者的思想。设计思维的入门指南是《A4Q 设计思维基础级别》的课程提纲[7]。

3.1 基本概念

设计思维没有单一的方法。但是，行之有效的方法之间也存在一些共同点。设计思维的核心是一种以用户为中心的设计方法。一个关键目标是了解用户及其与设计相关的目标、需求和障碍。设计是迭代的，并且通过重复学习—制造—评估的模式以及发散性思维—趋同性思维的模式，最终融合到最后的设计中。设计团队实施多种替代设计，并允许用户体验这些替代方案。随着设计的进行，团队会采纳用户的见解。设计思维在很大程度上取决于团队的工作、探索、面对失败和共同学习的能力。一个基本的假设是初始设计在某种程度上是错误的。每个设计替代方案都是一个很好的猜测，但这只是团队不应过分投入的猜测。设计思维固有的原则是"更快地失败，更快地成功"［归功于大卫·凯利（David Kelley）］[8]。团队应该认识到分析的局限性，并依靠实验来获得理解。这些实验利用了原型，随着团队朝着交付产品或服务设计的目标迈进，这些原型从纸质图纸、乐高积木、管道清洁器到功能性产品都在不断逼真。

3.2 设计思维资源

几乎所有企业都必须进行创新，但不能保证所有人都能进行创新。从根本上讲，创新第一次为问题找到了可行的解决方案。设计团队可能不是第一个尝试的人。但是如果他们成功了，他们将是第一个发现以前未知答案的人。使用设计思维进行创新是源于资源的巧妙融合。人员、地点、零件和伙伴关系对于设计思维的蓬勃发展必不可少。

实际上，设计创新类产品和服务需要一组设计师。在这种情况下，术语"设计师"是角色，而不是称呼，是设计领域的培训所致。每个成员都应该是相关技术或研究领域或业务领域的专家。成员之间的多样性使团队能够提出各种建议并确定候选解决方案的潜力。每个成员都需要拥有或愿意开发出善于观察、善解人意、专心和谦虚的特质。这些品质对于每个团队成员在整个设计过程中学习以及团队形成共识都至关重要。

由于语言和语音是有限的交流形式，因此，在进行线性词汇约束的交流难以表达的概念和关系的交流时，视觉思维是必不可少的技能。图片交流遇到的障碍比起个人历史、文化和语言的差异要少。

错误和误解总是存在的。快速失败、学习和适应很重要。团队应该鼓励合理的冒险精神，每个成员的贡献都有可能将努力推向成功的方向。反之亦然，因为一些建议可能会证明某些努力正在误入歧途。因此，团队需要提供一个安全的支持环境，并能够在共同的目标、一定灵活性和紧迫性下一起工作。

进行设计思维的场所是该过程不可或缺的部分。就家具和工作台而言，此空间在理想状态下应光线充足且可以灵活调节。工作区应有利于协作并带来沉浸感。在现场团队成员积极参与项目工作时，他们应该在此空间工作，以便参与非正式的和可能的自发交流。具有稳定的位置可以使团队将各种项目工件（例如原型、图表、工程图）彼此靠近放置。在这个空间中进行工作使团队成员可以回忆并细想以前在设计开发中取得的更好成果。原型组装和评估通常在这个房间里进行。专用设备可能需要在其他地方用于建造原型子组件。在这里，通力合作的用户可能会与设计团队成员见面。根据所使用的设计思维技巧的不同，有时有一个空间可以用来聚集创意，以供同事和用户合作进行探索和考虑是大有裨益的。在团队指定空间内建立固定画廊可能会改善活动的流程。

设计思维中有强烈的动力去“完成”或“创造”。这种思维方式强化了“更快地失败，更快地成功”。当人们探索未知事物时，多个快速实验可能会迅速产生有用的信号，这些信号将指导设计成功。为了创造，团队需要零件、材料、工具和人才。组建团队时会部分解决人才方面的问题；但是某些专业人才可能不是内部的，或者无法适应项目的长周期性。考虑到对速度、多样性和样品数量的需求，样品的保真度会随着设计的进行而改变。保真度是一个与样品对最终成品或服务的相似度有关的术语。低保真样品专注于大型概念性问题，通常由粗略的构想或简单的三维模型组成。在低保真度下，有很多工程还未完成。随着团队对设计替代方案做出更深层次的承诺，保真度增加，这反映在工程投资水平和原型的操作精度上。

随着保真度的提高，团队必须考虑精度和概念上灵活性之间的权衡。设计思维的目标是以用户为中心的细微差别的理解和设计，而结果往往不是面向市场的产品或服务。随着与用户磋商的进行，团队可能会意识到存在明显的缺陷。对精度的投资，如果不直接影响用户体验或其任务目标，就不太可能具有设计思维的良好特征。在许多情况下，设计思维会产生成熟的具体化或已实现的用户需求，但不一定是最终产品或服务。制造工程和生产级软件开发流程需要相继进行。

零件和材料通常是通用的，或者是可重用的能在商店购买的物品。大幅面纸、白板、彩色笔和记号笔、油漆、贴纸、便签、管道清洁剂和乐高积木经常在低保真度设计时使用。由于编程和计算平台的灵活性，软件开发可能比其他技术学科更早开始。在提交设计并结束具有设计思维的项目之前，团队可能会寻求在接近实际条件下对最终设计进行测试。为此，可能需要定制零件或子组件，例如外壳和电路板。

有两种基本的合作关系类型。第一种与赞助机构有关。设计思维团队需要赞助机构在预算、方法、进度和结果期望方面的支持。设计思维团队针对该项目量身定制。合适的人员最初可能不在同一业务部门或职能部门工作。更大的机构需要愿意将有才华的人引入到团队中。未能开发出可行的设计是发起人必须接受的可能性。一个运行良好的设计思维项目将在市场理解、有前途的解决方案方法和对技术挑战的预警方面产生智力资本。如果发起人继续致力于解决同一问题或对该问题进行重新定义，那么所获得的知识就有可能让下一次努力摆脱陷阱，而转向前景广阔的概念，否则这些概念将是未知的。

第二种合作关系是设计思维团队与合作用户之间的伙伴关系。用户至关重要，它们是团队收集和分析信号的来源。这些信号将指示什么不起作用，将设计推向正确的方向，并揭示问题（如果没有这些信号，问题将无法被发现）。用户在传达自己的感想和见解时必须坦诚、诚实并且充满善意。根据所设计内容的性质，赞助机构和设计团队给予用户极大的信任。这种信任关系到用户反馈的相关性和可靠性以及他们的判断力。很可能每个用户将签署保密协议；但是执行协议可能很困难。在某些情况下，由于违反保密规定而蒙受的损失可能超出了陪审团裁决或诉讼和解所能提供的任何实际赔偿。

3.3 设计思维方法

记录在案的设计思维方法有许多种。设计委员会认为，没有一种理想的设计思维方法[9]。造成这种情况的主要原因是，业务环境正在不断发生变化，从而阻止了理想方法的出现，并且企业需要根据自己的业务调整设计思维，从而使他们的实际设计思维方法变得独一无二。有几种众所周知的通用设计思维方法——设计委员会采用的双钻石方法[10]，斯坦福大学设计学院介绍了他们的 5 阶段方法[11]，利特卡（Liedtka）和奥吉尔维（Ogilvie）介绍了“增长设计”方法[4]。尽管每个机构可能会以不同的方式对待设计思维，探索既定的一般方法依然是有益的。

设计委员会开发的双菱形（双钻石）方法有 4 个阶段。标题中的菱形是指代表 4 个阶段的视觉隐喻。图 3 提供了在菱形隐喻上扩展的视觉效果。如图 4 所示，发现、定义、开发和交付 4 个阶段的每个阶段在概念上与两个菱形（双菱形）的左右 4 个半部分中的每个对齐。“发现”阶段的方法广泛，代表寻找并收集要通过创新解决问题的已知知识。在一系列输入完成后，进入“定义”阶段，将内容进行提炼，然后合成为“设计摘要”。在“设计摘要”的引导下，“开发”阶段使用了扩展性和发散性的思维方式来创建、评估和完善多个设计选项。在最后的交付阶段，设计方案被选择并可供使用。设计委员会提供了一系列过程方法以促进每个阶段的完成。

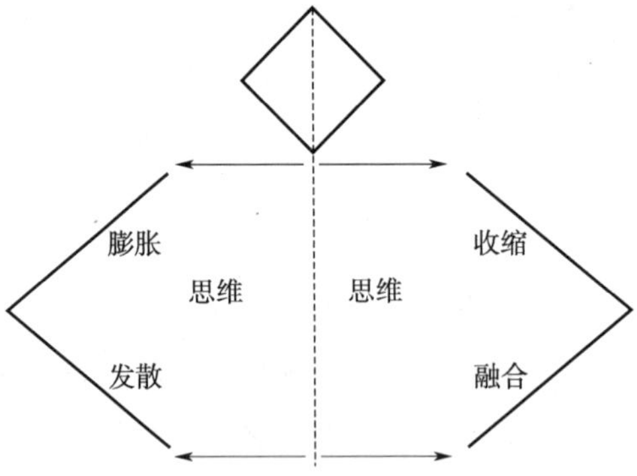

图 3　钻石隐喻的解释

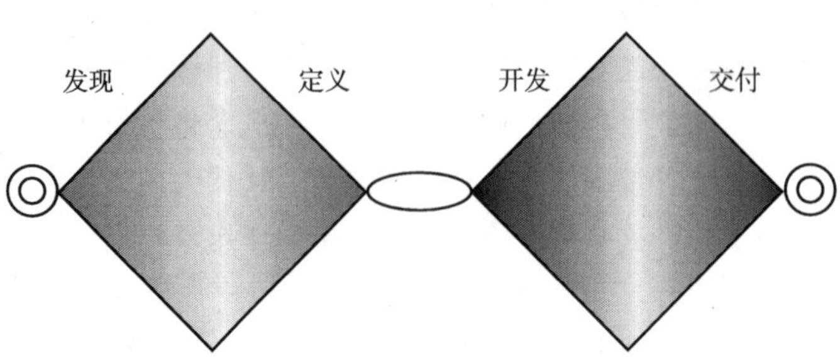

图 4　双钻石方法

斯坦福大学设计学院的 5 步方法并不是一成不变的。斯坦福方法的实践者有时会引入第 6 个阶段。适应性是采用斯坦福方法的人的固有精神。该方法的一种流行的布局，包括移情、定义、构思、原型和测试阶段[11]。可选的是另一个被称为“通知”的阶段。此阶段旨在识别或注意要进行同理、定义等之前要探讨的初始问题。各阶段的总体流程如前所述。但是，在项目中的给定时间，可能需要重新审视或逐步完成各个阶段。除了描述执行设计思维的机制外，斯坦福大学设计学院还促进了团队成员采取适当思维方式的需求。思维方式使整个过程充满活力，并且值得被广泛采用。思维方式的某些属性是“以人为本”、“偏向行动”、“激进的协作”、“行胜于言”和“注意过程”。

我们将探索的最后一种方法是珍妮 · 利特卡（Jeanne Liedtka）和蒂姆 · 奥吉尔维（Tim Ogilvie）[4]开发的“为增长而设计”。此方法旨在提出和回答 4 个问题。这些问题的顺序依次为“这是什么?”“将会怎样?”“什么使我惊叹?”和“什么是有效的?”。他们的方法和开发此流程的动机与产生新业务价值的商业需求紧密相连。像其他两个常规过程一样，起点是列出的第一阶段，成功的停止点出现在“什么是有效的?”真正完成时。这些阶段之内和之间的迭代可能是必要的。为了使这些阶段可行，本文阐述了一组 10 个方法[4]。反过来说，这些已经通过工作簿中记录的技术得到了扩展[12]。与双菱形流程不同，此流程的结果不是面向市场的产品或服务。利特卡和奥吉尔维一直致力于终身学习。“什么是有效的?”它以有限且受控的市场测试结束，该测试模拟可能发现重大挑战的实际条件。一个功能强大的预生产模型被开发出来，使团队能够发现在市场化或产品化之前需要纠正的缺陷。

4 设计思维在质量中的角色

通过使用设计思维来专注于用户及其体验，团队可以在不断实现包容性质量的过程中评估设计的潜力。通过与用户进行学习评估循环来迭代多种设计方法，为设计团队提供了很多机会来识别设计中令人讨厌的方面，了解用户的兴趣，校准期望结果，确定哪些是有前途的设计元素，并对这些元素进行排序。通过保持敏捷性和开放性，设计思维团队可以避免过早地做出与用户实际使用、期望和用户类型不符的假设、理解和偏爱。

设计思维指导开发工作，以产生切实可行的设计替代方案，供用户评估。设计思想的具体表现可以使用户对思想进行体验。提供一个常见的可见参考点，以提供和解释反馈；并作为建议修订或替代方案的基准。图 5 描绘了积极的设计思维工作，将其作为开发活动的主要动力。为了保持速度和响应性，各种质量目标必须保持未解决或受到限制状态。直到进行上市前测试这一时间点，许多基础架构组件都不太可能会遇到负载和多样化的使用模式，这偏离了由受指导的用户来评估会话目标的初衷。有限的使用范围可以避免或推迟各种质量目标。只有在有限的售前评估中，用户才有机会高度独立地、自我指导地使用产品或服务。

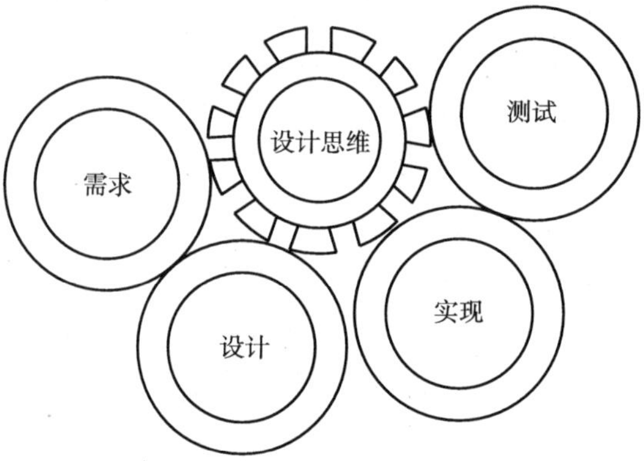

图 5　设计思维对于设计候选开发过程的中心地位

假设一切顺利，设计思维的结果就是一个很有希望的原型或概念证明。结果可能会限制生产级别的质量，例如弹性、可靠性和性能。这些幕后功能品质的生产缺陷将破坏设计潜力所带来的商誉。想象一下，如果您的乘车应用程序在 20%或更多的时间内未能成功完成协调乘车。乘车应用程序的新颖性将在最终用户评估期间弥补售前质量。但是，如果该应用的市场营销超出了受控评估的范围，则可靠性不佳将不会得到很好的认可。在包容性质量下降到被拒收水平之前，用户还会对性能或可靠性感到失望多少次呢？考虑各项建议后，再小心翼翼地部署各种供一般使用的、具有设计思维的原型。

在获得了关于功能和功能集的最低需求的实验证据后，MMF 和 MVP 的面向用户体验的规范很可能与市场保持一致。在理想情况下，采用 MVP 策略的结果可以更快地获得收入，最小化成本并最大化投资回报。但是，为满足诸如可靠性、使用适应性、安全性、私密性和性能等质量所必需的最低限度要求和充分要求，可能存在巨大的张力。对于用户未直接体验或认识的质量的重要性和特征，设计思维不可能产生比有限的意见更多的反馈。能持续配置的产品和服务可以相对较早地进行配置并定期修订。对于每月可以修补或更新一次的产品，持续配置的可行性较低。

一旦完成了设计思维阶段，用户与设计之间的互动动态便会结束。设计结果提供了一套已确立的面向用户的需求，需要对其进行实施和测试以达到可接受的生产质量。考虑到原型代码的写入速度，其基础可能只能被部分利用。选择的语言和库可能已使原型制作速度和灵活性成为可能。现在知道需要实现什么，可能需要重新考虑语言和库的选择，以便提供更易管理、可靠、安全和高效计算的基础。通过让高级开发人员参与设计思维项目，可以在原型实现期间使用标准开发项目中使用的各种开发约定和工具链，从而使重用更加可行。图 6 将设计思维作为影响生产需求的出发点，但它不再是生产开发活动中的动态组成部分。其中心动力是生产需求活动，它将开发必要的新需求，以使结果具有足够的可靠性、使用适应性、安全性、私密性、可用性、可维护性以及在市场或生产中取得成功的性能。

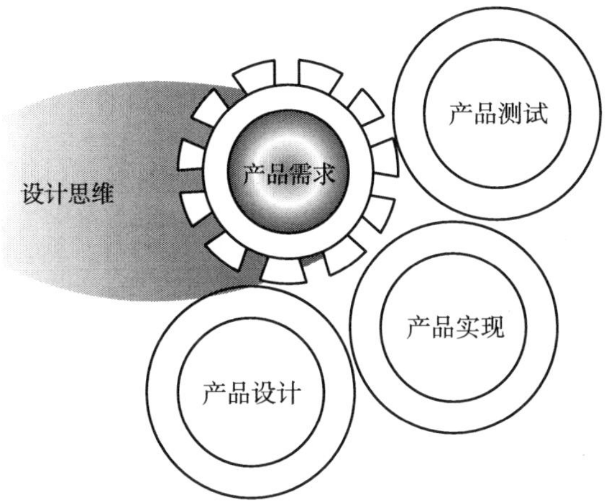

图 6　设计思维通知产品需求来管理产品设计、实现和测试

5　设计思维的挑战

设计思维并不能降低创新的所有风险。有时它似乎使创新更具风险。涉及人员的创新最好由受影响用户输入来完成。避开用户社区会导致设计基于假设之上，而这种假设在发布之前缺乏验证。这些假设从问题定义开始，以最终的设计结果产生而结束。设计思维提供了一种收集、阐释和响应用户见解的方法。本节探讨了设计思维为设计团队带来的或未完全解决的一些挑战。

设计思维不是取得创新性成功的烹饪食谱（即收集列表上已测量好的原料，按规定准备原料、组合、烹饪和享用）。问题域的大小、团队组成、设计思维专业水平、合作用户、可用的材料和配件、供应商关系、市场时机、市场状况、预算、团队外部的商业环境以及个人和团队的状态可能会严重影响设计项目或从其结果中实现货币价值或品牌提升的能力。

我们需要目标市场中用户的多样性，以便识别问题领域内的偏好广度、任务多样性和用户挑战以及设计替代方案所带来的挑战。一些信息最丰富的用户是那些“不满用户综合征”的“受害者”。这种非医学状况表现为对手头产品和服务的永久性不满，以及对尚未被考虑或已被放弃的功能、特征和质量的想象。“患病”的人了解任务目标，并且这些任务在很大程度上与技术无关，但是技术会极大地影响执行任务的方式。为你的合作用户群查找不满足现状的用户可能并不容易；但是，这些用户非常有帮助。普通用户也同样需要。他们能够与团队分享替代方案中存在的合理和有用的观点。但是，不满足现状的用户也将指导设计团队更深入地解决问题或提出以前未考虑过的建议。挑战来自于找到各种各样的不满足现状的用户。

基于用户输入的设计决策可能令人困惑。与速度、距离、高度或电压之类的电子和机械量度不同，确定和阐释相关的见解并将它们相互关联起来相对较为复杂。基于用户的信号包含不确定性、独特的个人偏好、分散的思维、有限的想象力，不一致的关系、语言缺陷、用户间和用户内部的不一致性等噪声。需要一些能熟练解释用户会话结果的团队成员来甄别共性、有用的建议和指导方向。

6　结论

包容性质量是一种融合质量，它是用户与产品或服务融合的结果。当用户对使用产品和服务完成预期任务进行智力和情感上的反应，这种质量也由此产生。此外，包容性质量是多个用户对多种用途的响应的集合。这种质量间接影响收入、品牌、效率和生产率。

包容性质量很难直接设计。造成这种挑战的原因为它是服务或产品质量（例如性能、安全性）的新兴集合，并且高度依赖用户。设计团队对用户的最大影响来自于用户体验设计和指导性资源。

设计团队通常必须预见用户真正想要的内容以及需求和期望。了解这些内容需要设计师在设计过程中提高用户的参与度。利用设计思维，设计团队能够结合用户的偏好、意见和建议来让用户的见解影响设计，从而使付出效用最大化。

为了达到包容性质量，请寻找用户并允许他们进行以下操作：告知问题定义，与设计师建立联系并辅助你为他们提供帮助。换句话说，利用设计思维或其他以用户为中心的方法使设计以用户为中心，以提高市场成功的可能性。

参考文献

[1] Mazzur，G.：History of QFD - Introduction. http://qfdeurope.com/en/history-of-qfd/ (2015). Accessed 14 June 2019.

[2] Csikszentmihalyi，M.：Flow：The Psychology of Optimal Experience. HarperCollins，New York (2008).

[3] ISO/IEC：ISO/IEC 25010:2011 - Systems and software engineering - Systems and Software Quality Requirements and Evaluation (SQuaRE) - system and software quality models. In:International Organization for Standardization (2011).

[4] Liedtka，J.，Ogilvie，T.：Designing for Growth：A Design Thinking Tool Kit for Managers. Columbia University Press，New York (2011).

[5] Lewrick，M.，Link，P.，Leifer，L.：The Design Thinking Playbook：Mindful Digital Transformation of Teams，Products，Services，Businesses and Ecosystems. Wiley，Hoboken (2018).

[6] Cross，N.：Design Thinking：Understanding How Designers Think and Work. Berg，Oxford(2011).

[7] A4Q Design Thinking Foundation Level. https://isqi.org/us/en/a4q-design-thinking-foundation-level (2018). Accessed June 14 2019.

[8] Manzo，P.：Fail faster，succeed sooner. https://ssir.org/articles/entry/fail_faster_succeed_sooner (2008). Accessed June 14 2019.

[9] Design Council. Eleven lessons：Managing design in eleven global companies - desk research report. Design Council (2007).

[10] The Design Process：What is the double diamond? . https://www.designcouncil.org.uk/newsopinion/design-

process - what - double - diamond. Accessed June 14 2019.

[11] Doorley, S., Holcomb, S., Kliebahn, P., Segovia, K., Utley, J.: Design Thinking Bootleg. Hasso Plattner Institute of Design at Stanford. Stanford (2018).

[12] Liedtka, J., Oglivie, T., Brozenske, R.: The Designing for Growth Field Book: A Step - by - Step Project Guide. Columbia University Press, New York (2014).

拉美地区发展软件质量和测试能力：挑战和前景

Ignacio Trejos－Zelaya

摘　要　本章概述了拉丁美洲在软件工程领域的现状和前景，尤其是软件质量和软件测试相关方面。

关键词　软件测试；软件质量；软件测试工程师；软件测试技能；软件工程师

1　引言

在 20 世纪末 21 世纪初期间，人类已经进入了信息时代。现代社会正日益依赖信息和技术来维持其正常运转、生存和发展。在过去的 20 多年中，发达国家发现，缺乏有能力的信息技术（IT）从业者可能会制约他们的发展[1]。

在 20 世纪的最后几年，IT 行业正经历着突飞猛进的发展[2,3]。《计算机世界》周刊报道了 IT 就业岗位的惊人增长：从 1997 年的 160 000 个增加到 2000 年的 80 万个[4]。

在诸如拉丁美洲的新兴经济体中，软件开发为建立出口和外包服务行业提供了机会。例如，在同一时期，哥斯达黎加的软件公司和初创企业成功地出口到了拉丁美洲和北美，员工人数以 40％～60％的速度增长[5,6]。

成功的软件生态系统要求出色地关注和实施软件开发、集成、重用和维护的所有方面。拉丁美洲的大多数计算机高等教育计划都侧重于计算机科学或信息系统[7]。尽管大多数课程中都包含几门编程课程，但很少有人将软件工程作为主要课程，并且很少关注软件质量和/或软件测试。

我们将就拉丁美洲在软件质量和测试能力的发展方面所面临的挑战以及其前景进行探讨。

本文的内容安排如下：首先介绍自 20 世纪 50 年代至今的拉丁美洲计算机技术发展的背景，然后是 IT 尤其是软件工程所需的劳动力需求、供应以及相关技能，尤其强调与个人和社会能力有关的方面。通过拉丁美洲软件行业的示例，讨论了专业认证计划对该地区软件质量和测试的影响。然后，介绍了拉丁美洲高等教育中软件工程的情况，并针对作者的环境（哥斯达黎加）进行了具体分析。最后阐述拉丁美洲在软件质量和软件测试所面临的挑战和充满希望的前景。

2 背景

拉丁美洲的计算机技术始于 20 世纪 50 年代后期，当时在墨西哥、巴西、哥伦比亚和智利等国家推出了第一台计算机[8]。Da Costa[9]认为，从那时起，拉丁美洲的计算机技术主要受到美国的影响，以及较小程度上受到西欧的影响。在 20 世纪 60 和 70 年代，经济、政治和社会问题各种各样，并且对与计算有关的高等教育项目和本地 IT 生态系统的发展产生了影响。各国之间 IT 的发展存在很大差异。墨西哥、巴西和阿根廷等较大的国家开始更早地使用计算机技术。最早的用户是大学、政府和（一些国有）大型公司。

第一个学位课程似乎接近工程、数学或科学。阿根廷的第一家大学是阿根廷的布宜诺斯艾利斯大学，该大学于 1962 年建立了科学计算机学位课程，作为其加尔库洛研究所(Calcut Institute）的后继。国家理工学院于 1965 年建立了计算机工程学位课程，随后是墨西哥国立自治大学（UNAM)。委内瑞拉、智利、哥伦比亚和秘鲁在 20 世纪 60 年代后期也进行效仿。大约在同一时间，在哥斯达黎加，工业 IT 参与者（IBM 和 Burroughs)为工程和科学专业的学生和专业人员提供了编程和系统管理方面的培训课程，以提高本地操作和开发计算系统的能力。在 20 世纪 70 年代，大多数拉丁美洲国家建立了与计算有关的教育计划。术语是多种多样的。经常出现的术语是“Informática” （信息学),“Computación”（计算）或“Ingenieríade Sistemas”（系统工程)。哥伦比亚国立大学在拉丁美洲建立了第一个计算机科学硕士课程。巴西率先创建了博士课程，并且与智利一起，比其他拉丁美洲国家发展更快。

拉丁美洲经历了与发达国家相同的 IT 过渡期，与初始掌握这些技术国家相比通常滞后 1 至 5 年。总体而言，拉丁美洲一直是计算机硬件创新的追随者。巴西设置了贸易壁垒以保护其工业，然后设置了资助国外学习的博士奖学金，以建立其技术研发能力。回国后，学者将帮助在大学建立国家研究实验室或中心。巴西目前采用数字技术来创造创新环境，以促进经济发展。

智利开发了数字政府，并发展了公私合作以促进教育和商业创新。较小的国家（例如哥斯达黎加和乌拉圭）从美洲开发银行获得贷款，通过提高公司的产品质量和生产效率，提升大学课程，建立机构能力，促进创新和企业合作来支持其软件行业的出口能力。哥伦比亚和墨西哥赞助了包括数字技术和服务公司在内的产业集群的技术园区和区域计划。

如今，由于 Internet（和万维网）和移动通信的激增，数字技术已在拉丁美洲普及。宽带接入以及智能手机、笔记本电脑和数字电视机在很短的时间内就打开了一个巨大的市场：“拉丁美洲和加勒比地区的 4.42 亿移动用户，占次大陆人口的 68%”[10]。在美洲，数字化转型正在兴起，需要越来越多的软件应用程序来实现和维持转型后的业务流程或新发展。

3 技能集

世界经济论坛[11]在“职业未来”报告中指出：

商业模式的颠覆性变化将在未来几年内对就业前景产生深远影响。预计当前影响全球产业的许多主要转型驱动因素将对就业产生重大影响，从创造大量就业到失业，从提高劳动生产率到扩大技能鸿沟等。在许多行业和国家中，最抢手的职业或专业在 10 年甚至 5 年前就不存在了，变革的步伐势必会加快。

数字技术的影响几乎对全球所有人类活动的变革都发挥了作用。在过去的 60 年中，这些技术本身已经取得了长足的进步，影响并总体上促进了科学、技术和商业发展。

“IT 技能”鸿沟是指缺乏合格的候选人来担任与数字技术相关的空缺职位。该问题已多次被提及[12-14]，并且它以多种方式出现[8,15]：

• 对某些 IT 职位没有充分准备的候选人。

• 技术变革和创新产生的新职业。

• 新颖的商业模式、产品和服务。

• 需要对人员进行再培训以吸收现有技术。

• 要求操作和维护基于大学不再教授的技术的信息系统。

• 由于 IT 劳动力中女性和少数民族人数不足而导致多样性受损，这对创新、生产力、创造力和繁荣产生负面影响。

• 在培训未来的技术人员，以及制定计划对已经就业的人员进行再培训方面，培训机构在这两方面的设计和更新课程缓慢。

大多数拉丁美洲国家报告说，IT 技能的需求超过了供应。但是，这些情况还有更多：

• 劳动力市场所需的技能多样性很少甚至是未知的（例如，存储、数字取证、数据科学、云计算、区块链、人工智能、物联网）。

• IT 毕业生的教育质量参差不齐：知识范围、专业技术深度、经验的重要性、技能证明、对领域的掌握以及对学科基础的理解。

3.1 软件工程

作为计算机科学的子学科，软件工程的起源可以追溯到 20 世纪 60 年代，尤其是北约在 1968 年 10 月发起的第一届软件工程会议[16]。在这里，我们引用了报告的一些相关部分：

讨论涵盖软件的所有方面，包括：

—软件与计算机硬件的关系。

—软件设计。

—开发或应用软件。

—软件分发。

—软件服务。

其他一些讨论集中于以下主题：

—在数据系统中实现足够可靠性的问题，这些问题已越来越多地融入现代社会的中心活动中。

—难以满足大型软件项目的时间表和规格。

—对软件（或数据系统）工程师的培训。

—关于软件是否应与硬件分开定价的极富争议的问题。

1975 年，IEEE 计算机学会开始以每两个月进行同行评审的科学期刊的形式出版《IEEE Transactions on Software Engineering》，并且赞助出版了第一期期刊，基于此期刊举办了国际软件工程大会。两者一直延续到今天。紧随其后的是 1984 年的《IEEE Software》杂志。英国计算机学会赞助了《Software Engineering Journal》（1986 — 1996 年，现在可通过 IEEE Xplore 访问），并且自 20 世纪 80 年代以来，又出现了许多与软件工程方面相关的会议和参考期刊。

到 2000 年，Finkelstein 和 Kramer 将软件工程定义为“与大型复杂软件密集型系统开发有关的系统工程分支。它着重于：此类系统的实际目标，提供的服务以及对这些系统的限制；系统结构和行为的精确规范，以及这些规范的实现；为确保已达到规格和实际目标而进行的必要活动；这些系统随着时间的推移以及整个系统系列的发展。它还关注以经济、及时的方式开发软件密集型系统的过程、方法和工具”[17]。认识到需要建立软件工程专业，计算机协会（ACM）和 IEEE 在 1993 年成立了软件工程委员会共同致力于：

• 定义软件工程知识体系（SWEBOK，现在是其第三版[18]）。

• 协商软件工程代码规范和专业实践[19]。

• 为本科生[20]和研究生教育[21]制定有关软件工程的课程建议。

• 描述 5 种能力等级下的一套能力[22]（SWECOM）。

SWEBOK 的目标是：

1）在全球范围内促进对软件工程的统一观点。

2）相对于其他学科（例如计算机科学、项目管理、计算机工程和数学），指定软件工程的范围并明确其位置。

3）表征软件工程学科的内容。

4）提供对软件工程知识体系的主题访问。

5）为课程开发以及个人认证和许可材料提供基础。

一些组织赞助了有关软件质量和软件测试的专业证书的开发：

• 美国社会软件质量工程（ASQ）：自 1996 年以来，认证软件质量工程师[23]。

• 国际软件测试资格委员会（ISTQB）：由 8 个国家/地区的成员（奥地利、丹麦、芬兰、德国、荷兰、瑞典、瑞士和英国）组成，成立于 2002 年，现在包括 59 个成员。基于英国计算机学会信息系统考试委员会（ISEB）和德国测试委员会的开创性工作，ISTQB 一直在开发一套与软件测试相关的全面资格评估，包括技术和管理方面的各个级别[24]：

—基础级别。

—基础级别的扩展（敏捷、基于模型的测试、汽车软件、移动应用程序、验收、性能、可用性）。

—高级（测试经理、测试分析师、技术测试分析师、敏捷技术测试人员、安全测试人员、测试自动化工程师）。

—专家级别（改善测试过程，测试管理）。

• 电气和电子工程师研究所（IEEE）、计算机协会（IEEE / CS）：助理软件开发人员、专业软件开发人员和专业软件工程主管。IEEE / CS 提供基于 SWEBOK 的复习课程，以帮助候选人准备认证评估。两门此类课程涵盖软件质量和软件测试。

• 国际软件质量研究所（iSQI）：开发自己的专业认证和考试，以支持其他组织的认证计划。涵盖的领域包括软件测试、管理、软件体系结构、需求工程、软件开发、可用性和敏捷方法。

软件开发标准在 20 世纪 60 年代开始出现。自 20 世纪 80 年代以来，IEEE 一直在开发最全面的民用软件工程标准系列。同样相关的是 ISO 和 IEC 推广的标准。其中一些标准与软件质量和软件测试特别相关：

• 软件质量保证流程（IEEE Std 7304）。
• 系统、软件和硬件验证与确认（IEEE Std 1012）。
• 软件评审和审查（IEEE Std 1028）。
• 软件测试（ISO / IEC / IEEE 29119）。
• 系统和软件工程中的配置管理（IEEE Std 828）。
• 软件异常分类（IEEE Std 1044）。
• 系统和软件质量模型（ISO / IEC 25010，之后是 ISO / IEC 9126）。
• 软件需求规范（IEEE Std 830）。
• 软件生命周期过程（ISO / IEC / IEEE Std 12207）。
• 系统生命周期过程（ISO / IEC / IEEE Std 15288）。

3.2 人的能力

在 20 世纪末 21 世纪初期间，行业和专业协会以及学术论坛认识到有必要为未来的专业人员提供更好的工作环境。一些工程教育者呼吁采用一种更加全面和综合的方法，而不是盛行的分析和简化主义模式[25]。美国国家工程院指出，到 2020 年，工程师需要具备以下这些属性[26]：较强的分析能力；实践能力；创造力；沟通能力；业务及管理；领导力；高道德标准；职业精神；动态性、敏捷性、弹性和灵活性；终身学习。

这些属性与雇主在参考文献［7］和参考文献［27］中所进行的调查中表达的调查结果一致，其中 50%或更多的受访者提到的人为、非技术的属性包括：领导力；团队合作能力；沟通技巧（书面和口头）；解决问题的能力；职业道德；倡议；分析/批判/定量技能；

灵活性/适应性；人际交往能力；组织能力；战略规划技巧。

工程教育和认证计划中有一种趋势，即除了更多的“工程技能”外，还包括“软技能”，这是工程学位毕业生的一部分。最重要的例子是国际工程联盟（IEA）的研究生属性描述文件[28]，“研究生属性形成了一组可单独评估的结果，这些结果表明该研究生具有在适当水平上获得实践能力的潜力”；这些内容包括工程知识、问题分析、解决方案的设计/开发、调查、现代工具的使用、工程师和社会、环境与可持续性、道德、个人和团队合作、沟通、项目管理和财务、终身学习。

当个人发展了其沟通和团队合作能力后，软件质量保证或软件测试方面的专业工作将得到改善。例如，我们引用文献［29］来强调该问题：

• 错误可能由于多种原因而发生，例如，项目参与者之间的沟通不畅，包括关于需求和设计的沟通不畅。

• 测试人员的心态应包括好奇心、专业的悲观情绪、敏锐的眼光，对细节的关注以及建立良好和积极的沟通关系的动力。

• 在某些情况下，组织和文化问题可能会阻碍团队成员之间的交流，从而可能阻碍迭代开发过程。

• 静态测试的其他好处可能包括：在参与审查的过程中改善团队成员之间的沟通。

• 测试独立性的潜在缺点包括：

—与开发团队隔离，导致缺乏协作，增加与开发团队的对抗关系，向开发团队提供反馈的延迟。

—失去对质量的责任感。

—独立测试人员可能会被视为瓶颈，或被指责发布延迟。

关于个人能力，两个项目管理专业协会，即国际项目管理协会（IPMA）和项目管理协会（PMI），已经开发了包括“行为”、“人”或“个人”能力的能力模型：IPMA 个人能力基准和 PMI 项目经理能力发展框架。确定的关键特征：领导力（领导）、关系与敬业度、团队合作、管理、动机、果断力、自我反思与自我管理、个人沟通能力（沟通）、放松、开放、创造力、认知能力、机智、结果导向、效率、效力、咨询、谈判、冲突与危机、价值观欣赏、个人正直与可靠性、道德、职业精神。

4 工业界

在将近 30 年的时间里，计算机科学课程开设了与软件开发相关的 1～4 门课程（通常为 2 门课程），有时包括一两个“顶峰”项目。世界范围内该行业面临的一个主要问题是：与计算机科学或信息系统不同的一级软件工程学位课程直到最近才出现（在 1996 年罗切斯特理工学院开设了美国第一个此类课程）。

工业界不得不应对这种情况，并投资培训他们的人员，使他们的技能超出应届毕业生应聘的编程技能。应届毕业生缺乏专业软件工程所需的学科知识和技能，但可以快速学习。

拉丁美洲尚未成为面向产品的软件行业的主要全球参与者。每个国家都发展了自己的软件产业，可以满足当地需求，并且一些公司已经成功地发展了用于出口的软件服务。为了加强出口能力，较小的国家（例如哥斯达黎加和乌拉圭）从美洲开发署获得资助以提高其软件公司的生产率和质量，升级和更新大学课程，建立科研能力，促进创新和发展。除了扩大行业与学术界之间的合作之外，还采取了企业家行动。

软件服务包括开发、维护、迁移、支持和测试。墨西哥的 Softtek（www. softtek. com）是拉丁美洲最大的 IT 公司。Softtek 提供多种技术和业务转换服务，并因发明近岸概念而著称——主要在兼容时区为北美地区提供服务。Softtek 遵循能力成熟度模型（CMMi），并已达到其第五级。它还将六西格玛（Six Sigma）作为一种以客户为中心和数据驱动的管理方法，以解决问题并改善业务流程。在广泛的服务组合中，Softtek 使用自己的软件 QA 和验证方法以及质量保证和验证成熟度模型提供质量检查和软件测试服务。在质量检查和测试中，它们的服务包括质量保证、软件测试、测试自动化、性能测试、移动软件测试、安全性和渗透性测试以及敏捷软件测试。该公司自从 2000 年以来一直由 Blanca Treviño 领导，随后经历了稳定的增长。Treviño 女士还一直是技术领域女性的榜样，采取举措吸引女性人才加入 IT。为了克服新员工在软件测试和质量保证方面的局限性，Softtek 提供了广泛的培训和职业发展计划，其中还包括通往行业认可的专业和技术认证的桥梁。

拉丁美洲公司中最著名的是 Choucair Testing（http：//www. cho ucairtesting. com）由 María Clara Choucair 于 1999 年成立，该公司专注于软件测试和质量保证服务。他们的方法被称为“以业务为中心的测试（BCT）”，致力于设计适合每个客户公司的业务模型、竞争策略和用户体验的适当服务。Choucair Testing 已成为美国最大的拉美地区软件质量保证和测试服务提供商。凭借在银行和金融业的经验，Choucair 现在通过多种技术覆盖了更多的应用程序和业务领域。它们的测试服务包括功能测试、性能测试、移动测试、Web 测试、商业智能测试、可用性测试、会计和财务测试、迁移测试、综合系统测试、综合验收测试、自动化测试、SAP 自动化测试、工资单测试、安全性测试、事务交换测试、国际化和本地化测试、测试环境准备和持续改进、技术和知识转移。

随着拉丁美洲对控制、测试和改善软件质量的需求不断增长，该地区见证了更多专门从事这些服务的公司的出现。墨西哥、哥斯达黎加和乌拉圭等国家已经成功地吸引了外国技术公司的直接投资，这些技术公司要么建立自己的软件测试部门或卓越中心，要么寻求外包资源或将任务外包给专业公司。因此，在过去的 10 年中，对熟悉软件质量和测试的专业人员的需求一直在稳定增长。

5 专业认证计划的影响

出于发展和改善公司所选领域专业技术的动力，玛丽亚·克拉拉·乔凯尔（María

Clara Choucair）曾寻找培训框架和认证计划，用以发展 Choucair Testing 的专业人才。她找到 ISTQB 的认证计划，并在西班牙软件测试资格委员会（SSTQB）和国际软件质量研究所（iSQI）的帮助下，领导拉丁美洲创立软件测试资格委员会（HASTQB），并成为（ISTQB）的区域成员。

在哥斯达黎加，诸如美国电子数据系统公司（EDS）和惠普公司等促使其工程师在进入 ISTQB 成为 HASTQB 地区委员会成员之前，先通过 BCS 的信息系统考试委员会（ISEB）寻求认证。在此之前，从 2003 年到 2010 年，Cenfotec（中央理工学院）（www.ucenfotec.ac.cr）开设了为 ASQ（American Society Software Quality Engineering）认证软件质量工程师（CSQE）所准备的课程；约有 120 名专业人员在哥斯达黎加通过 CSQE，其中大多数在生物医学设备领域工作。ASQ 在哥斯达黎加的制造业和生命科学领域影响范围广泛且由来已久（质量审核员、质量工程师、六西格玛黑带、六西格玛绿带、六西格玛黄带等认证）。

近年来，在拉丁美洲中，国际软件测试资质认证委员会（ISTQB）在软件测试方面的专业认证一直稳步增长。截至 2018 年年底，已有 7499 名专业人员获得了一项或多项（ISTQB）的认证，如图 1 所示。

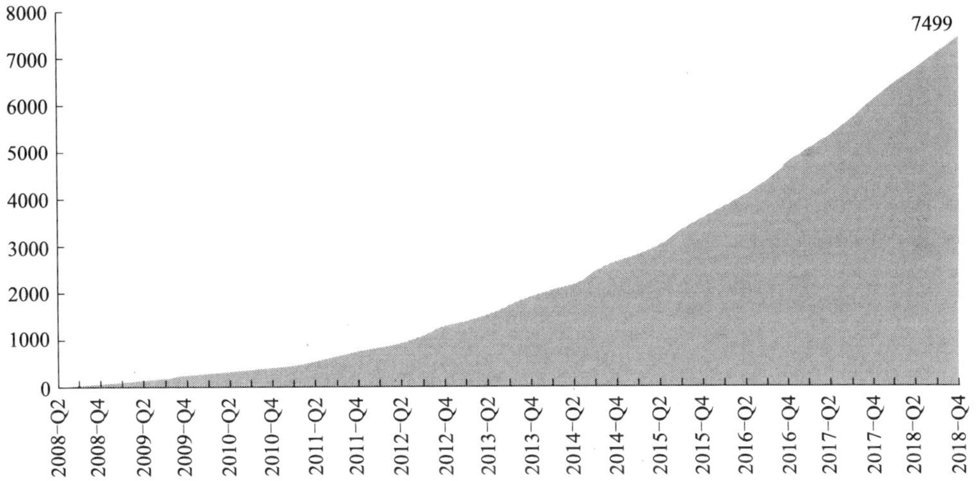

图 1　2008—2018 年拉丁美洲 ISTQB 软件测试认证的演变

如图 2 所示，拉丁美洲正跟随全球趋势把认证基础级（一级 ISTQB 认证水平）作为普及认证水平。

图 3 展示了拉美地区中每个国家的认证专业人员分布。

很明显，哥伦比亚人在拉美地区名列前茅。自 2013 年以来，哥斯达黎加的发展一直稳定，这是由于对认证需求的不断增长，以及对软件测试和软件质量保证已成为专业领域的市场认知，如图 4 所示。

哥斯达黎加的增长可以追溯到学术界和工业界间富有成效的合作模式。约从 1999 年开始，一些大学就提供了少量、分散的软件质量保证和软件测试的培训课程，至 2004 年，

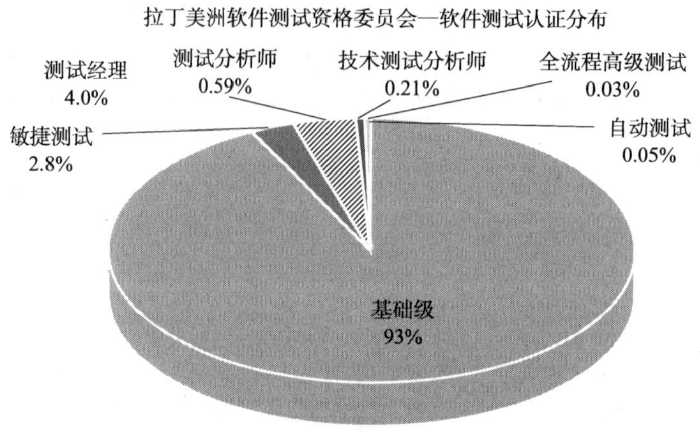

图 2 按 ISTQB 级别划分的拉丁美洲软件测试认证分布

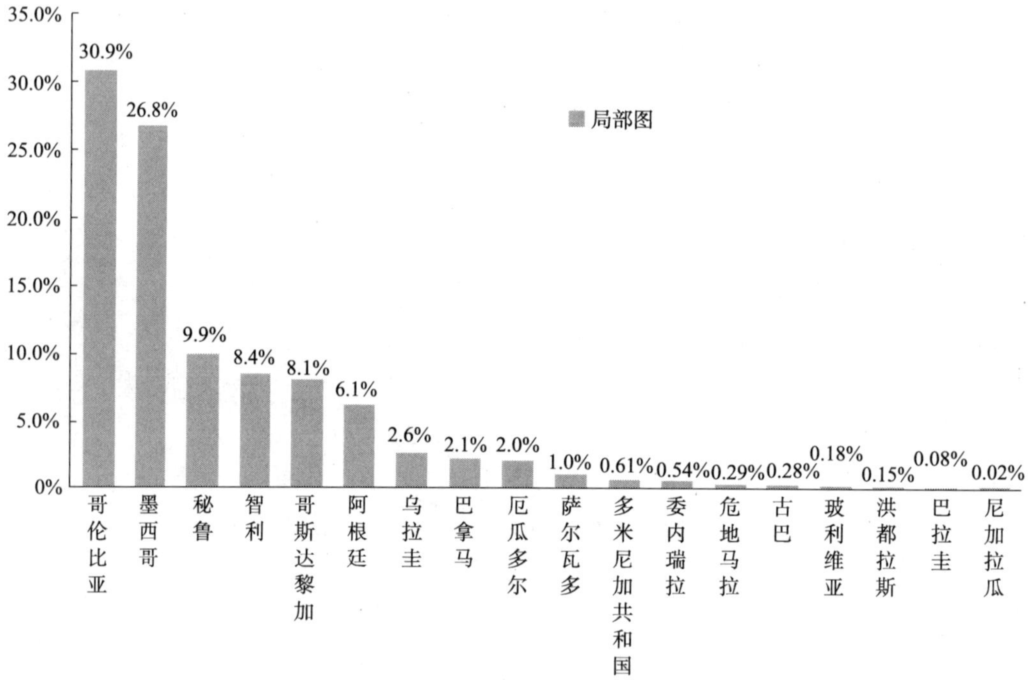

图 3 ISTQB 认证在拉丁美洲各国家的分布

由哥斯达黎加中央理工大学（Universidad Cenfotec）担任行业带头人。直到 2014 年，培训频率逐步提高。

6 软件质量和测试方面的高等教育

在拉丁美洲很少有软件工程学位课程。哥斯达黎加和巴拿马是最早设立针对软件工程的全学位课程的一批国家。其他国家则设有结合计算机科学、信息系统和软件工程知识等

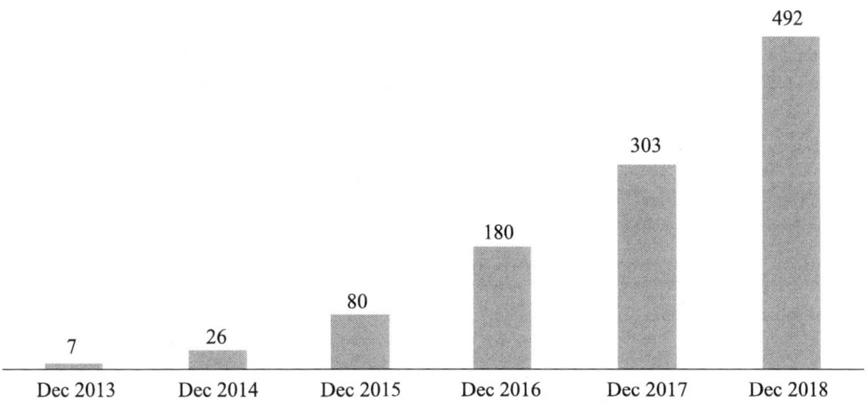

图 4 2013—2018 年哥斯达黎加认证测试专业人员的增长

领域的“系统工程”计划。结果显示，很少有计算机类学位课程为软件质量保证过程、软件验证和确认、软件或软件测试提供足够的教学时长。

这不仅仅是知识体系的问题，而是因为缺乏经验和态度。这解释了雇主在雇用具有软件质量和测试基本能力的应届毕业生所面临的困难。诸如 Softtek 和 Choucair Testing 之类的大型公司已经制定了培训计划，该计划从功能软件测试的基础课程和研讨会开始，然后逐步进行测试分析、技术测试、安全性测试、性能测试、可用性测试、网络测试、移动测试、测试管理、敏捷测试实践、测试过程改进和软件质量保证等。较小的公司减少了培训课程或研讨会的种类，依靠指导性自学或辅导性学习小组。ISTQB 和 ASQ（CSQE）认证的摘要为组织和调整课程内容或学习提供了指导。

以上对大学设计革新课程提出挑战。以下内容提供了哥斯达黎加大学经验案例。

6.1 哥斯达黎加的课程设计和开发经验

来自哥斯达黎加理工学院（Tecnológicode Costa Rica，TEC）和哥斯达黎加大学（UCR）的教授们在 1995 年左右开拓培训课程（继续教育）以及关于软件质量保证、软件过程、方法论以及软件测试的咨询服务。课程内容和咨询主要基于 IEEE 的软件工程标准。直到 1997 年，马塞洛·詹金斯教授创立了计算机领域的软件度量和软件过程课程 MSc。TEC 也在 1999 年和 2000 年提供了针对软件质量保证的公开和内部培训课程。

6.1.1 中央理工学院

中央理工学院（Cenfotec）是 2000 年由一群软件开发企业家和有志于为哥斯达黎加的知识型经济发展做出贡献的学者们创建的一所专科学院。开始是以软件工程为基础，提供为期 2 年的软件发展计划。原始计划的前三个学期包括一个软件工程项目、三门技术课程和一门 IT 信息英语课程（九门计算科学和软件工程课程、三门英语课程、三个软件工程项目）。第四学期包括一门实习科目（实习课程）和两门技术选修课。三个一体化的软件工程项目是整个课程体系的骨干；每个项目存在不同的技术融合和流程来进行需求确认、分析和规范、软件设计、构建和测试。这些项目是渐进式的，逐步提升使用系统工程流程解决问题所需的知识和技能，采用的方法有助于发展团队合作和未来专业能力所需的融合性“硬件”和“软件”技能。这种经验驱动的、边学边做协同模式的计算产品或服务是由学生团队在项目中实践形成的，这些学生在团队中的职责受瓦特汉弗莱创立的团队软件流程[30]和统一软件开发过程[31]所影响。团队合作实际模式：4 至 6 个团队成员协作，履行各自职责，运用感性和社交情报作为基础[32]，养成良好的工作习惯[33]。与软件工程知识体系 v0.95 进行对标，显示软件测试教育亟须改进。

2003 年 7 月，中央理工学院与拉丁美洲大学（哥斯达黎加最大的私立大学）达成协议，作为中央理工学院两年制课程的延续，在哥斯达黎加创立第一个软件工程学位课程。知识内容已根据软件工程教育知识（SEEK）草案进行确认，该草案于一年后由计算机科学协会和电气与电子工程师计算机学会正式发布[34]。该软件工程学位不仅改善了软件过程、软件质量保证、软件测试和软件配置管理，而且还增强了需求、设计、构建和项目实践方面的培训力度。如图 5 所示，展示了软件工程教育知识草案的知识结构图。

综上所述，大多数计算机学位通常缺少软件测试和质量保证相关内容。这促使课程设计偏重于软件质量保证和测试。2002 年至 2005 年间，中央理工学院开设了关于软件质量保证和软件测试的继续教育课程，并且为 ASQ 软件质量工程师认证（2003—2010 年）提供相应的辅导。在哥斯达黎加投资促进局（CINDE，www.cinde.org/en）的帮助下，加之 13 家公司①的通力合作，中央理工学院于 2009 年针对接受过编程教育的技术人员，设计并创立了软件测试和质量专家计划；然而该计划因未能吸引足够的学生而失败。于 2004 年至 2008 年间，中央理工学院草拟了关于软件质量工程和测试的研究生课程。直至 2009 年至 2011 年，中央理工学院仍持续相关工作以获得正牌大学授权。

为了提高继续教育和设计专业研究生的专业水平，中央理工学院于 2009 年与拉丁美洲软件测试资格委员会（HASTQB）取得联系，而哥斯达黎加于 2010 年获得了会员资格。针对课程设计对标 ISTQB 的教学大纲（基础级和高级）以及 CSQE 的知识体系。另一个有价值的来源是 O NET[35]，该数据库包含有关美国约 1 000 个行业所使用的标准化描述符，提供与软件测试和质量工程相关的知识、技能、任务和工作等描述。在 2010 年和 2011 年期间，中央理工学院设计并确认了软件质量工程和软件测试的相关课程，包括针对 ISTQB 的高级认证方案（测试分析师、技术测试分析师、测试经理）的课程大纲进行覆盖性分析。并于 2011 年末推出六门专业化课程。如图 6 所示，学习专业学士（E）或未来硕士（M）课程的毕业生应具备一定项目工程能力。

① AdvanceMe，Avántica Technologies，Babel Software，Experian，Hewlett - Packard，Intertech Inter - national，L. L. Bean，Qualitas Factory，RoundBox Global，Schematic (now Possible Worldwide)，TestingSoft，Via IT，Wal - Mart.

BACHILLERATO EN INGENIERÍA DEL SOFTWARE
CORRESPONDENCIA ENTRE CURSOS Y EL SEEK

Niveles de la taxonomía de Bloom	
Conocimiento	k
Comprensión	c
Aplicación, suponiendo conocimiento previo	ac
Aplicación, enfatiza el estudio para lograrlo	a
Análisis	n
Síntesis	s
Evaluación	e

Brechas	
	Existe, cubierto o superado
*	Existe, pero falta ampliar
**	Existe poco, falta investigar
***	Crear para Licenciatura

D	tema deseable
O	tema opcional

Knowledge area	Mínimo SEEK	Brecha	CICLO 1	Inglés introductorio	Programación 1	Introducción a la Tecnología de la Información	Proyecto de Ingeniería del software	CICLO 2	Cálculo 1	Estructuras discretas 1	Programación 2	Bases de datos 1	CICLO 3	Inglés para TI 1	Estructuras de datos 1	Programación con patrones	Proyecto de Ingeniería del software	CICLO 4	Inglés para TI 2	Arquitectura de computadoras	Procesos empresariales y Tecnología de información	Diseño y construcción de componentes	Física 1	CICLO 5	Diseño conceptual de software	Sistemas operativos	Bases de datos 2	Proyecto de Ingeniería del software	CICLO 6	Práctica empresarial	Cálculo 2	Física 2	Entorno socioeconómico y profesionalismo en ingeniería del software	CICLO 7	Redes de computadoras	Probabilidad y Estadística 1	Estructuras de datos 2	Ingeniería de requerimientos	Física 3	CICLO 8	Diseño de la interacción humano-computadora	Procesos de ingeniería del software	Sistemas colaborativos 1	Administración de sistemas operativos y redes	Proyecto de Ingeniería del software
Detailed design																																													
DES.dd.1 One selected design method (e.g. SSA/SD, JSD, OOD, etc.)	a										a	a			a	ac	a					a			a			ac									a				c				ac
DES.dd.2 Design patterns	a															a						a						ac													c				ac
DES.dd.3 Component design	a																					a						ac																	ac
DES.dd.4 Component and system interface design	a																					a				c		ac																	ac
DES.dd.5 Design notations (e.g. class and object diagrams, UML, state	c										a					a	a					a			a			ac													c				ac
Design support tools and evaluation																																													
DES.ste.1 Design support tools (e.g. architectural, static analysis, dyna	a	*									a					a	a					a			ac			ac																	ac
DES.ste.2 Measures of design attributes (e.g. coupling, cohesion, info	k	***														k						c																							
DES.ste.3 Design metrics (e.g. architectural factors, interpretation, met	a	***																																											
DES.ste.4 Formal design analysis	O	***																																											
Software Verification and Validation																																													
V&V terminology and foundations																																													
VAV.fnd.1 Objectives and constraints of V&V	k	*				k	k									c	k				k	c						ac										c				c			ac
VAV.fnd.2 Planning the V&V effort	k	*															k											a														a			ac
VAV.fnd.3 Documenting V&V strategy, including tests and other artifa	a	*					k										k											a														a			ac
VAV.fnd.4 Metrics & Measurement	k	*, ***																																								c			
VAV.fnd.5 V&V involvement at different points in the lifecycle	k	*																																								c			
Reviews																																													
VAV.rev.1 Desk checking	a	*			k		k				c	c			c	a	a					ac			ac		ac	ac									ac	ac			ac		ac		ac
VAV.rev.2 Walkthroughs	a	*					k										a								ac			ac										ac				ac	ac		ac
VAV.rev.3 Inspections	a	**																										a									ac					c			ac

图 5　Cenfotec 的软件工程映射到 SEEK 的映射图

E	设计测试计划、方案、脚本或过程
E	测试为设计实现而做的系统改动
E	开发针对地址区的测试程序，诸如数据库
E	使用错误跟踪系统记录软件缺陷并报告
E	识别、分析和记录程序功能问题
E	监视错误解决方案的运行并监测跟踪是否成功
E	创建或维护已知测试缺陷的数据库
M	根据项目范围制定测试计划或策略
E	参与产品设计复查以提供功能上的建设性意见
E	复查软件文档以确保技术指标准确
E	记录测试程序以确保可复现且符合验证
E	编制或规定标准、方法或程序以用于决策
E	更新自动测试脚本以确保通用

图 6　软件质量工程师毕业生部分档案（项目工程能力），Cenfotec（2009）

中央理工学院于 2011 年 12 月获得大学资格，并于 2012 年 1 月更名为中央理工大学。现今，它拥有多门研究生课程，包括数据库技术理学硕士（包含计算机数据分析和数据管理）和网络安全理学硕士。尽管已具备成熟的软件测试与质量工程理学硕士课程，但市场调研表明启动时机尚不成熟。即将发布的软件工程理学硕士课程将集中关注软件质量工程和高级软件测试。当前的软件工程学位课程包括四个软件工程项目，学生可以学习软件流程、软件配置管理、软件测试和质量保证的基础知识；除工程项目和几门有关编程、需求、设计和架构的课程外，还有一些课程将深入研究软件工程过程以及软件验证和确认。

在撰写本文时，中央理工大学正在启动两个关于软件测试的新课程：软件测试技术员（四学期，九门课程），软件测试分析师研究生课程（五门课程，五项与 ISTQB、IREB 和 Selenium 齐名的认证资质）。

6.1.2　国立大学

自 2008 年以来，远程教育大学（UNED）提供关于信息工程和软件质量（“Ingeniería Informáticay Calidad del Software”西班牙语）的研究生学位课程（“Licenciatura”西班牙语），其中包括九门课程和一个结业项目（实习或定向研究）。这些课程包括 IT 系统质量管理、高级需求工程、质量系统、变更管理、配置管理、IT 营销、分析方法论和软件质量度量、软件质量控制和软件质量认证模型。

哥斯达黎加技术大学于 2011 年开始提供软件工程学位课程，其中包括一门软件质量课程和一门涉及软件质量管理和验证的课程。哥斯达黎加技术大学于 2012 年革新了原称为计算机工程（“Ingenieríaen Computación”）的学位课程，该课程自 1976 年创立时仅有一门课程，涵盖软件测试、软件质量保证和软件配置管理等的基础；雇主和毕业生的投入是将此课程纳入课表的主要原因。2017 年，哥斯达黎加大学对其著名的 4 年制学位课程——计算机科学与信息进行了重大革新。在完成两年学习后，计算机专业的学生可以选择在计算机科学、软件工程与信息技术专业方向继续深造两年。后一个专业方向提供一门软件质量课程和一门软件测试课程。国立大学（Universidad Nacional）是一所国家承办的大学，其本科学位或研究生学位中并不包含专门的软件质量或软件测试专业。

6.1.3 其他私立大学

软件质量和软件在哥斯达黎加其他计算机学位中并不常见。印第安纳大学（Universidad Invenio）在其企业 ICT 学位课程中包括一门名为“在企业信息与通信技术上的质量和生产关系”的课程。菲德利塔斯大学（Universidad Fidélitas）开设软件质量管理研究生学位，共包括八门课程、一个研究型研讨会和一个毕业（论文）项目；八门课程包括质量管理体系、知识体系管理、软件工程、项目规划与评估、ICT 质量模型和标准、信息系统计量、ICT 质量审计、ICT 资源管理。菲德利塔斯大学的课程既没有特别针对软件质量，也没有特别针对软件测试。

6.2 挑战与前景

作者作为一名大学教授，其观点不可避免地会偏重于教育和科研方向。

6.2.1 挑战

作者认为，在拉丁美洲地区针对软件质量保证和软件测试方面主要面临如下挑战。

• 学院和大学均承认软件工程是一门重要的、有别于计算机科学与信息系统专业[36]的计算机学科，同时意识到软件质量、软件测试和软件维护都是在课程中需要单独设置教学时长和教学场所的专业学科。与那些对计算机科学或信息系统等传统专业领域感兴趣的教师相比，对软件工程专业感兴趣的教师相对较少。对软件工程专业感兴趣的学者并不会针对软件质量或软件测试进行专题研究，通常他们更喜欢软件技术、软件设计和软件构件等方向。

• 对未来软件专业人员的教育不仅需要技术知识，还需要实践和经验。有大量的资源可用于教学和组织课程方面，主要涉及课程：编程、数据结构、算法或数据库，还有一些在计算机课程中已相当成熟且历史悠久的科目。在软件测试方面教授们面临巨大挑战，需要具备具体样例（代码、模型、计划、资产版本）供学生测试和分析。从教学和科研的可用性或适用性，以及教育机构的承载能力来看，针对实际研讨会的工具选择也同样具有挑战性。与软件测试、质量管理、版本控制和配置管理等相关的软件过程均需要按比例缩小至教学模型，又不能过于简单以致变得无关紧要或细碎烦琐。质量和生产率的度量需要具体产品设备、项目数据和过程历史记录。综上所述，大型系统的课程设置可以成功应对挑战，然而小规模课程设计和生产（课本、实验、评估或计量的设备、演示文稿、软件标准、工作流程规范等）则面临着重大挑战。

• 行业对软件质量的认可是最重要的主题。当 IT 经理和软件经理们毕业时，软件质量和软件测试并未包含在计算机教育体系中（而从管理学或传统工程学跨行到计算机专业的学生，则更是如此）。他们不知道如何开展测试和质量保证工作，通常并不将这些课题包含在预算内，也不将时间和资源分配给相关工作。大体上软件测试和软件质量保证这一环节是不存在的。

• 组织机构更深入了解劣质的软件质量必将使供应商、外包公司和大学面临巨大压力。专注于流程和商务数字化的政府机构、银行和大型公司需要确保支持所有业务的密集型软件系统的可靠性。

• 与世界其他地区一样，拉丁美洲需要提升能力来应对各领域不断发展所带来的挑战。主要包括移动计算、可用性、可访问性、物联网、网络物理系统、安全关键系统、保密安全系统、密集型数据分析系统、人工智能系统、机器人和机电一体化系统等。

6.2.2 前景

• 未来十年，随着越来越多行业内和学术界人士意识到需要由受过良好教育的劳动力来开发和维护高质量软件系统，软件工程学位在拉丁美洲中将变得越来越多见。2011 年，IEEE 在秘鲁组织了一次有关计算机课程和术语的研习班，来自拉丁美洲的八个国家以及西班牙、美国和英国的代表均参加了会议。大家探讨了学术专业和方法论[37]，并描述计算机类子学科毕业生应具备的基本能力，以及由计算机科学、信息系统、软件工程、计算机工程和信息技术等课程毕业的学生所特有的教育成果。

• 在资源供应方面：对软件质量或软件测试的教育发展或培训课程感兴趣的大学和培训组织都可以查看、选择、改编或采用一系列公开资源，包括知识体系、软件工程标准、认证方案、课程指南及建议、(学术) 认证标准和规定。这将会为学位课程、研究生文凭、硕士和专业课程、继续教育和培训等带来深远的影响。

• 行业内和学术界开展更多合作。例如：

—使用诸如 SWECOM[22] 或 SFIA[38] 的框架体系以深入对认证资格的理解。

—分享在特定工种下所必需的熟练技术技能和完备知识体系。

—验证哪些与工作场所密切相关而非技术型的技巧对雇主更重要。

—发展企业实习、双重教育、合作团队、学习访问。

—齐心协力支持本地区的经济和社区发展。

—展示组织宣传力和社会责任感。

—开展关于实践、工具、标准和流程的客座演讲或研讨会指导。

—提供样品以进行检验 (检查)、测试和分析。

—适度公开缺陷品和合格品的隐藏数据。

—教职工与公司专业人士共同开展研究。

—公司人事部门推进研究生学习深造，并深入探讨与雇主行业相关的专业学科。

—共同引领在工具、方法、标准等方面的学术研究。

—确认课程开发、革新或升级。

—在课程级别或继续教育的背景下，不断回顾课程开发、校准、更新或升级等内容。

—联合规范体系化课程或项目，以解决基于团队工作中的真实问题。

—与学术课程或学校相关的咨询委员会进行互动。

—赞助创新型毕业项目并提供孵化契机或指导。

—共同赞助对软件质量和软件测试感兴趣的团体或社团。

• 在拉丁美洲，对软件工程感兴趣的学术组织正逐渐增加，并且可能会在地区会议上开展更多的专业方向或专题研讨会。

在软件工程领域，尤其是在软件质量、软件测试、软件分析、软件集成、软件老化和软件维护等领域的未来，都更需要科学、工程和产业等方面的研究。

随着组织机构"数字化转型"的发展，对软件质量和软件测试感兴趣的拉丁美洲即将面临着更多的挑战和机遇。

致谢： 我感谢来自 iSQI 的 Stephan Goericke 和 Agustina Gay 的邀请，感谢 HASTQB 的 Santiago Castaño 共享统计数据，感谢 Carolina Triana 提供的有关 Choucair Testing（乔凯尔软件测试公司）的文件，以及 JIISIC 和 SLISW 拉丁美洲软件工程会议的同事以及我的家人—— 感谢他们的耐心（再次感谢！）。

参考文献

[1] Barlas, S.: How critical is the shortage of IT workers? IEEE Computer. 30(5), 14 - 16 (1997).

[2] Hoch, D., Purkert, G.: Secrets of Software Success. McKinsey & Company (2000).

[3] National Research Council: Building a Workforce for the Information Economy. National Academy Press (2001).

[4] Computer World, USA/North American editions. Years 1997 - 2000.

[5] Mata, F., Jofré, A.: Estudio de oferta y demanda del recurso humano en la industria de software[Study of supply and demand of human resources by the software industry]. Pro - Software(Inter - American Development Bank, Caprosoft, Procomer, FunCenat) (2001).

[6] Brenes, L., Govaere, V.: La industria del software en Costa Rica [The software industry in Costa Rica]. Comercio Exterior. 58(5), 303 - 311 (2008).

[7] ACM/IEEE - CS Joint Task Force on Computing Curricula. The overview report: covering undergraduate degree programs in Computer Engineering, Computer Science, Information Systems, Information Technology, and Software Engineering. ACM Press and IEEE Computer Society Press (2005).

[8] Sabin, M., Viola, B., Impagliazzo, J., Angles, R., Curiel, M., Leger, P., Murillo, J., Nina, H.,Pow - Sang, J. A., Trejos, I.: Latin American perspectives to internationalize undergraduate information technology education. In Proceedings of the 2016 ACM Conference on Innovation and Technology in Computer Science Education (ITiCSE 2016). ITiCSE '16 Working Group Reports, July 09 - 13, 2016, Arequipa, Peru. A., Clear, E., Cuadros - Vargas, J., Carter, Y. Tupac(Eds.). Association for Computing Machinery (2016).

[9] Marques, I. d. C.: History of computing in Latin America. IEEE Ann. Hist. Comput. 37(4), 10 - 12 (2015).

[10] GSMA The Mobile Economy Latin America and the Caribbean (2018).

[11] World Economic Forum: The Future of Jobs. Employment, Skills and Workforce Strategy for the Fourth Industrial Revolution. World Economic Forum, Geneva, Switzerland (2016).

[12] Experis: Tomorrow's Talent: Plugging the IT Skills Gap. Experis, London, UK (2013).

[13] Capgemini Consulting: The Digital Talent Gap - Developing Skills for Today's Digital Organizations. London, UK, Capgemini Consulting (2013).

[14] The Bureau of National Affairs: Building Tomorrow's Talent: Collaboration Can Close Emerging Skills Gap. Bloomberg BNA, Arlington, Virginia (2018).

[15] Trejos, I., Cordero, A.: Learn - by - doing - collaboratively across the curriculum: Integrative projects at UCenfotec. In:

IEEE World Engineering Education Conference - EDUNINE 2017. IEEE, Santos, BRAZIL (2017).

[16] Naur, P., Randell, B. (eds.): Software Engineering. Report on a Conference sponsored by the NATO Science Committee. Garmisch, Germany, 7th to 11th (1968, October).

[17] Finkelstein, A., Kramer, J.: Software Engineering: A Roadmap. In: Proceedings of the Conference on The Future of Software Engineering. ACM (2000).

[18] Bourque, P., Fairley, R. (eds.): Guide to the Software Engineering Body of Knowledge Version 3.0 (SWEBOK). IEEE Computer Soc, Los Alamitos, Calif. (2014).

[19] Gotterbarn, D., Miller, K., Rogerson, S.: Software Engineering Code of Ethics and Professional Practice v5.2. ACM & IEEE, New York, NY (1997).

[20] ACM & IEEE Computer Society: Software Engineering 2014 - Curriculum Guidelines for Undergraduate Degree Programs in Software Engineering. ACM & IEEE Computer Society (2014).

[21] Integrated Software & Systems Engineering Curriculum (iSSEc) Project. Graduate Software Engineering 2009 (GSwE 2009)- curriculum guidelines for graduate degree programs in software engineering. Stevens Institute of Technology (2009).

[22] IEEE. Software Engineering Competency Model Version 1.0 (SWECOM). IEEE Computer Society (2014).

[23] https://asq.org/cert/software-quality-engineer.

[24] https://www.istqb.org/certification-path-root.html.

[25] Smerdon E.: An Action Agenda for Engineering Curriculum Innovation. 11th IEEE - USA Biennial Careers Conference, San Jose, California (2000, November 2-3).

[26] National Academy of Engineering: The Engineer of 2020: Visions of Engineering in the New Century. National Academies Press (2004).

[27] National Association of Colleges and Employers. Job Outlook (2019).

[28] IEA. Graduate attributes and professional competencies, Version 3. International Engineering Alliance (2013).

[29] ISTQB. Certified tester foundation level syllabus, Version 2018. ISTQB (2018).

[30] Humphrey, W.: Introduction to the Team Software Process. Addison-Wesley, Boston, MA(2000).

[31] Kruchten, P.: The Rational Unified Process: An Introduction, 3rd edn. Addison-Wesley, Boston, MA (2003).

[32] Cherniss, C., Goleman, D.: The Emotionally Intelligent Workplace. Jossey-Bass, San Francisco, CA (2001).

[33] Covey, S.: The Seven Habits of Highly Effective People. Free press, New York (1989).

[34] ACM&IEEE/CS: Curriculum Guidelines for Undergraduate Degree Programs in Software Engineering. New York, NY, ACM & IEEE/CS (2004).

[35] O*NET. O*NET Resource Center. See www.onetcenter.org/overview.html, www.onetonline.org/, www.mynextmove.org/.

[36] Parnas, D.: Software engineering programs are not computer science programs. IEEE Softw. 16(6), 19-30. IEEE (1999).

[37] Ramos, T., Micheloud, O., Painter, R., Kam, M.: IEEE Common Nomenclature for Computing Related Programs in Latin America. IEEE (2013).

[38] SFIA: Skills Framework for the Information Age, SFIA 7 - The Complete Reference. SFIA Foundation, London (2018).

扩展阅读

[1] IPMA. Individual competence baseline for project, programme & portfolio management. Version 4.0. International project management association(2015).

[2] PMI. Project manager competency development framework, 3rd Ed. Project Management Institute(2017).

测试的未来趋势：审视软件测试的过去，揭示它的未来

Kaspar van Dam

摘　要　关于这类主题的文章有很多，许多人一直在试图预测软件测试的未来趋势，最终只有时间才能告诉我们谁对谁错。作为一个曾经的考古专业的学生，现在的软件测试人员，我决定开始审视软件测试的过去，尝试去预测该行业的未来趋势。将来会发生什么变化？什么会保持不变？过去的什么事情会重现？让我们做一个时间表，时间表开始于20年前的1998年（那一年我本人开始涉足计算机和软件领域），并以10年为一个间隔一直延伸到2038年。

关键词　软件测试；软件质量；软件测试的历史；软件测试的未来

1　引言

关于这类主题的文章有很多，许多人一直在试图预测软件测试的未来趋势，最终只有时间才能告诉我们谁对谁错。作为一个曾经的考古专业的学生，现在的软件测试人员，我决定开始审视软件测试的过去，尝试去预测该行业的未来趋势。将来会发生什么变化？什么会保持不变？过去的什么事情会重现？让我们做一个时间表，时间表开始于20年前的1998年（那一年我本人开始涉足计算机和软件领域），并以10年为一个间隔一直延伸到2038年。

2　过去

（1）1998年

乔布斯在一年前返回了苹果公司，并推出了首款iMac苹果电脑。这一年谷歌刚刚创建，并且第一款MP3刚刚问世。MySQL和XML的1.0版本被采用。微软公司发行了Windows 98操作系统，却让比尔·盖茨当众出丑。Seti @ Home开始实施，IE浏览器成为了最受欢迎的网络浏览器。世界各地都开始认识博客，ISEB软件测试认证（IEEE 829）开始流行，TMap刚成立三周年，它却极大地改变了软件测试的世界。

从开发软件的第一天开始，就需要对软件进行测试。在1998年左右，迈出了第一步，努力使软件测试成为一个重要的职业，人们开始意识到质量保证在IT项目中很重要。但

是在 1998 年，仍然有许多软件未经任何测试就被发布。在与 IT 相关的学习计划中，软件测试甚至都不是课程的一部分。但是，TMap 和其他方法的引入对软件开发行业产生了影响。人们试图掌握所有有关软件测试的内容。他们尝试学习并发现应采取哪些步骤来测试软件，并控制正在开发的软件的质量。在随后的几年中，软件测试成为一种正式的职业。但是，这项工作还没有任何具体要求。如果有人可以读、写，那么他/她就可以成为软件测试人员。如果你不适合开发软件，随时可以改做软件测试。当时大多数软件测试人员甚至都没有 IT 背景。奇怪的是（回头看），这实际上是一件好事。大家的共识是软件测试人员应严格独立。因此，它们不应受任何技术知识的限制。他们需要关注大量文档中记录的功能要求，以最终用户的角度测试新开发的软件，并尝试找出这些需求是否得到了满足。实际上，这通常意味着软件测试人员把找到尽可能多的错误当成一项运动。一些软件测试人员甚至可能还记得当时流行的保险杠标贴，上面写着“软件测试：你来开发，我来打破!”或在桌子上的罐子里，写着“每个测试人员装着一颗开发人员的心”的标签之类的东西。

(2) 2008 年

世界已经改变。计算机和万维网已经很普遍。首款 iPhone 刚刚问世，Android 和 Chrome 就应运而生。Facebook 已经向公众开放了两年，没有人可以想象没有 Google 搜索引擎的世界。在 2008 年，Spotify 和 GitHub 都成立了，距离比特币的出现还有一年。TMap Next 已经存在了几年，ISTQB 正在庆祝其成立六周年。敏捷宣言已有七年的历史，现在已经开始站稳脚跟了。测试自动化也越来越多地出现。

对于大多数测试人员来说，2008 年过得和其他的年份一样。但是，对于专业人员来说，这是相当重要的时期。测试变得让越来越多的人参与，而不是无休止地检查各种不同的文档，把测试当成在缺陷工具中尽可能多地记录 bugs 的一项运动。从 2008 年开始，测试人员（以及 IT 工作领域的其他人员）逐渐开始接受敏捷方法论。在花费了数年时间之后，突然间软件测试就变得很受重视，尤其是其独立性，该职业回到了原点。因为在 20 世纪 80 年代（以及之前），软件测试根本不被认为是一项专业工作。软件开发人员编写了一些软件，对其进行了测试，然后继续进行开发。只要系统没有崩溃并且似乎在按预期方式运行，它就肯定能按预期运行。随着敏捷方法、SCRUM 以及后来诸如 DevOps 之类的产品的引入，测试不再与开发过程严格独立。回顾一下它，您可能会说软件测试行业已经迷路了 10 年或 20 年，从 2008 年左右开始，它又重新找到了目标。软件测试与发现错误无关。这并不是要独立，并且要在桌子上的罐子里写着“有一颗开发人员的心”，这是有关共同创造最佳软件的目标。软件质量并不是要找出软件出了什么问题（与功能设计文档中记录的内容相比），而是软件是否满足将要使用该软件的人（最终用户）的愿望和要求。软件测试人员不作为独立的发现问题的测试部门，而是成为开发团队的一部分。这也意味着越来越多的软件测试人员拥有了开发人员的心。在 2008 年，据说软件测试人员忍受枯燥，而开发人员可以使其自动化。当开发人员和测试人员开始合作时，事实证明，无须一遍又一遍地重复相同的手动测试任务。它们可以自动化，许多测试人员都接受了这一点，他们不再需要忍受枯燥。在许多人看来，测试自动化似乎诞生于2008年左右，实际上测试自动化与软件开发本身一样古老。一段时间以来，它只是被（大多数）遗忘了。

3 现在

我们无法想象没有互联网的世界。智能手机已成为日常生活的一部分，我们甚至很难将软件开发与1998年的情况进行比较。几乎没有任何IT项目不采用敏捷工作或者诸如DevOps的要素，持续开发和持续集成变得司空见惯。在当今的软件开发世界中，诸如交流和团队合作之类的词（几乎）被视为魔术词。那么，我们从过去学到了什么？现在已经实现了吗？它可以告诉我们软件测试的未来趋势吗？

软件测试已经走了很长一段路，但是目前该领域还在蓬勃发展。事情正在快速改变。而相关人员要么随之变化，要么被抛在后面。我们今天看到的大多数专业测试人员都不像1998年的软件测试人员。但是，一个问题可能是：我们的变化速度是不是太快了？我们是否会忘记过去20年来（以及之前）所学到的东西？

如今，在软件开发的质量保证方面，测试自动化很可能是最受欢迎的专业知识。软件开发就是要不断生产具有足够质量的软件。时间就是一切，我们希望尽快发布新功能，而不会被烦琐的手动测试拖延。因此，测试自动化是唯一的方法。但是，正如某些人可能已经被“工具无法完全取代软件测试人员”这个问题困扰了相当长一段时间了。显见的理由就是工具无法完整地测试软件，它只能对软件执行某些预先编程的检查。这意味着仍然需要专家来给出正确的测试用例（然后决定是否应该自动化）。对于软件测试人员来说，这意味着他们应该将注意力从软件测试（例如TMap）转移到更大的领域。他们应该了解自动化、工具和架构。但是，他们也应该关注自己的测试技能，包括软技能。如今的软件测试人员应该拥有理解人员、产品和过程（P3）的思维方式，代替从书本上学某些测试技术。对于测试人员，除了功能测试，还需要他们关注非功能性的需求，例如性能、安全性和可靠性。瀑布式开发转变到敏捷软件开发，对每个IT从业人员都产生了重大影响，可能对软件测试人员的影响最大。我认为这才刚刚开始……

4 未来

(1) 2028年

让我们尝试预测未来，至少在软件测试方面。继续10年的飞跃，我们将走到2028年。如果我们看一下软件测试的起源以及它在过去几十年中的发展情况，那么我们期望专业知识又会往哪里发展呢？我们从错误中学到了什么？2028年我们仍然会做些什么？可能会发生什么变化？

可以肯定的是：我们无法准确地预测未来，但是从现在起10年后的软件测试人员仍然必须具有灵活性。在过去的几十年中，软件测试人员已经从独立进行孤岛型测试的刻板个性，转变为在任何 IT 项目中都能灵活应对的人。通常由测试人员在业务人员和 IT 人员之间建立联系，由与业务分析师一起工作的软件测试人员来变更方式需求（以便更好地向开发团队传递需要构建和测试的内容信息），要求软件测试人员了解企业在谈论什么，但也应该能够与开发人员保持联系，以了解如何实现一些代码以及应该如何自动化检查，来验证代码是否正确工作。因此，2028 年的软件测试人员可能甚至不只是“软件测试人员”。该角色可能更多地是作为业务和 IT 之间的纽带，以及成为整个 BizDevOps 团队的质量保证。这与过去完全不同。在 1998—2008 年，每个具有一定分析能力的人都可以成为软件测试人员。如果您未能成为一名优秀的软件开发人员，那么您仍然可以将职业转向软件测试。但是在未来的 10 年中，软件测试人员所担任的角色甚至可能成为软件开发中最具挑战性的角色。要成为质量的保证，您应该始终适应新的形势。从业务角度和技术角度来看，您应该不断地改变策略，并始终跟踪变化。

即使这对许多人来说听起来很有趣，但是实际上改变对人类来说却是最困难的事情。简而言之，我们的大脑并不是为应对变化而建立的。我们大脑的建立是为了进行组织，以查找结构和样式，做我们一贯做的事情。要了解这一点，我们需要回溯到 1998 年之前。一万多年前，我们人类还是狩猎采集者。那时我们唯一需要担心的是生存，而做到这一点的最佳方法是遵循严格的模式。我们经常去同一地方打猎或收集食物，我们相信如果有什么异常之处，我们的大脑会警告我们。因为这就是人脑的发展，它总是或多或少处于放松模式，直到某些变化，当一种叫作皮质醇的化学物质（也称为压力激素）释放出来时，它引起一种称为战斗或飞行反射的状态。肾上腺素开始分泌，我们的视野变窄，肌肉收缩。我们对发生变化的事物非常关注。是威胁吗？还是捕食者？是敌人吗？还是其他危险？

如今，我们正在 21 世纪的办公室里工作，但我们的大脑仍然与一万年前一样，尚未适应这种新环境，不希望改变。因此，即使我们认为我们想要变化，即使我们认为不断的变化使我们的日常工作变得更加有趣，我们的大脑根本不喜欢它。知道了这一点，你就能够理解为什么工作间的人们会坚持旧的模式。我们经常还是希望有一种结构化的工作方式，最好在一些方便的工具例如 Excel 检查表中进行记录。这样的希望是有原因的：当我们在某些事物突然发生变化时，我们可能会迷失方向。敏捷的工作方式就是适应变化。但是我们应该更加意识到，这实际上是我们人类并不真正擅长的！（如果现在有读者在摇头，喃喃地说“不，不，不，那不适用于我!”，请相信我：它也适用于您，这是简单的生物学![1,2]）。

那么，我们会在 2028 年放弃敏捷的工作方式吗？我不这么认为。但是，我确实怀疑我们会为其进行很多改变。在观察软件开发团队时，我看到许多开发人员在敏捷会议中苦苦挣扎，因为需求一直在变。当他们刚开始面对一些技术挑战时，有人邀请他们参加一些改进或 3 - Amigo 的研讨会，因为出现了一些新见解，一切都必须有所不同。重来！问题是，这种不断变化的过程会在将来保留。我认为情况还会变得更糟。过去技术有很多局限性，但它们很快就消失了。过去您可以要求最终用户等一两年，然后再期待一些新功能。但是在 2028 年（或者就在现在!），当最终用户想要某种软件时，他/她希望它会在明天出现，甚至可能更快。如果你做不到：总会有其他人能够迅速地实现这一目标。这意味着到了 2028 年，我们的 IT 人员需要比今天更加灵活，更加能适应变化。需要有人能够确保编码人员可以将精力集中在代码上，就像确保开发人员知道在哪里摘果子，在哪里逮兔子，而不用警惕肉食动物的骚扰。这样的人很可能就是我们今天所说的软件测试人员。

这意味着软件测试人员在未来 10 年中要做的事很多。因为正如达尔文所说："生存的物种并不是最强的物种，也不是最聪明的物种，它是最能适应变化的物种。"如果您仍然想在软件测试的世界中生存并成为它的一部分，那么就应该不断学习、培训并适应变化，即使我们自己的大脑对此有所抵触。1998 年的软件测试人员与 2028 年的软件测试人员之间的差异可能与"普通"士兵和突击队之间的差异相当。士兵被训练做他们应做的事，突击队则训练他能够生存，然后适应不断的变化来完成任务。这并不意味着这两者中的一个要比另一个更好，但是这确实需要不同类型的人，不同的训练特别是不同的心态才能成为突击队而不是"普通"士兵。2028 年的软件测试人员很可能是突击队，而软件开发人员可能仍然是士兵。

在 2028 年这个新的软件开发世界中，我不认为还会拥有"软件测试员"这个职位，这个角色将不仅仅是测试软件。甚至有可能在 2028 年，不再将软件的实际测试作为重点。如今，许多手动测试已被自动化测试取代。但是如前所述，当今的测试自动化只是关于在软件上执行预编程的检查。我不确定我们是否会在 2028 年实现（实际的测试自动化），但我确实相信人工智能在将来会极大地影响测试自动化。这意味着那时，计算机应该至少能够进行少量实际的软件测试，而不仅仅是检查某些预定的东西。这意味着在职位描述中，软件的测试执行将变得不再重要。那么，我们在 2028 年将其称为"软件测试员"吗？也许是"质量工程师"？还是"变更专家"？甚至是"开发突击队"？我个人不会支持这些新职位。我认为随着时间的推移会出现一些新术语来描述这个新角色。毕竟，早在 1998 年，谁曾想到我们今天将拥有诸如"敏捷教练"或"产品负责人"之类的名片……

（2）2038

虽然预测未来的 20 年几乎是不可能的，不过我们仍然可以尝试一下。在 2038 年，我们可能会乘坐自动驾驶汽车，而机器人很可能成为日常生活的一部分。人工智能将比今天更加聪明，甚至可能取代知识工作者。我们还会进行软件开发吗？软件测试呢？

我个人认为，即使我们有可能用更少的人生产更多的软件，我们仍然需要人来开发软件。软件可能已经智能到进行自我测试。软件可能会不断运行自我诊断，以指示何时出了问题，并且所涉及的问题软件至少能在一定程度上进行自我修复。

但是我认为计算机和机器人不会取代所有参与软件开发的人。仅仅因为一件事：人工智能只对某些事情具有智能，但在涉及其他某些事情时却真的很不智能……这在当今已经很明显了，但是我不认为它在 20 年后会有所不同。看一下现在的工具，例如 Google Assistant 或 Siri。这些 AI 所拥有的知识比人类所能了解的要多得多（因为它们拥有无尽的信息供应）。如今，有些机器人在解释周围环境并弄清楚它们的期望方面非常了不起。当前的自动驾驶原型可能已经比人类驾驶员更安全。但是，即使拥有所有这些计算机功能以及所有这些数据和情报，每个 AI 仍然要干一件事：了解人类行为。

一个很好的例子是本田的人形机器人 Asimo，它是几年前开发的。从任何方面讲，这都是工程学的壮举。然而，在一次演示中，由于对人类行为的一种简单误解，它惨遭失败。该机器人不了解人们为什么要拍照，当人们举起相机或手机拍照时，就认为他们要举手问问题。机器人僵住了，一遍又一遍地重复："谁想问 Asimo 问题？"[3]。这种对人类行为的解释是当前的 AI 仍然不知道该怎么做的，即使这是我们人类非常容易理解的事情。有人扒在火车窗外，火车要开了，外面的人说再见，很简单是吧？但是，AI 可能会将其误认为是外面的人试图将其他人拉出火车。也可能是火车上出事了，需要疏散。我不相信人工智能再用 20 年就可以解释人类的行为。因此，很可能我们仍然需要人类来开发能够真正实现最终用户期望的软件。而且，当我们仍在开发软件时，我们需要有人来扮演前面提到的质量监督员，解释最终用户对软件的需求以及判断该软件是否真正达到了其目的。尽管计算机可能会在软件开发行业中承担很多工作，但我认为人类仍然有很多工作要做，特别是在质量保证和软件测试方面。但是，与今天的工作相比，这很可能是完全不同的工作。

5　总结：这是软件测试的未来

总结一下。在过去的几十年中，软件测试人员的世界发生了巨大变化。回顾当今工作领域中软件测试和开发的历史，我预计接下来的 20 年将会完全不同。就像今天的许多软件测试人员甚至无法想象他们 1998 年的想法一样，我相信 2038 年的人们将很难想象今天的软件测试人员在做什么。诸如人工智能之类的事情将彻底改变软件开发行业。预计随着时间的流逝，人工智能将成为每一个软件的一部分。我们将找到使软件适应周围环境的方法，该软件可以根据它的使用者的需求进行更改，甚至可以测试自身并修复代码中检测到的错误。但是，我们仍然需要人作为质量监督员。他可以确保正在开发的软件能够满足使用者的需求。即使是最聪明的 AI，对它来说，人的行为极有可能仍是一个谜。AI 成为软件测试人员，将来可能有其他的称呼，谁能阻止 AI（天网，或其他）变得过于智能呢？但是，这对当今的软件测试人员意味着什么？我们应该重点关注些什么？我们应该为自己做些什么准备？

首先，我们应该继续学习测试自动化。可以预料的是，测试自动化将继续存在，并且会不断提高自身，直到最终测试自动化能够真正进行（某些）测试，而不仅仅是检查某些预编程的测试。但是更重要的是，我相信我们应该继续在沟通和协作上进行学习。很好地理解最终用户对软件的要求是一件很困难的事。即使在今天，软件测试人员已经成为了质量监督员，并确保软件符合要求。这意味着测试人员已经成为当今业务和 IT 之间的纽带，并且在不久的将来会成为更强的纽带。现在的软件测试人员可能会考虑扩展他们的专业知识，并开始更多地关注非功能性需求，例如性能和安全性。这些事情在今天已经非常重要了，但在不久的将来将变得更加重要。我们既不希望由于无法在要求的时间内执行某些计算，导致现今的笔记本电脑遭到黑客攻击，也不要让它在某些任务上失败。如果 20 年后，高速行驶的自动驾驶汽车发生类似情况，那将预示着灾难。未来的软件测试人员有责任确保那些影响人的生命的软件，使发生问题的可能性降到最低。我不知道软件测试的未来会给我们带来什么，但是我知道这将要求我们保持领先地位。不断学习知识，不断提高我们的技能并保持适应变化的能力，无论可能发生什么变化。只有这样，我们才能在这个软件测试的未来世界中生存。

附言：会有人在 2038 年某个地方正喝杯咖啡，然后回头看一看我在这里写下的东西吗？

致谢：作者要感谢 Joris Meerts、Pascal Maus、Pieter Withaar、Piet de Roo、Huib Schoots 和 Berry Kersten 对本文的投入和反馈，本文主要是基于发表前对其中一些人的采访。

参考文献

[1] Gray, K.: What Goes on in Brains: How an Understanding of Neuroscience Makes a Difference When you Advocate Agility; P3X Conference November 8th 2018, London (2018).

[2] Levitin, D. J., Luke, D.: The Organized Mind. Penguin Group US, New York (2014).

[3] https://www.theverge.com/2013/7/6/4498808/honda-asimo-disappoints-when-it-confuses-phones-for-hands. Accessed June 19 2019.

隐含需求：测试人员的敬畏

Hans van Loenhoud

摘　要　隐含需求是委托方未明确提出但是仍希望存在于系统中的需求。这些需求对测试人员来说是个问题，因为它们很容易被忽略，又没有在需求规格说明中体现，因此可能根本就不会被测试覆盖到。随着时间的推移，不太显要的（非）功能需求逐渐演变为隐含需求。越来越复杂的IT解决方案的发展也增加了隐含需求的发生概率。隐含需求是需要测试的，忽略它们会导致代价昂贵的返工或产品被拒收。由于需求规格说明的不完善，隐含需求的测试只能依赖于基于经验的技术。为了获取必要的经验，测试人员可以借助于需求工程专业的成熟技术。

关键词　软件测试；软件质量；隐含需求；软件测试人员

1　引言

作为测试人员，我们都偶尔会有相同的经历：在新版本上线几天后，用户遇到一个严重的bug。通常，它与核心功能无关，因为所有的功能都可以很好地运行，但更可能是与非功能相关的问题，如可用性、安全性或性能。这似乎不那么重要，但事实上，解决这些问题可能相当棘手、困难且代价高昂。然后，项目经理走到您的桌前，问道："为什么你在测试中没有发现这个bug？你在测试上花费了超过若干个小时，但仍然是＃！@！里面竟然有bug!!!"

如果您是一个测试新手，您会脸红，试图躲到桌子底下，考虑另找一份工作。如果您是一个有经验的测试人员，您会保持冷静，直视项目经理的眼睛，说："没有人告诉我这是一个需求，所以我怎么知道它需要测试呢？去找业务分析师问问，为什么需求规格说明中没有明确说明这个需求。"然后，项目经理走了，但您仍然会对此事觉得内心不安。

尽管您不知道这个需求，尽管您从"七项测试原则"中了解到软件永远不会是100％没有缺陷的（请参阅文献［1］），但是您仍然认为系统中没有缺陷是您的责任。

在这起事件中，您遭遇到了一个隐含需求。每个人（至少用户方）都知道这一需求，但这被认为是不言而喻的，因此没有人会讲述、捕捉或在文档中记录它。在本文的其余部分，我们将研究一些关于隐含需求的理论，看一下我们是否能找到应对这些隐含需求的方法。

2 什么是隐含需求

隐含需求的概念源于东京理工大学教授 Noriaki Kano（狩野纪昭）的研究。在 20 世纪 80 年代早期，Kano 提出了一种顾客满意度建模的新方法，并开发了一个顾客满意度模型（现称为 Kano 模型），该模型区分与顾客质量概念相关的必备属性和差异属性（请参阅文献［2］）。

尽管 Kano 模型起源于市场研究，但它已经成为 IT 中业务分析和需求工程的基础之一，参见文献［3，4］。Kano 模型（见图 1）识别出与顾客满意度相关的 3 类因素。

（1）绩效因素

绩效因素与顾客明确要求的功能相关。它们与顾客满意度呈线性关系：产品或服务中出现的这些因素越多，顾客满意度就越高。Kano 称之为“一维质量”，在需求工程中，它们通常被称为“满意因素”或“显性需求”。

（2）必备因素

这些是顾客潜意识中期望出现在产品或服务中的因素。这就是需求工程所称的“隐含需求”，因为顾客认为这些功能是不言而喻的，甚至根本没有意识到。它们也被称为“不满意因素”：当存在此类功能时，没有人会注意到它们，因此它们并不能提高顾客的满意度。但是，一旦缺少了它们，顾客就会认为该产品或服务不可用，并且会非常不满意。Kano 使用了“必须具备的质量”一词。

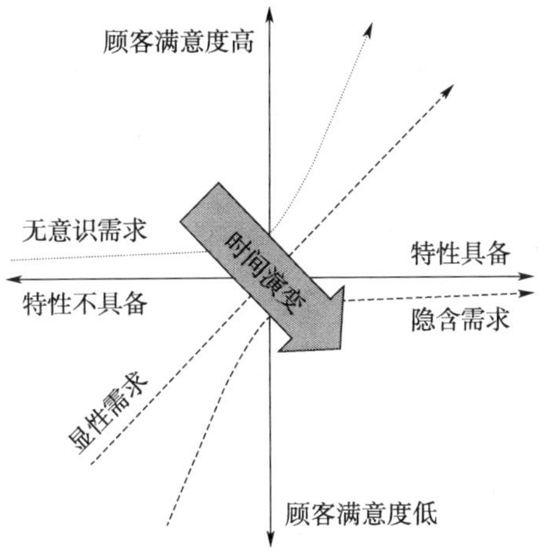

图 1　Kano 模型

（3）惊喜因素

第三类是被顾客认为不可能的因素，因此他们绝不会提出此类需求。它们被称为“无意识需求”。当产品或服务中不具备此类功能时，顾客并不会注意到，所以它们不会影响顾客满意度。然而，一旦具备了此类功能，顾客就会感到非常的惊喜，用 Kano 的术语，这是“有吸引力的质量”。

Kano 的一个有趣的发现是，需求往往会随着时间而变化。新功能最初几乎都是作为无意识需求出现的。当顾客发现、体验并喜欢某个新功能时，它就会成为有明确要求的显性需求。渐渐地，随着所有类似的和竞争的系统都实现了相同的功能，顾客就忘记了其实最初的系统并不具备这样的功能，并开始把它视为理所当然，于是它就变成了一个隐含需求。这就是为什么许多系统包含用户认为不可或缺的功能，而用户却不知道为什么，因此也没有明确地提出这些需求。

一个很好的例子是手机的摄像功能，整个演变过程花了不到 20 年的时间。第一次将相机作为手机的一部分推出时，大多数消费者都感到困惑：没有人提出过这种需求。但他们很喜欢它，认为这非常令人欣喜，于是所有品牌都开始在它们的手机中实现这一功能，它就演变成了显性需求。如今，在购买新手机时，每个人都理所当然地认为它应当具备摄像功能，所以它已经演变成了隐含需求。

对于需求分析和测试人员来说，显性需求是最容易处理的一类需求。委托方明确提出了这些需求，因此被测系统的需求规格说明中将会对它们做出清晰地描述（假设业务分析人员和设计人员做得很好）。

无意识需求的测试也相对简单。委托方并没有提出这些需求。设计人员故意将它们填加到系统中，并在需求规格说明中对它们做出显著的说明。测试人员面临的唯一问题是，这些需求是基于设计人员针对系统对顾客吸引力所做出的假设。这些假设可能是错误的，因此也应该对它们进行测试。不幸的是，设计人员经常忘记说明他们的假设，所以作为测试人员，您应该询问他们。然而，即使一个无意识需求未经测试，并且随后在产品中未能实现，用户也不会抱怨，因为他们一开始就没有提出过这些需求（但是要意识到，这种失效可能带来额外的风险，因此测试是必要的）。

测试人员面临的挑战在于隐含需求。委托方没有提出这些需求，因此，作为分析和设计人员提供给测试人员的输入，需求规格说明中很可能不会提及它们。但是它们仍然需要测试，因为一个系统如果不能满足隐含需求，几乎肯定会遭到拒收。因此，测试人员面临的任务是测试需求规格说明中没有提及的特性。

实际上，这通常不涉及系统的主要功能。系统的主要功能在需求规格说明中有详细的描述，因此属于显性需求。通常，隐含需求与一些特别具体的功能细节和例外情况有关，与用户相关的质量标准（如可用性、安全性或性能）有关，或与隐含的技术、基础设施、组织和法律约束有关。当然，取决于分析和设计人员的领域知识，部分隐含需求仍然会出现在系统的需求规格说明中。但平均而言，可以相当肯定的是，将会存在相当大部分隐含需求的缺失。如果需求规格说明中缺少某个需求，那么在系统中实现该需求的机会就很小了。

3 如何应对隐含需求

对于测试人员而言，问题在于被测系统的需求规格说明中缺失的需求（大部分是隐含需求）。在这种情况下，通常的黑盒测试技术无法应用，因为黑盒测试技术依赖于对需求规格说明的分析。

白盒测试技术，依赖于系统的有文件记录的结构，同样是不适用的，因为系统的结构通常来源于它的需求规格说明。

剩下的唯一手段就是应用基于经验的测试技术：猜错法、探索性测试和基于检查单的测试（请参阅文献［1］）。在基于经验的测试中，测试是由测试人员自己的知识和经验所构成的测试基础衍生而来的。因此，最大的问题是：测试人员如何获得必要的、相关的知识和经验？

这个问题的唯一答案是：作为一个测试人员，应用适合于发现隐含需求的需求工程技术。这些技术可以在 IREB（国际需求工程委员会）知识体系中找到（请参阅文献［3，5］）：

（1）观察技术

1）实地观察。这项技术就是在用户正常的工作环境中无干扰地观察他们的工作过程。测试人员可能会注意到某些未预料到的或未描述的行为、奇怪的操作顺序或手动的规避步骤。这些都是隐含需求的强有力的指示信号。

2）做学徒。做学徒比实地观察更进一步。测试人员在系统将要部署的环境中进行一个简短的实践培训。由关键用户讲解具体工作流程，以便学徒们更好地理解这一领域。在实际操作过程中，隐含需求就会很容易浮出水面。

3）情景调查。情景调查是一种迭代的、现场数据收集技术，它深入地研究一些精心挑选的用户，从而更全面地了解整个用户群的工作实践。

（2）基于人工的技术

1）系统考古。系统考古是一种从继承或竞争系统的文档、用户界面或代码中收集有关新系统信息的技术。当然，通过这项技术所发现的大部分需求将在被测系统的需求规格说明中体现。剩下的，要么与系统无关，要么是隐含需求。

2）基于视角的阅读。在这种技术中，测试人员使用特定的视角（在本例中是寻找不熟悉的需求），以便从将要使用系统的领域相关的文档中获取信息，例如，过程描述、公司规章制度和适用的法律。

这些方法有一个主要的缺点：它们通常很耗时间。然而，为了获得必要的领域知识来识别隐含需求、并设计测试来降低相关风险，这种时间上的投资是不可避免的。

发现和测试隐含需求的一种完全不同的方法是通过实例来描述需求规格说明（请参阅文献［6］）。当整个开发团队在整个开发过程中应用此法时，效果最好，因为它促进了团队内部的相互理解和信任。但即使是对于测试本身，它也是非常有用的。

在这种方法中，测试用例不是来自需求规格说明，而是来自系统旨在支持工作流程的输入和输出的迭代增长所构成的实际示例集合。基于实例的需求规格说明将产生对所有需求的测试，包括显性需求、无意识需求和隐含需求，并且从长远来看，可能比前面提到的技术更高效。基于实例的需求规格说明和类似方法（如行为驱动开发）（请参阅文献［7］）的另一个好处是，实例/测试用例的结果集最终形成了对系统及其行为的完整和最新的总结，即所谓的“活文档”。

在此值得一提的另一种方法是设计思维（请参阅文献［8］）。设计思维有几种变体，但它们都专注于通过引入以人为中心的技术（如角色扮演和情感共鸣）来理解用户的真实需求。特别是对不同用户组的悲和喜的探索可以帮助测试人员识别以前未被识别的隐含需求。

大多数设计思维变体中的一种通用技术是原型开发。原型开发为未来的用户提供了获得新系统早期版本的实践经验并对其行为提供反馈的机会，从而很容易发现隐含需求。特别是所谓的低保真原型，如 UI 草图、情节提要和顾客旅程，在这方面非常有用。与基于实例的需求规格说明一样，设计思维实际上是整个团队的工作，包括分析人员、设计人员、开发人员和测试人员。

4 关于未来

人们可能希望，随着 IT 分析和设计的日益专业化和成熟，测试人员的隐含需求问题将逐渐消失，因为现在大多数产品所有者、业务分析师和需求工程师都在学习有关探索和沟通这些需求的技术。

然而，IT 行业的发展趋势却恰恰相反。为了说明这些趋势，Cynefin 框架（参见图 2）非常有用。

Cynefin 框架（请参阅文献［9］）是一个概念框架，可作为“感知装置”用于辅助决策。它是由在 IBM 工作的 Dave Snowden（戴夫·斯诺登）于 1999 年创建的。Cynefin 借鉴了系统理论、复杂性理论、网络理论和学习理论的研究成果，并提供了五种决策环境或“领域”：

- 简单（Obvious）；
- 繁杂（Complicated）；
- 复杂（Complex）；
- 混乱（Chaotic）；
- 失序（Disordered）。

尽管初衷是用于决策制定，但是它也可以用于根据必须处理的不确定性级别对 IT 项目进行分类（忽略“无序”，这是一种在澄清后会变为另一种状态的临时状态）：

1）简单的项目所开发的 IT 系统，为清晰、直接的业务流程提供支持，如订单处理或会计。与此开发相关的一切都是预先知道的（“已知的已知”），所以即使是隐含需求也会被记录在需求规格说明中。在这些项目中，开发人员和测试人员可以很容易地依赖最佳实践。

2）繁杂的项目，顾名思义，会更繁杂一些。它们通常与不同业务流程的集成有关，例如，ERP（企业资源计划）系统的开发。开发人员和测试人员可能会面临需求规格说明中未提及的、意外的和隐含的需求。然而，需求本身的类型是已知的（“已知的未知”），

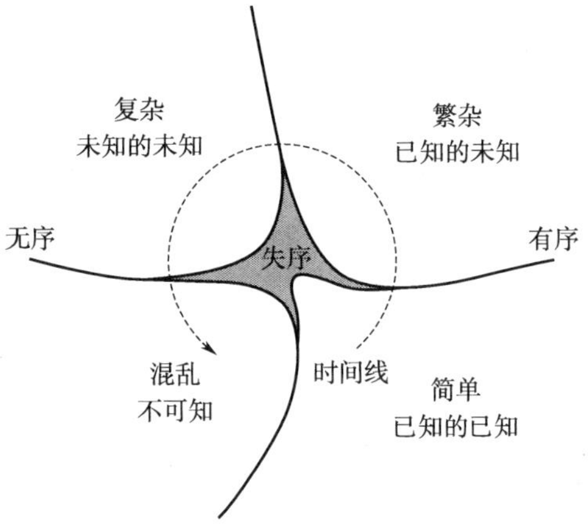

图 2 Cynefin 框架

所以拥有足够的领域知识的测试人员就能够通过从现有的良好实践中进行选择来应对它们。

3）复杂项目是为创新而开发的 IT 系统项目，例如 Spotify（声田）和 Uber（优步）等知名的例子。开发人员和测试人员面临着“未知的未知”。因果关系只能通过回顾来推断，前面是没有正确答案的。开发团队不得不开发自己的新型实践来应对固有的不确定性。设计思维为发现不可避免的缺失的隐含需求提供了线索。

4）最“有问题”的类别是混乱项目：不是糟糕的项目管理意义上的混乱，而是与不得不开发的主题相关的混乱。这是关于“不可知”的。团队探索全新的 IT 领域，如物联网、人工智能或机器学习。在这类项目中，不仅是具体的功能，甚至是未来的用户都是不确定的。但无论如何，这些系统将与用户交互，所以实现后满足隐含需求的机会是 100%。唯一能帮助你的可能是史蒂夫·乔布斯的一句名言：“勇敢地追随你的内心和直觉。”作为一名测试人员，您将不得不发现您自己的隐含需求，并在您的测试用例中使它们成为显性需求。

Cynefin 框架也可以被理解为一个时间轴。在 IT 的最初几十年里，大多数项目都处于简单象限中，像自动化的孤岛，有严格划分的业务流程。从 20 世纪 90 年代开始，我们开始尝试整合这些岛屿，项目变得繁杂起来。随着互联网和移动应用的突破，我们看到了创建和触发全新业务流程的复杂项目的到来。

随着 IT 业的范围从最初的计算机领域扩展到汽车、冰箱、灯泡或武器等产品，混乱项目的占比迅速增长。所以作为一个测试人员，要准备好应对这些不可知；在您的测试之路上您将发现越来越多的隐含需求。例如，想一下自动战斗机器人对敌我识别系统的需求吧，更不用说测试这样一个系统的挑战了……

5 结束语

隐含需求是对某个特性的需求，某个领域的用户认为它是不言而喻的，或者只有在它没有实现时才会意识到它。这样的需求很容易被忽视，即使是经验丰富的分析人员和设计人员也会忽略这些需求，因此系统的需求规格说明中很可能会遗漏其中的一些需求。

测试人员仍然有责任测试相关的隐含需求，但是由于他们不能依赖需求规格说明，所以害怕忽略了其中的一些需求。这类功能的缺失或故障往往会严重影响系统，导致昂贵的维修费用甚至产品被拒收。为了测试隐含需求，测试人员不能依赖于他们常用的基于需求规格说明和基于结构的测试技术，因此他们转向基于经验的技术。

这就提出了测试人员应该如何获得必要的领域知识和经验的问题。首先，测试人员应该（能够）应用源自需求工程专业的观察和基于人工的技术。这些技术尤其适用于发现隐含需求。学习和应用这些技术是非常有意义的，但是会显著增加测试人员的工作量。

敏捷方法，如基于实例的需求规格说明、行为驱动开发和设计思维，也能显著降低忽视隐含需求的风险，因为它们严重依赖于实例、顾客的共鸣和早期的反馈。这些方法在整个开发生命周期中由整个团队应用时效果最好，因此它们并不适用于单独的测试阶段。

隐含需求是广泛存在的。Kano 模型告诉我们，从长远来看，许多需求最终会成为隐含需求。从 Cynefin 框架中我们可以了解到，未来会有更多的开发活动处于复杂和混乱的状态下，“未知的未知”和“不可知”预示着许多隐含需求。

测试人员从坚实而广泛的测试基础中获取测试设计的时代已经过去了，未来的测试将主要基于经验。

参 考 文 献

[1] Olson, K., et al.: Certified tester foundation level syllabus version 2018. International Software Testing Qualifications Board. https://www.istqb.org/downloads/send/51-ctfl2018/208-ctfl-2018-syllabus.html (2018).

[2] Kano, N., et al.: Attractive quality and must-be quality. J. Jpn. Soc. Qual. Control (in Japanese). 14(2), 39-48 (1984).

[3] Stapleton, P.: Agile Extension to the BABOK © Guide V2. International Institute of Business Analysis and Agile Alliance, Toronto, ON (2017).

[4] Frühauf, K., et al.: IREB Certified Professional for Requirements Engineering - Foundation Level - Syllabus Version 2.2.2. https://www.ireb.org/content/downloads/2-syllabusfoundation-level/ireb_cpre_syllabus_fl_en_v222.pdf (2017).

[5] Häusser, D., et al.: IREB Certified Professional for Requirements Engineering - Advanced Level Elicitation - Syllabus Version 2.0.1. https://www.ireb.org/content/downloads/7-syllabus-advanced-level-requirements-elicitation/cpre_elicitation_al_syllabus_en_2.0.1.pdf (2019).

[6] Adzic, G.: Specification by example - How successful teams deliver the right software. Manning Publications, Shelter Island, NY (2011).

[7] North, D.: Introducing BDD. https://dannorth.net/introducing-bdd/ (2006).

[8] Alliance for Qualification: Design thinking foundation syllabus. https://isqi.org/nl/en/index.php?controller=attachment&id_attachment=27 (2018).

[9] Snowden, D.J., Boone, M.E.: A leader's framework for decision making. Harv. Bus. Rev. 85, 69-76 (2007).

[10] Jobs, S.: You've got to find what you love. https://news.stanford.edu/2005/06/14/jobs-061505/(2005).

敏捷转型的原因、方式和内容

Rini van Solingen

摘　要　敏捷可以比作健身，它意味着作为一个团队、部门或组织要足够健康，能够应对所有情况，能够在需要时快速灵活地响应。在数字化、颠覆性和快速变革的时代，这是一项非常重要的技能。在本文，我们将解释敏捷转型的原因、方式和内容，介绍一种逐步进行此类转换的方法，并讨论在实践中的常见缺陷。

关键词　敏捷方法；敏捷管理；敏捷项目管理；敏捷转型

1　引言

敏捷是一种拥抱变化的心态，旨在迅速交付产品并从中学习。敏捷工作是指赋予人员和团队自治权，并提供清晰的决策空间和大量的自组织能力。持续改进是最重要的，同时也要逐步努力创造更高的客户价值，超越现有的业绩，循序渐进，在实践中提升。逐步学习，边做边学。团队合作交付成果并学习如何改进，这就是敏捷。

在发生很多变化并且仍然持续变化的情况下，敏捷最有效。某些想法可能已经提出，但是仍然需要反思、学习并做出很多改变。在这种情况下事情总会与预期不同，所以制定计划意义有限。有一个明确的目标是必要的，但是如何实现它在很大程度上尚待解决。甚至可以定期审查目标，因为目标也可能在瞬息万变的世界中发生改变。你越敏捷，就越容易应对变化。

本文的出发点是，首先，敏捷是一种广泛适用的思维方式，它将在许多不同的环境中使用。这不是一个疯狂的想法，毕竟，由于数字化和新的合作方式，社会正在加速发展。敏捷帮助你与他人合作，以小而清晰的步骤实现可以随时调整的目标。

这使得敏捷特别适合我们通常所说的“知识工作”：人们之间的合作，其中工作本身和结果往往是易变的、不确定的并且由信息、数据等组成。知识工作是无形的，因此从根本上比有形工作要快。你可以在几秒钟内（免费!）以数字形式将消息、文档和文件发送到世界的另一端。这种加速使组织内的层次结构不适应快速的运营决策。变革的速度和活力变得越来越大，以至于不能每次都征求上级的许可。因此，在允许自组织的团队中，经常在运行层面越来越多地做出运营决策和选择。

因此，敏捷工作是对快速变化和复杂世界的一种回应。结果证明它是有效的，而不是短暂的炒作。许多组织都在积极地提高敏捷性，无论是大型的还是小型的，商业的还是公共的，成立时间长的或短的，技术或行政的。它们都在与外部世界的动态变化作斗争，并且看到了使它们的工作方法更加灵活和敏捷的许多优点。如何做到这一点将因组织而异，这取决于处境、顾客和员工。但是，争取更快的结果和更大的灵活性是几乎所有组织的一致变化。

敏捷工作的本质在于接受这样一个事实：就未来而言，永远无法确切地知道可以实现什么目标以及何时实现。现实是变化太多了，实际上我们无法提前达成关于变化的协议。因此，实现敏捷工作的一个重要的个人突破是大胆地放弃这样一个想法：即为了在复杂的情况下取得成功，必须制定详细的计划。学会相信迈出第一步是最重要的，因为只有在迈出第一步之后，才能发现最好的下一步是什么，通过实践逐步推进。敏捷团队并没有计划得太远，他们会在短时间内以渐进的方式共同交付成果，尤其是要从每个步骤中学习。学习如何做得更好，了解客户的真正需要，从而共同发现最高客户价值所在。

本文的结构如下。在第 2 节中，介绍了敏捷的关键特征：迭代、验证和持续改进。在第 3 节中，提出了决定敏捷工作方式是否有意义的关键维度，这取决于不可预测性的程度。第 4 节介绍了越来越多的组织开始实施大规模敏捷转型的原因。在第 5 节中，介绍了一种在引导这种转换时使用的分步方法。最后，第 6 节介绍了在敏捷转型实践中出现的七个最常见的陷阱。第 7 节作了一个简短的总结。

2 敏捷是关于短周期工作和迭代的方法

敏捷的本质很容易用潜水艇和海豚的区别来解释（见图 1）。基于项目的工作类似于潜水艇：一条看不见的船在水下潜水。它可以在那里停留很长一段时间就像一个大项目。只有到了最后，你才会变得焦躁不安；随着最后期限的临近，工作的紧迫性和主动性都在增加，最后有了结果，潜水艇升上水面。第一次发生时，你希望一切都好，客户会很高兴，结果将被证明是有价值的。不幸的是，实际情况并非如此，希望往往会变成失望是有道理的，因为这是第一次收到反馈，你会同时发现所有做的不正确的事情。而且不幸的是，因为项目已经结束，预算已经花完，再也没有时间去做任何事情了。这艘潜水艇有时也被称为 see - you - later 模型。

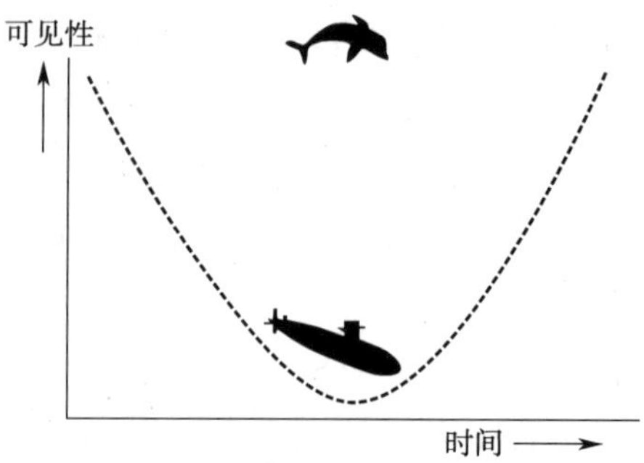

图 1 潜水艇和海豚

另一种选择是海豚。海豚也会潜入水下，但是很快又浮上水面。这是因为海豚需要空气，使用海豚方法时，您会在水下潜水，但很快就会出现第一个结果。当然，它比预期的总结果要小，但是至少可以进行测试，可以测试它是否有价值、是否有效以及是否确实有助于实现目标。通过这种方式，可以发现结果是否提供了期望的价值，并且对什么结果是明智的获得了反馈。有了这些知识，海豚会再次潜入水下，并在稍后出现。海豚可以进行所谓的迭代或冲刺（重复）——持续进行潜水和浮出水面。海豚呼吸并检查是否仍朝正确的方向行驶或决定进行调整；然后迅速再次潜入海底并重新出现。海豚的方法也称为“see - you - soon”模型。尝试尽快完成所有工作，并提供反馈。这样会发现能够更快地得到结果，并且将很快知道根本不需要原始计划的某一部分。这就是敏捷加速事物的方式。这不是为了更努力地工作，而是为了更聪明地工作。发现对自己无用的东西，因为它没有价值，可以节省大量时间。它使团队有机会尽快交付或交付附加价值。

这两种不同的方法以完全不同的方式运行：

• 在结束时完成与总是完成。
• 最后反馈与从开始时反馈。
• 没有临时调整与经常调整。
• 不能中途停止与经常可以停止。
• 在一切完成后才体现价值与在开始时就有最有价值的结果。
• 累积风险与明示风险。

简而言之，长周期工作与短周期工作相比，敏捷确实有根本性的不同。在动态变化并且复杂的世界中，短周期工作更明智，效果更好。敏捷地工作意味着像海豚一样游泳：总是根据具体的结果和新情况迭代和调整。

3　什么时候应该敏捷

敏捷不是灵丹妙药，也不是解决所有问题的方法，它适合于存在很多不确定性的事情。许多情况在持续变化，也就是所谓的复杂情况。事先知道很多事情会改变，改变之后就可以知道如何应对。选择敏捷会对工作的不确定性有所帮助，当工作复杂且无法事先计划时，敏捷尤其有用。敏捷的替代方法是精益，当工作越来越清晰时，精益特别有用。它可能很复杂，但是通过重复操作，有可能掌握这项工作并使之具有计划性。

解释敏捷何时才有意义的最好方法是使用 Ralph Stacey 创建的模型（见图 2）。这个模型描述了不同的情况，当需求的确定性和实现需求的确定性都降低时，会出现不同的情况。敏捷工作是否为一个好的选择，在很大程度上取决于这种（不确定）程度。

1）简单情况：很清楚需要“做什么”以及“怎么做”。例如烤蛋糕、骑自行车或学习游泳。需要什么和如何实现之间有非常明确的关系。如果按照固定的步骤操作，将获得所需的结果。这是一种已知的方法，因此可以从教师那里学习最佳实践。如果不知道如何处理简单的情况，可以请教一位教练或老师。

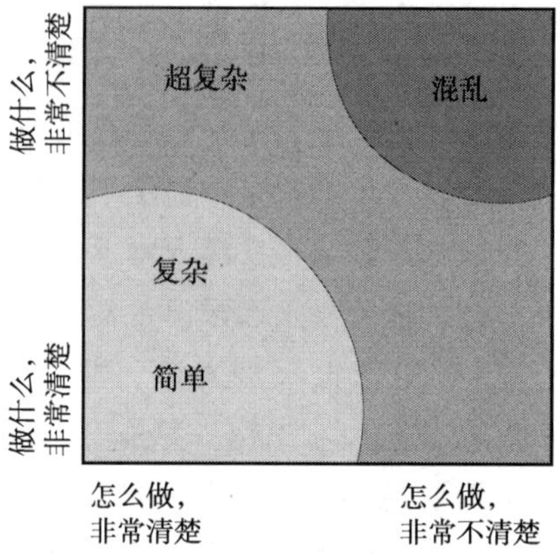

图 2　Ralph Stacey 模型

2）复杂情况：当“做什么”和“怎么做”的不确定性增加时，就会出现这种情况。人们相当清楚需要什么，如何才能做到，但不能坚决地保证做到。因此，在确定需要什么之前进行详细的分析是值得的。一件事想得越精确、越具体，成功的机会就越大。以选择技术平台、进行医学诊断或修理大型机器为例，这些任务在开始前似乎都非常困难，但是如果训练有素的人首先进行彻底的分析，他们几乎总会取得良好的结果。“怎么做”的成功率可以通过额外的关注、培训、专业知识的使用、自动化和/或标准化来提高。复杂的工作通常是重复性的，做得越多，做得更好。因此，精益优化在复杂的环境中是完美的，进行分析并提出具体解决办法的专家和顾问适合于复杂的情况。复杂的工作可以提前计划，但需要专业知识、分析和准备。

3）超复杂情况：“做什么”和“怎么做”变得更加不确定。其特征是结果总是与期望不同。事先不确定性比确定性多，有大量相互关联的变量。例如，考虑一个涉及许多人和相关方的大型项目，研制新的 IT 系统或两家公司的合并等。对要实现的目标以及如何实现有一个想法，但是事情总是与这个想法不同。在超复杂的情况下，经常在事后对采用某种解决方案给出很好的解释，回想起来，根据当前的知识，应该知道如何解决问题。所以在超复杂的情况下，最好是逐步发现确定的需求以及如何实现：根据中间结果进行实验、发现、学习和调整。因此，超复杂的情况非常适合敏捷，应该找一个教练来协助解决问题。超复杂的情况无法事先计划，但可以在后期解释。

4）混乱的情况：在这种情况下，“做什么”和“怎么做”完全不确定。例如重大事故、英国脱欧或战争局势等。这种情况不可预测，只能在事后有限解释。诸如“坏运气”和“好运气”这样的术语在当时扮演着重要的角色。敏捷的工作方式可能会有所帮助，但在混乱的情况下，主要是行动问题，需要做事情而不必管它是什么。想要摆脱混乱，尽量以尽可能协调的方式采取行动，以尽快达到不同的状态。因此，“领导”在混乱的局势中发挥着至关重要的作用。

什么时候应该敏捷，什么时候不应该敏捷，这个问题的答案完全取决于具体情况。它是复杂的还是超复杂的？复杂的情况是否不可重复？结果是否总是不同的？这样敏捷就有了自己的特色。在事情开始时，敏捷可以帮助发现行动路线。敏捷被应用在一些不重复的情况下，只有在这些情况下，才知道应该如何去做，什么是真正需要的。采取小步骤，从而使学习周期缩短并具有重复性。

如果事情复杂而且可重复，那么精益在一开始更有用。精益有助于优化经常做的事情，并从中学习。精益被应用于本身就是重复的情况——想一下操作流程或生产线，尤其是在制造业或服务业。精益和敏捷的目标基本上是一样的：成功并在经验的基础上改进。

然而，社会正在变化，越来越复杂的情况正在出现。一切都在加速，也越来越数字化。许多简单和复杂的工作正在消失，因为它可以自动化，即便自动化也很复杂。因此，越来越多的环境变得复杂，工作也变得复杂。这解释了为什么敏捷被使用得更频繁、更广泛。敏捷能够处理复杂的、不可预测的以及快速变化的情况。

4 敏捷转型

由于不断增长的市场活力以及对敏捷性深远的需求，许多组织都严格地将自己转变为敏捷组织。他们引入了敏捷，作为全组织自上而下的标准工作方法。这种转变通常是大规模的，需要大量预算和管理方面的关注。除新的工作方式外，还有重组、新的职业道路、社会计划、再培训计划等，都是需要数月甚至数年才能完成的复杂项目，而且非常激进冒险。

大多数大型组织都有大量应对激进变革的经验，都是通过使用最佳实践、项目计划、经验丰富的项目经理、复杂的演示文稿、甘特图以及其他手段，以计划和控制的方式进行的。对于敏捷转型，这样的系统方法行不通，因为有太多的动态变化和不确定性，传统的计划很快就会过时，需要非常频繁且严格的调整。实际上，对于敏捷转型来说，这样的计划只是为了让所有参与方预先参与进来，并感觉到自己的兴趣得到了关注，但很确定转型不会按计划进行。

有效的方法是在小步骤中执行敏捷转型，这样既可以进行受控更改又可以进行敏捷更改。制定一个大纲性计划，将转型过程分成小步骤，对近期计划进行细化，每一步都产生具体的中间结果，在此基础上对计划进行多次调整。这意味着调整是根据具体的结果和经验进行的。

然而，这需要领导转型的人具有大量敏捷方面的知识和经验。直属部门经理和计划经理通常没有足够的资源，因此不适合自己进行转型。VersionOne 对 2017 年全球敏捷应用的年度研究（2017 年《敏捷报告》第 11 期）揭示了敏捷转型的三大瓶颈：

1）当前文化（63%）；

2）缺乏敏捷经验（47%）；

3）现有管理层（45%）。

第 1 点和第 2 点也是管理的责任，本研究表明，在敏捷转型中，管理是最大的瓶颈。

大规模的、自顶向下的敏捷转型本身就需要使用敏捷的方法。这就有可能迅速取得成果，并根据具体成果和不断变化的需求进行调整，可以使用迭代计划来实现。这样的分步计划描述了实现目标的节奏，并根据是否有效进行阶段性调整。

这正是成功进行敏捷转型的本质所在：边做边学。毕竟从做事情中学到的比从思考事情中学到的要多。

5 八步敏捷转型

尽管由于高度的动态性和可变性，敏捷转型方法无法复制，但是可以有节奏地逐步转型。

下面这种循序渐进的方法已经在实践中多次得到证明。

• 第 1 步：进行初步评估。每个敏捷转型都是独特的，因此建议从现状评估开始，确定引入敏捷最合适的切入点以及存在的具体困难，无偏差地洞悉现状并清楚地知道从哪里开始。

• 第 2 步：明确原因和紧迫性。只有在有意义并且足够紧迫的情况下才有可能成功地实现敏捷转型，因此，所有相关方都有必要清楚了解转型的原因，并且明确量化目标，在转型期间度量实际进度。

• 第 3 步：制定蓝图。转型需要方向。因此要明确理想的最终状态（或蓝图）。为了达到这种状态，通常需要将组织划分为以市场为导向和客户为导向的团队并完全独立自主地工作。

• 第 4 步：确定改变策略。转型可以在各个阶段实施，是通过浮油方法，或是以大爆炸方式，或是浮油加大爆炸方式，这三种形式都是可能的，使用固定变更策略至关重要。最合适的解决方案始终取决于环境和该环境中的人员，重要的是要有意识地选择一种策略。

• 第 5 步：制定转型路线图。路线图确定了实施更改的顺序，通常绘制在大板纸或牛皮纸上，随着时间的推移，上面会列出各种转型主题和行动，例如在本冲刺、下个月、本季度、下一个季度和一年中的剩余时间。这个计划与实际进展会有所偏离并将不断修订和调整。

• 第 6 步：在冲刺中迭代实施路线图，为转型团队建立一个紧绷的节奏。经验表明，1 周的冲刺是非常有效的，因为可以快速敏捷地工作，并且有助于保持小的行动和结果导向。

• 第 7 步：度量和修改路线图。明确地度量进展至关重要，特别是目标的实现程度。此外，路线图需要定期更新，每周重新计划并且进一步细化（步骤 6），但是每季度更深入地调整路线图也很重要（步骤 7）。

• 第 8 步：通过治理和文化进行整合。各种变化应立即以正常的工作方法固化下来。有两种方法可以做到这一点：首先把各种变化通过诸如实践、KPI 或者标准流程成为治理的一部分，最好通过文化来固化变化，因为后期会直接内化到团队和人员的实际行为中，所以这种方法效果可能更好。

6 敏捷转型的陷阱

真正的敏捷不仅仅是学习一个新技巧。敏捷工作需要对固有的组织结构、过程和系统进行转型，但是现有的文化、潜在的观点、原则、规范和价值观也在改变，使敏捷转型变得复杂，即使快速启动，也可能需要几年时间才能完全实现。由于敏捷工作比最初想象的要广泛得多，实际影响总是被低估，因此，许多组织在追求敏捷时反复犯同样的错误。七个最常见的陷阱如下。

• 陷阱 1：不关注中间结果。敏捷转型需要敏捷性。这就是为什么重要的是要真正改变，要求在变更的规划和实施过程中，通过小的、显著的步骤，持续关注大的思想层面的改变。事实上，这是任何形式的敏捷的基础：做小事情，坚持做下去，边做边学，敏捷转型本身在这方面也不例外。在实践中，经常会看到一个详细的敏捷转型时间表，包括了临时的里程碑和一个固定的结束日期。但是，敏捷转型成功的最重要条件是敏捷执行，逐步实施，先执行最有价值的改变，然后根据学习经验做出调整。

• 陷阱 2：敏捷转型目标无法度量。敏捷本身并不是目标，引入敏捷有更高的目标。许多组织并没有明确的目标，这就造成了动机的混乱，每个人都有自己的解释，转型达到预期效果的程度往往未被度量。没有可度量的进展，投入的效果迟早会受到质疑。因此，明确目标并对是否正在实现进行度量至关重要。

• 陷阱 3：组织中管理层支持力度太低。转型通常由一位特定的经理或主管进行。但是，实践表明所进行的更改必然会影响同一生态中的相关部门或其他公司。正因为这一特点经常被遗忘，导致高级管理层在错误的时间做出错误的干预，这反过来又成为阻力并且适得其反。因此，有必要至少从比执行敏捷的层级高两级的管理层中获得主动支持。但有时候是由最高管理者本人领导转型，这样敏捷转型便是整个组织的整体转型。没有最高管理者的全力支持和参与，敏捷转型就无法真正成功。

• 陷阱 4：影响被严重低估。敏捷转型影响深远，通常远远超出开始时设定的领域。例如，成立了敏捷团队，很快就对员工的个人评估提出了质疑，毕竟完全取决于团队的成果，在不知不觉中，人力资源系统和评估流程已经发生了转变。因此，有必要与其他公司交流，学习他们的经验以便预见可能遇到的情况，而且还建议高层管理人员参与并知晓。最终，敏捷将影响整个组织，不仅在工作方法方面，而且在过程、组织结构甚至文化方面都会有影响。

• 陷阱 5：害怕失败，试验太少。敏捷工作需要较短周期，因此能够很好地处理未知的事情。这确实需要组织学会如何应对不确定性、错误和试验。恐惧文化使敏捷的实施变得极其困难。只要人们害怕犯错误，试验就非常困难。但是，为了能够以敏捷的方式工作，需要的恰恰是试验。毕竟，一个人学习得越快就会变得越敏捷。在出现错误的情况下，注重学习经验、注重未来是很重要的。只要存在对失败的恐惧，或者在失败的情况下，针对过去了的事情寻找罪魁祸首，敏捷转型就很困难。这是因为敏捷就是在实践中学习，成功的学习是不可能没有错误的。对错误的恐惧可能是敏捷转型中最大的杀手。

• 陷阱 6：不理解新节奏的重要性。节奏是敏捷工作的关键。许多组织在这方面遇到了困难，他们认为敏捷会议是额外工作，尽管敏捷会议应该是一切工作的基础。这样，该组织将保持非常临时的状态，从而减少了实际工作的时间。通过建立定期会议的节奏，提供了调整的可能。如果发生意外情况，不需要扩大范围就可以按照现有节奏处理问题，这也就提供了安全性和组织结构。针对举行通常会议的计划安排和结构性取消需要一种新的节奏。

• 陷阱 7：只关注过程。过度关注敏捷的过程，而对真正有影响的其他方面关注不够。敏捷工作需要的不仅仅是一组会议和工作安排，同时需要一种不同的方法来处理组织问题。敏捷转型需要改变文化、信仰、流行的价值观和规范。因此，要确保向敏捷的转型不仅仅局限于过程方面。

7 结论

敏捷不仅仅是追求新奇。敏捷工作通常是由于市场和环境对交付速度和敏捷性的要求高于当前能力才开始的。因此，有些事情必须改变。在一般情况下，试点项目或初期项目需要谨慎启动，一旦建立了信心，就会迅速做出战略选择，完全转向敏捷。这不仅仅发生在小公司，越来越多的大型组织也将敏捷作为标准，许多跨国公司、银行、制造公司和电信巨头目前正在进行转型，敏捷将成为未来工作的重要基础。

在实践中真正有效的是将敏捷转型作为一个独立的变更过程来组织。这种转型的第一步包括战略和规划，需要回答的问题包括：为什么我们想要/需要改变，组织在未来会是什么样子，什么是好的目标，解决了什么问题等，当然还有：这种变化的商业案例是什么，如何策划等。乍一看，这些问题似乎不是很“敏捷”，但实践表明，敏捷转型首先要准确地适应当前现状。

实现敏捷转型不是一项简单的任务。通常仅由单个敏捷团队开始的工作很快就会导致其所有固有价值受到质疑。尽管出发点是好的，但组织经常发现自己陷入了敏捷转型的泥潭。与此同时，往往别无选择只能尝试，因为市场需要深度灵活性和交付速度。因此，什么都不做不是一个选择，过去的经验教训和错误可以帮助敏捷转型运行得更好、更快。

最好通过迭代变化的节奏来进行敏捷转型，即最好以敏捷的方式引入敏捷。

下一代软件测试人员：更全面或更专业！

Erik van Veenendaal

摘　要　软件对于当今社会已经变得极为重要。尽管采取了许多质量检查措施，但IT行业距离提供零缺陷软件还差得很远。近年来，世界大多数地区的软件开发方式发生了巨大变化。这种高速动态的变化不仅发生在软件开发领域，在大多数行业中，随着技术升级、新技术和IT技术的融合，变化也在加剧。工作模式也朝着敏捷模式、DevOps模式进行了巨大的转变。典型的敏捷模式，通常提供更好的优先级次序管理、项目状态可视性、团队生产率和交付可预测性等优点。但是，许多组织都在为敏捷和扩展敏捷而苦苦挣扎，显而易见的是，采用敏捷并不能自动保证软件质量的提高。尽管测试在敏捷组织中与传统组织中的组织方式不同，但测试一直都是软件开发的重要组成部分。这不仅归因于软件在当今社会中的重要性，还因为IT项目面临的许多（技术）挑战，例如日益增加的复杂性、新技术、体系、各种设备、操作系统以及安全漏洞。这对软件测试人员意味着什么？对测试人员知识和技能的期望又意味着什么？本文将详细介绍测试人员如何在瞬息万变的IT世界中增加个人价值、知识和生存技能。向测试人员提供两个选项：

- 扩展技能，成为所谓的“T型”人才。
- 选择一个测试专业方向，不过要谨慎选择并预测前景。

关键词　软件测试；软件质量；软件测试人员；软件测试技能

1　测试的未来

在查看如何提高测试人员的知识和技能的解决方案之前，让我们首先简要地了解一下测试行业的现状和未来（如果能做到的话）。大多数人认为敏捷是全球常见的测试方式。然而，也有一些国家的人或组织，很少采用敏捷方式。也许这些国家只是“落后”，几年后它们可能也会采用敏捷，可能敏捷也并非适合每一种文化。

在国际测试会议上，有主题演讲声称：测试人员很快就会消失。他们认为，不久的将来，职业测试人员将消失或者存留很少。有趣的是，调查报告中的数字正好与之相反，例如，《世界质量报告》。此外，诸如ISTQB® 和TMMi® 之类的测试认证仍显示出强劲的增长率和普及率。各种观点、信号和事实之间存在令人惊讶的矛盾。到底谁才是正确的，软件测试专业的未来又是什么？

在大多数西方社会中，敏捷方法似乎很合适。一般而言，有很多人倾向于沟通、自由、开放，喜欢在团队中工作，而不太关注形式。请注意，世界上并非所有地区和文化都是这样的。即使在欧洲，有时甚至在邻国之间也存在着巨大差异。多年来，敏捷已显示出许多优势，不过在传统环境中交付高质量产品也不是不可能。

由于存在着不同的甚至是相反的趋势，因此很难准确地预测测试行业的未来。但我坚信，就提供的软件质量及其重要性而言，按照当前的实践状态，测试仍然可以作为专业学科（至少中短期如此）。从当前和未来的测试需求来看，测试人员主要有两个选择：

1）通过改变态度并扩大知识和技能，成为所谓的 T 型人才。对于许多测试人员而言，知识和技能将在不久的将来成为挑战。仅仅了解测试并持有 ISTQB 证书还不够。测试人员将不能在其安全的独立测试团队环境中工作。他们将与业务代表和开发人员更加紧密地合作，在需要时互相帮助，并作为一个团队努力构建高质量的产品。除了强大的软技能外，还需要测试人员具有业务领域、需求工程、脚本编写等方面的知识。成为“测试人员+”，不仅可以进行测试，还可以组织测试并为其他人提供测试支持。一个测试人员可以做的不仅仅是测试。

2）成为测试专家。随着产品变得越来越复杂，并在几乎开放的环境中进行集成，许多所谓的非功能性测试问题变得非常棘手。同时，企业、用户和客户都不想在质量上妥协，仍要进行非功能性测试，例如，安全性、互操作性、性能和可靠性，或者其他复杂的测试（如系统之间的测试），这些测试需要高度专业的测试人员。相对于当今，这些专家将是职业测试人员，他们在某个特定的（非功能性）测试领域具有深入的知识和技能。

“T 型”人才的概念在敏捷中当然很流行，指的是敏捷团队中需要交叉技能的开发人员、业务分析人员和测试人员，例如，Scrum 团队。实际上，许多人都在讨论成为“T 型”测试人员，但只有少数人能够成为。我们尝试定义成为真正的“T 型”测试人员所需的知识和技能，不过在此之前，让我们先详细了解一下“T 型”人才的实际含义，以及代表着什么。

2 “T 型”人才的概念

“T 型”技能或“T 型”人才的概念是一个隐喻，最初用于招聘工作，用以描述劳动力中人员的能力。“T”的竖线表示单个领域中相关技能和专业的深度，而横线则表示与其他领域的专家进行跨学科协作能力，以及将知识应用于个人领域以外的能力（见图 1）。更详细地说，横线由两部分组成。首先是共情，这点很重要，因为它要求人们从另一个角度看问题，即站在别人角度。其次，他们倾向于对别人的学科充满热情，以至于他们实际上可能开始实践这些学科。“T 型”人才的技能既深又广。

为了更好地理解“T 型”人才是什么，首先认识一下与之相反的“I 型”人才。一个“I 型”人才就是一个功能专家，他们的功能专长用字母 I 的竖线表示。当然，一个“I 型”人才也没有错。但是让我们想象一下，许多功能专家试图在一个新的移动应用程序上一起

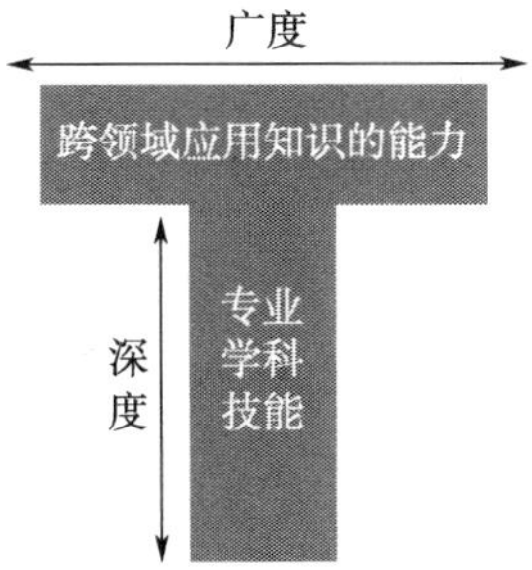

图 1 “T 型”人才

工作。应用程序开发人员、SEO 专家、分析专家、内容开发人员和艺术总监将召开启动会议，以决定新移动应用程序的战略。

SEO 专家坚持认为，应该围绕关键字地图构建应用程序，以确保网站的结构反映出对关键字的重视。应用程序开发人员坚持认为，移动应用程序应尽可能易于编码。分析专家说，新设计必须基于进行应用程序分析时显示的当前应用程序的使用情况。内容开发人员坚持认为，一切都应围绕开发有趣的、引人入胜的索引内容。最后，艺术总监坚持认为应用程序的组成和品牌美感是首要目标。这些“I 型”人才中哪一个是对的？我们如何处理所有这些不同的意见并做出决定呢？无论“I 型”专家的个人能力多么出色，他们所缺乏的不仅是对同事的专业知识领域的赞赏，更缺乏在各自专业领域的交集处找到解决方案的能力。

现在，将“I 型”人才与“T 型”人才进行比较。“T 型”人才通常具有多角度意识，具有协作能力，并寻求更多地了解自身角度如何影响他人和最终的产品。“T 型”人才思维灵活，并且能够轻松地适应新趋势，虽然对每个相邻学科的把握都没有他们的主要技能那么深入。与“I 型”人才不同，“T 型”专家倾向于掌握总体情况，而不是将自己沉浸在细节中，除非确实需要。

除了“I 型”和“T 型”概念之外，最近还出现了描述性变体，其中最常见的是（见图 2）：

1）π 形：两个关键技能与常识相联系。

2）M 型：3 个及以上关键、深入的技能。

尽管对于某些学科来说，“T 型”以外（例如，“π 型”甚至“M 型”）的概念无疑是一个有趣的概念，但对于测试人员而言，这可能不是解决之道。多年以来的经验表明，由于开发者和测试者的认知偏差（临界距离），某种程度上会使测试者能够更有效地发现缺陷。如果成为“π 型”甚至“M 型”测试员，拥有多个专业知识，通常会难以保持独立的角度。在这种情况下，你将同时以专家的身份和测试人员的身份参与评估。在敏捷模式中，当测试人员嵌入到团队中时，保持独立性就会更加困难。如果一个“π 型”人才负责测试以外的其他工作，则可能会使所需的独立性几乎完全消失。

“T 型”人才及其工作团队能够比仅由“I 型”人才组成的团队取得更好的结果。但是，“T 型”人才的发展是一项长期、严肃的工作，而且经常被大大低估。从业人员需要

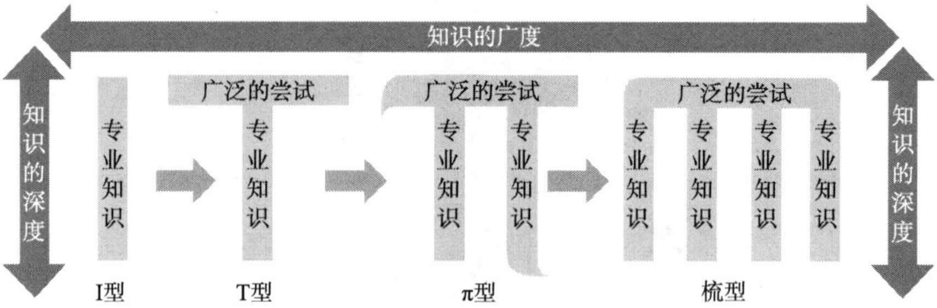

图 2 “T 型”概念的引申

具有端正的态度和自律能力，后续还要不断地付出努力继续为他们提供所需的培训和资源，以及适合“T 型”人才的安全协作环境，进而使他们的团队成为最好的团队。

3 “T 型”测试人员

为了促进软件测试的职业发展，最有价值的知识和技能是什么呢？如前所述，发展测试职业的一种方法是通过深入研究一个特定的专业方向。这些专家在理论上被认为是“I 型”，这意味着他们的技能被认为是狭窄而深厚的。然而，在一个快节奏的世界里，这种战略有着明显的风险，例如，专业化领域变得过时、不受欢迎，又或者正如我们稍后将看到的那样，一个专业领域会变成对所有人都很普遍的领域。

尽管在过去的几十年中，人们对“I 型”测试员的需求不断增加，但“T 型”人才的发展机会却越来越大，因为那些在一门学科上具有深厚技能，并且具有跨学科常识的人，将能够更轻松地在不断变化的环境中工作。在敏捷世界中，“T 型”测试人员如果是一个团队成员，其主要专业知识是测试，但也可以在其他活动如编程或业务分析（需求工程）领域）中提供支持。因此，关于“T 型”，我们应该寻找可以提升测试人员形象的技能。对于专业的软件测试人员来说，好的选择是：

- 测试：在整个测试领域拥有广泛而深入的知识。
- 其他开发专业：业务分析、编程、技术写作等。
- 知识领域：医学、保险、银行、物联网等。
- 软技能：他们对个人绩效、领导力以及与他人的协作产生积极影响。

在讨论“T 型”测试员的技能包时，我们还应该了解技能包中“水平”和“垂直”方面之间的比例。根据环境的不同，所需要的技能包也不同。那些在该领域具有很深但专业知识狭窄的人可能会显得技能过高，而雇主不会倾向于为不需要的技能付费。那些拥有更广泛技能的人可能会在某些时候感到自己缺乏关键学科的专业知识，并在短期内根据需要补充好。下面通过示例详细说明为“T 型”确定的 4 个知识和技能选项。

3.1 深化：测试知识和技能

当今的测试人员需要一个完整的工具包，其中包含各种测试方法和技术。根据章程和约定进行团队合作，应从工具包中选择最合适的方法和技术。如果为测试人员定义工具包，进而定义所需的测试知识和技能，可以将 ISTQB 产品组合用作参考模型。尽管在某些测试社区中对 ISTQB 提出了很多批评，但从内容的角度来看，毫无疑问，它在许多测试领域都提供了许多有趣的知识和材料，并在各种教学大纲中进行了记录。今天的 ISTQB 远远超过了 ISTQB 基础级别的课程。

如果我们以 ISTQB 产品组合作为起点（参见 www. istqb. org 以获取最新版本的组合），则可以找到许多有趣的主题和教学大纲。令人费解的是：在定义所需的测试知识和技能时，ISTQB 没有将敏捷测试视为核心知识和技能的一部分。它的内容被定义为单独的流派。同样有趣的是，测试自动化和移动应用程序测试被视为测试中的专业领域。今天，这些几乎就像测试人员的标准要求一样，而事实上这些最初是被 ISTQB 定义为专业领域的，这也许表明了市场变化真的很快。今天所定义的专业领域很可能是明天知识和技能的普遍要求。

图 3 不是完整的或广泛的调查结论。它旨在从较高的角度显示测试人员对当前以及未来的测试知识和技能的期望。

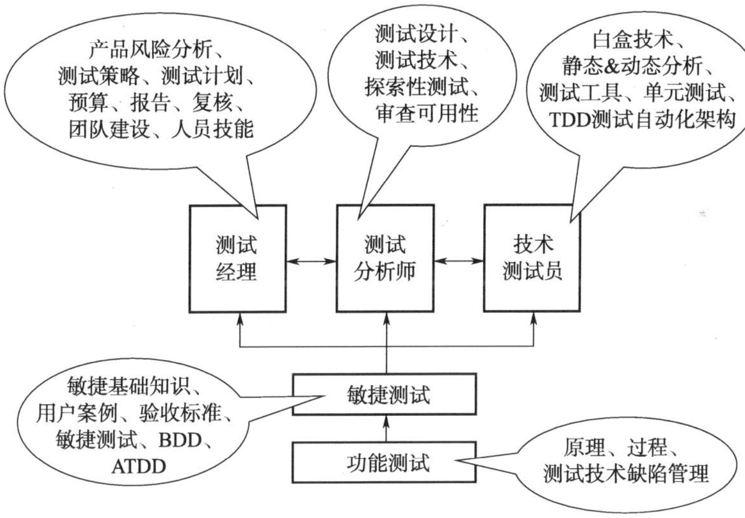

图 3　测试人员的知识和技能

参加 ISTQB 基础课程（并通过考试），然后就声明自己已经是为将来做好了准备的专业测试人员，这简直是在开玩笑。ISTQB 基础课程为期 3 天，其课程以完善的课程大纲为基础，但仅讲授测试的基本知识和原理，无法完成工作。还需要对敏捷测试进行培训，我认为这才是核心，对于任何测试人员都是必选项。真正的秘诀在于参加更高级的动手实践课或者讲习班，你将在其中学习如何在各种情况下实践测试活动。这些高级课程应该包括测试自动化和移动应用程序测试等，并且当然应该从敏捷的角度进行讲授。遵循“T 型”理念，有深厚的测试方面的知识，我们不希望测试人员在例如测试经理、测试分析师、技术测试员之间进行选择。我们希望测试人员能够覆盖所有这 3 个领域，并成为真正的专业人员。例如，专门的测试经理或测试负责人越来越少。如今，许多测试人员都融入了敏捷团队中，既执行测试任务，又指导和支持业务分析人员进行基于用户需求的功能测试，并为开发人员进行自动化单元测试。作为敏捷团队中的测试人员，也将意味着你要从事原来属于测试经理业务的任务，例如，参加产品风险会议、做预算、复核、写报告等。

请注意，还有许多其他方法可以获取相同的测试知识和技能。在此，ISTQB 只是一种可选的示例。在测试会议上经常有很棒的教程，并讨论有趣的主题和领域。市场上也有许多非常实用的课程可供选择，例如，测试自动化。当然也可以选择正式的培训，例如，指导、在职学习等。

不只是测试人员的事！

将来很可能仍会有专业的测试人员，测试仍将是极其重要和具有挑战性的一项活动。作为敏捷转型结果，不仅测试人员要进行测试，其他团队成员例如开发人员和业务分析师也将执行测试活动。遵循“T 型”概念，测试人员应具备测试方面的深厚知识和技能，不过其他团队成员也将测试知识和技能作为其水平技能包的一部分（见图 4）。我们不能直接让其他人执行测试，他们需要接受测试方面的培训和指导才能执行此任务。记住梅耶（Myers）在他的《软件测试的艺术》一书中所说的话：“测试是一项极其复杂且具有智力挑战的任务”。

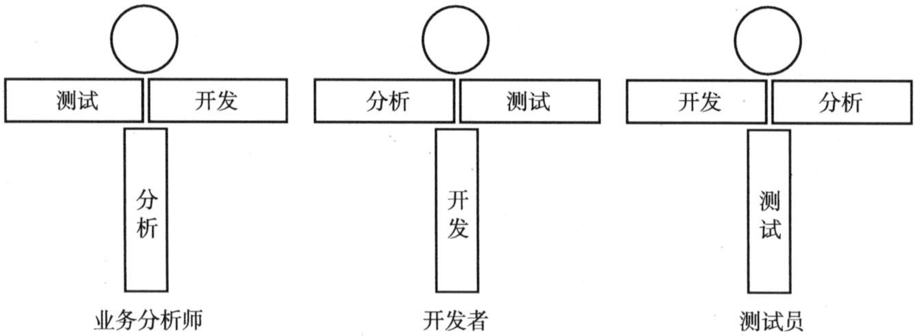

图 4　“T 型”敏捷团队

3.2　拓展：IT 知识和技能

在跨职能团队中，与开发人员和业务分析师紧密合作意味着，至少一名测试人员需要认同和理解其他团队成员的工作，并且最好也能够支持他们的工作。通常，“T 型”测试人员按照用户故事定义验收标准，可以为软件开发人员提供单元测试和业务分析的支持，他们需要了解正在使用的生命周期模型以及进行开发的技术环境。测试人员的 IT 知识和技能应涵盖下面列出的技能。

（1）需求工程和业务分析

测试人员当然是主要的利益相关者。测试计划、产品风险分析、测试用例均基于需求。测试人员参与需求评审，因此需要了解对需求质量水平的要求。通常在敏捷团队中，测试人员为需求（用户故事）的识别和规格说明，以及确定验收标准提供支持。

（2） 编程

测试人员并非需要像开发人员那样工作，但重要的是要了解应用程序的内部结构，以便易于理解其功能和风险范围，并相应地创建测试。编程知识有助于识别代码中可能存在的错误，并可能在使用测试驱动的开发方法时，针对静态分析和单元测试时与开发人员紧密合作。建议至少学习两种编程语言，例如，Python、Java 或 C。当然，具有编程技能可以更好地支撑测试自动化任务的执行。随着应用程序复杂性和集成度的提高，仅仅依靠手动测试已经无法完成工作。

（3） 网络和移动技术

今天大多数测试人员还必须熟悉网络和移动技术，以便他们能够了解应用程序的构建、可扩展性，并采取适当的措施进行测试。测试人员必须时刻关注网络和移动技术的进步，它可以指导测试人员理解编码体系结构和技术难题，以提供有效的测试解决方案，这一点非常重要。

（4） 软件开发生命周期

测试人员需要学习和理解软件的生命周期，因为这将帮助他们了解开发任务并相应地制定测试计划。对软件生命周期有深入的了解还将有助于预测开发过程中的风险，这些风险可以指导你预先采取正确的措施。随着敏捷和 DevOps 方法的流行，测试人员当然也需要学习和理解这些方法，这对他们如何进行测试具有非常大的影响。

（5） 项目管理

学习项目管理技能将支持测试人员成为更好的测试经理。项目管理技能可以使测试人员富有责任感，能够对利益相关方负责，管理特定的测试活动。项目管理技能有助于交付高质量的结果，改善整个测试过程。

（6） 配置管理

配置管理的目的是建立和维护部件或系统、被测件以及它们彼此之间的关系完整性。对于测试人员来说，这是确保质量的重要过程，因此对配置管理有一定了解是必不可少的。此外，还需要通过此过程来管理被测件。被测件的所有项目均应进行唯一标识、版本控制并跟踪更改，彼此之间相互关联并且与需求进行版本关联，以便保持可追溯性。

3.3 扩展：领域知识

在这种情况下，领域知识定义为有关目标系统运行环境的知识。对于测试人员来说，重要的是要了解领域，以便能够与业务利益相关者（产品所有者）进行交流，同时在执行测试活动时做出正确的决定。请记住，不可能进行详尽的测试，并且测试人员一直在进行权衡，决定取舍，尽可能做出正确的决定，来确定哪些功能对测试最重要，哪些配置最常出现等。因此，对于具有领域知识以及其他技能的测试人员来说，在行业中有较大优势。在成为“T 型”测试人员的情况下，在测试以外的其他方面同样能带来好处。具有领域知识的测试人员可能部分减轻业务分析师的负担，或者可以通过带来必要的领域视角来帮助其他团队成员。

接下来将讨论一些测试人员受益于领域知识的示例。

(1) 了解风险和设计更好的测试用例

除非你了解一个领域，否则你将无法识别和分析产品风险，也无法编写和执行测试用例来有效地模拟最终用户。它不仅用于特定活动，而且在所有测试活动中都是必需的。

(2) 了解影响

当出现问题时，了解系统功能目的的测试人员将能够更好地分析问题的影响。例如，当在线比萨订单应用程序的付款过程发现缺陷时，基于领域知识的测试人员对成功交易所需处理步骤有清晰的了解。当缺陷被修复后，这将有助于测试人员更好地进行确认和回归测试。

(3) 更重要的缺陷

具有领域知识技能的测试人员的需求量很大，这是因为他们不仅能够发现缺陷，而且能够理解应用程序，例如，在探索性测试中，他们通常会发现更重要的缺陷。

(4) 确定缺陷优先级

由于测试人员了解领域，所以他们清楚地知道如何最佳地对未解决缺陷的优先级进行排序。

(5) 更有效的审查

具有领域知识的测试人员可以在项目开始或迭代时提高生产力。熟悉业务流程和业务规则将有助于更好地理解需求，从而能够更有效地执行审查。

在 IT 主导的世界中，具有领域知识的测试人员的价值令人难以置信，因为它无疑是测试人员成功的关键因素。在测试任何应用程序时，重要的是能够从最终用户的角度进行思考，因为最终用户将使用该产品。领域知识通常必须从最终用户（作为领域专家）那里学习，除此之外，还可能包括用户资料、工作流、业务流程、业务策略和配置。这里不详细介绍如何获取业务和领域知识，当然除了参加培训、当学徒、观察用户/客户如何实际使用该应用程序，访问在线论坛并成为社区的一员之外，还有很多其他方法。

请注意，在敏捷社区中似乎倾向于使用技术测试人员，但是正如我们在本节中所了解的那样，非常需要拥有具有领域知识甚至具有领域背景的测试人员，例如，最终用户成为测试人员。当然，在这种情况下永远不会找到正确答案，不过在将测试人员分配给团队并定义“T 型”测试人员所需的知识和技能时，需要考虑这点并进行平衡。

3.4 扩展：软技能

任何软件测试人员应具备所谓的软技能（也称人员技能）。软技能很重要，因为它们被用来处理工作。测试人员对软件可能在何处发生故障、如何发生故障以及如何发现缺陷有一定直觉和理解。测试人员还应该具有影响和沟通的软技能，这对项目至关重要。测试需要一个装满软技能的工具箱，其中包括沟通、时间管理、分析能力、热衷学习和批判性思维，还需要相对标准的人际交往能力，例如阅读、报告和表达能力。其中一些技能使测试人员能够更好地发现缺陷，但其中大多数与更好地传达（通常是困难的）信息有关。拥有这些软技能就像在敏捷团队中拥有成为“T 型”，具有开放思维的测试人员的正确态度一样，例如，认同其他学科，分享知识并成为团队合作者。成为“T 型”测试人员并成为团队的一员意味着测试人员拥有的软技能也可以用来支持其他团队成员的工作。

在下文中，简要描述了测试人员在其领域中必须具备的一些重要软技能。

（1）沟通

由于测试人员必须接触很多不同的团队成员，因此与他们建立适当的沟通渠道非常重要。无论是在报告、解释还是澄清中存在歧义，测试人员都必须分别与业务分析师、开发人员以及最终用户进行沟通。如果你具有良好的沟通能力，则可以在与其他团队成员交谈时消除歧义和误解。而且，由于沟通失误而引起的大多数问题是类似的。例如，当你发现关键的缺陷时，以礼貌的方式进行解释非常重要，这样开发人员就不会觉得你是在将根本原因归咎于他。

（2）时间管理

对于测试人员而言，时间管理是最重要的技能，即使在敏捷中，每个迭代的最后几天通常充满了很大的压力。当你知道如何正确使用时间以及如何根据结束日期确定任务的优先级时，最终你将在结束日期前更轻松地完成任务并减小工作压力。

（3）分析导向和细节导向

这是可以帮助你发现更多重要缺陷的技能之一。当你了解并能够分析需求时，不仅可以发现并修复需求中的差距，而且还可以了解产品的整体功能、流程和预期结果。有时可能会漏掉一些细节，而这些细节后来又导致了一个重大问题，这些问题就更加难以返工。为了减少这种情况，保持“注重细节的态度”也很重要。

（4）学习的热情

如果你渴望学习，并愿意在舒适区域之外进行其他活动，以帮助团队交付优质产品，那么你作为测试人员将拥有光明的未来。对于软件测试人员而言，了解最新的工具和技术以及保持学习至关重要。当你了解最新的工具和技术时，你将做出更好的决策。

（5）批判性思维

批判性思维是专门寻找问题和错误的思维，它是通过仔细分析某些事物来确定其有效性或准确性的推理能力。批判性思维让人成为主动学习者而不是被动接受信息。在测试环境中，这可能是最重要的思维方式。作为测试人员，我们应该始终质疑思想和假设，而不是从表面上接受它们。

（6）知识分享

测试人员应该通过分享知识来帮助和指导敏捷团队成员。这不仅可以避免差距和混乱，帮助他们进行自我测试并把测试做得更好，还可以激励其他团队成员分享他们的专业的意见和知识。

（7）有团队精神的人

作为敏捷团队的一部分，你始终需要团队共同努力才能有所成就。测试人员激励团队朝着更好的测试和更好的产品质量水平发展。为了获得高质量的软件，使软件测试人员成为一个好的团队合作者很重要。

4 测试专家

如引言部分所述，除了成为“T 型”测试人员的职业道路之外还有另一种选择：成为测试专家。专家是指主要专注于特定主题或活动的人；在特定且受限制的领域中非常熟练的人。遵循“定型”人的概念，测试专家是“I 型”人才（见图 5）。一个测试人员在一个测试领域拥有丰富的（垂直）专业知识，而在其他测试领域或者测试之外领域则知识和技能较少。他们在一个测试领域的专业知识比“T 型”测试员在同一测试领域拥有的专业知识要深得多。

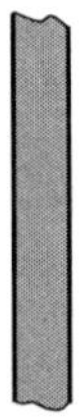

图 5 测试专家

随着产品变得越来越复杂，并在几乎开放的环境中进行集成，许多所谓的非功能性测试问题变得极为棘手。你不能单方面做到这一点，这需要大量专业知识和技能、培训和贡献。对于某些测试人员来说，这可能不是他们的菜，或者甚至（在技术上）很难掌握。因此为了仍然能够测试 IT 行业的非功能特性（例如安全性、互操作性、性能和可靠性）或其他复杂的方面（如体系），将需要高度专业的测试人员。这些专家通常是全职的职业测试者，他们仅在一个特定的（非功能性）测试领域具有深入的知识和技能。

同样从解决方案的客户角度来看，有时客户可能遇到一个问题，该问题只能由一位专家来解决。它不需要基于团队的解决方案。有了这些问题，“I 型”专家显然具有更多的附加值。

那么典型的测试专家领域是什么？再次让我们将 ISTQB 产品组合作为参考框架，以识别一些测试主题，这些主题被认为是我们可以从拥有测试专家中受益的领域。ISTQB 显然将我们指向了非功能性的方向（见图 6）。安全性测试专家、可用性测试专家或性能测试专家，在上述情况下，这些都是宝贵的测试专家。ISTQB 还提到了汽车软件测试人员、博彩行业测试人员和基于模型的测试人员。我个人不确定这些测试专家领域是否包含并需要足够的专业知识和技能，才能像“I 型”人才一样具有附加值并生存下来。这个范围可能更特指某个领域，并且属于该领域中“T 型”测试人员的知识和技能。

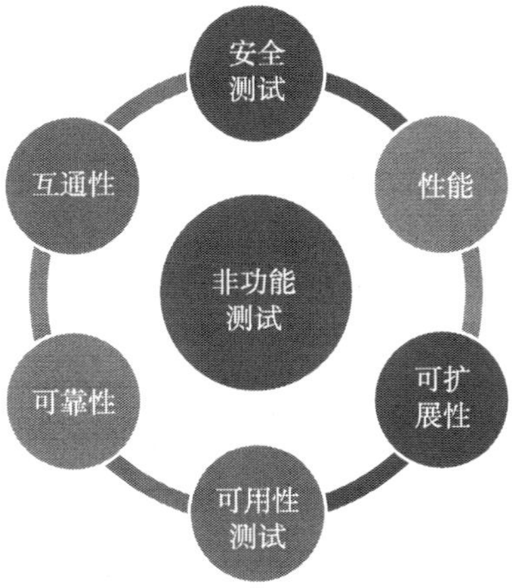

图 6 非功能测试类型示例

最后，有趣的是，ISTQB 还将测试自动化和移动应用程序测试视为测试中的专家领域。今天这些几乎就像测试人员的标准要求一样，这些最初是由 ISTQB 定义的专家领域，这也许正表明了市场变化很快。今天所定义的专家领域很可能是明天知识和技能的普遍要求。这也指出了成为“I 型”测试专家的危险。如今，对安全测试专家的需求量巨大，而对性能测试专家的需求量可能会略有减少。但是，这可能会迅速改变，或者专业性领域逐渐发展成为“T 型”测试人员所需的通用知识和技能领域，可用性测试可能就处在这样的过渡中。

总而言之，测试专家是必需的，并且具有很大的附加值。当然，它不是“T 型”测试人员的替代产品。谨慎选择专业，并密切注意当今和不久的将来市场上正在发生的事情。有时可能在当前的测试专业过时的情况下，从一种测试专业过渡到新的专业。同时，拥有一些通常属于“T 型”测试人员的知识和技能作为后备方案，这也没有什么坏处。未来减少单打独斗而成为团队成员时，也将是有益的。它也有助于认同别人在做什么，从不同的角度看待事情。

5 结论

根据 IT 行业的当前实践，我们离实现零缺陷（如果将来完全实现）还差得很远。软件测试现在仍是软件开发中不可或缺的一部分。前面我们讨论了将来测试专业人员所需的知识和技能，详细介绍并解释了“T 型”测试人员。在实践中，许多人都在谈论成为“T 型”测试人员，但我相信实际上我们距离这个目标还很遥远，我们还简要介绍了对“I 型”测试人员的需求。基本上有两种选择：

1）扩大你的知识和技能，成为真正的测试专业人员（“T 型”测试人员）。

2）加深你在特定测试领域的知识和技能，并成为测试专家（I 型）。

对于测试人员发展个人职业生涯，定义个人成长和发展的方向非常重要。不要忘记“T型”概念，根据自己的优势和爱好做出选择，并考虑到你的工作环境（生命周期、领域）、行业趋势以及当前（和将来）的就业市场需求。此外，定期检查你的职业规划将帮助你保持领先地位，并从工作中获得最大价值。

致谢：非常感谢鲍勃·范德伯格特（Bob van de Burgt），他详细审阅了本文的内容并提供了宝贵的反馈意见。

保密安全：关乎你我

Keith Yorkston

摘　要　保密安全不仅仅是一种可以被购买、安装和偶尔升级后被遗忘的软件，也不仅仅是我们应该遵守的密码规则。保密安全不仅仅是紧锁的档案柜，或者是门禁处的门卫以及扫描读卡器。它包含以上所有，还有很多很多。我们需要从不同角度来理解保密安全问题。每个组织都有成千上万的漏洞，会成为可能被恶意攻击者利用的弱点。作为一个恶意攻击者，只需要找到一个漏洞加以利用。这个漏洞可以是一名帮“烟友”开门的工作人员，或者是一位相信最后一通电话中要求他们处理“重要发票”的财务人士。它可能是Web服务器上的一个开放通信端口，也可能是测试环境中未打补丁的服务器。或者是一份每周一要发送给销售人员的上面列着上周客户联系方式的报告（包括已经离职的销售人员）。我提到这些是因为我和同事使用了以上所有（更多）技术来测试各种机构。我们就是安全测试人员。

关键词　软件安全；软件质量；安全性测试；安全测试人员

1　引言

当你的组织被黑客侵入时，思考一下，有可能是谁策划了这次袭击？什么样的人会出现在你的脑海里？

你是否想象过以下场景：在一个阴暗的房间里，伴随着照射在空易拉罐上的微弱绿光，一个年轻且愤怒的家伙疯狂敲击着键盘的画面？在一个巨大的屋子里挤满了穿着奇怪制服的极权主义体制内的人？以上都有可能是真实存在的，或者你有没有想到昨天同事接的那个奇怪电话？或者财务部门最近一次付款过程中处理的30张发票的最后一张？或者那个把你的安全废品拿去废弃的人？或者你是否想过一个同事总是在工作时把U盘插在机器上到下班时带回家？或者办公室职员多印了一份机密报告然后上传到外发邮件中？

保密安全不仅仅是一种可以被购买、安装和偶尔升级后被遗忘的软件，也不仅仅是我们应该遵守的密码规则。保密安全不仅仅是紧锁的档案柜，或者是门禁处的门卫以及扫描读卡器。它包含以上所有，还有很多很多。我们需要从不同角度来理解保密安全问题。每个组织都有成千上万个漏洞，会成为可能被恶意攻击者利用的弱点。作为一个恶意攻击者，只需要找到一个漏洞加以利用。这个漏洞可以是一名帮“烟友”开门的工作人员，或者是一位相信最后一通电话中要求他们处理“重要发票”的财务人士。它可能是Web服务器上的一个开放通信端口，也可能是测试环境中未打补丁的服务器。或者是一份每周一要发送给销售人员的上面列着上周客户联系方式的报告（包括已经离职的销售人员）。我提到这些是因为我和同事使用了以上所有（更多）技术来测试各种机构。我们就是安全测试人员。

但你会说，等等，测试人员不是坐在办公桌前编写和运行软件测试用例吗？的确如此，但我们也会假扮成快递司机或废品处理行业的人，或者手持伪造的公司通行证穿得西装革履。你问假证件有什么用？你说它打不开接待处的安全门吗？

你说的对，它本身是打不开的。制作一张假 ID 卡大约需要 10 分钟，上面往往会有照片、姓名和公司标识（看看你的证件就知道我说的对吧？）。我参观过一些机构，走进他们的接待处纯粹是为了看看 ID 卡的设计。手里拿着地图面带困惑地问："你能告诉我怎么去（附近的任何地址）吗？"

或者只需要等公司员工在午餐时间都离开后，打开微软的作图软件（没错，那款大预算黑客工具），打印在纸上，再粘一些塑料到卡片上，我现在就有了一张全新的这个单位的 ID 卡。当然，它不会通过很精密的检查，但是人们最后一次被检查 ID 卡又是什么时候呢？最多就是瞥一眼。讲下一招，如何进出正门。搬一些东西，毫不夸张地说，一大摞纸、书、盒子，随便什么都行。当你走近大门时问（此时门卫正好瞥见你刚做好的门禁卡）："能帮我开一下门禁闸机吗？我开会要迟到了……"

然后这个组织就被黑了。

2 安全测试人员培训

这是一个安全性测试的例子。安全性测试需要考虑的"铁三角"要素是：

- 技术；
- 过程；
- 人员。

我们所做的测试不是也不应该被局限于技术本身。今天，许多人仍然认为可以"购买安全性"，或者认为安全性仅限于技术解决方案。黑客使用计算机，我们会被攻击，因此黑客会使用计算机来攻击各种单位。

但是借鉴一下上面的例子。这里唯一涉及的技术是 1985 年首次发布的程序。这次黑客行动依赖于人的弱点——就是想要提供帮助的保安。呈现出过程中的一个弱点——我没有扫描我的卡片（过程中），因为保安试图帮忙扫描了他们自己的卡片。如何能阻止这个情况的发生呢？指望单位聘用一个更加刻薄的保安吗？我们先思考一秒……

关于这个有不少建议。可以改变过程，但除非强制执行，否则此类事件可能会继续发生。意识是关键——如果保安知道有人可能会这样做，他们就能警惕这种情况。我们都听说过"神秘顾客"——而我们需要的是一个"神秘黑客"。或者换句话说，是一个安全测试人员。单位必须对保安和员工进行培训，让他们认识到社交工程诈骗——这是一门关于拥有熟练伎俩的人们采取某些手段和行为的科学。为什么保安要为我开门？因为我向他们展现了一个求助于他们施展礼仪的场景。你知道，那些父母告诉你的事，“洗手，说‘请’，为别人开门……”（我被告知过的还要加上“打扫你的房间！”——谢谢你的校对，老爸）。

但是这种培训不应该仅停留在前台工作人员即止。高层管理人员不仅要发起保密安全倡议，他们自己也需要参加保密安全培训。他们是一个巨大的可见目标——要查找一家单位 CEO 的个人细节要比在应付账款中查找一个人的名字更容易。看下这家单位的年报，或者你所在国家的公司登记册（英国的公司注册处）。然后使用像谷歌或 LinkedIn 这样的网站进行查找。甚至更进一步，使用像 Maltego 这样的数据挖掘工具可以发现可公开获取的关于恶意用户的信息宝库。关于鱼叉式网络钓鱼的文章已经写得很多了——针对个人进行特定的网络钓鱼攻击。对高级职员来说，了解可对该单位构成威胁以及可能成为攻击目标的漏洞是至关重要的。但不仅仅针对一般情况，一些特定的攻击也只针对他们。

商务电子邮件入侵多年来一直赖以存在的一个简单的事实是：没人会质疑老板。

2018 年美国联邦调查局（FBI）估算，2013 年 10 月至 2018 年 5 月间，仅此类袭击造成的全球损失就令各组织损失 125 亿美元①。该类攻击使用鱼叉式网络钓鱼方式，查找高级职员的详细信息，然后发送电子邮件到应付账款@［附组织名称］。通过一条信息例如“请尽快处理 Acme 公司相关发票的付款，它是 Merlin 项目的一部分”来开这个高级职员的玩笑。如果攻击者知道组织内的一个项目名称那会是非常有用的，但令人惊讶的是怎么会有这么多“Merlins 项目”？然后一个电话打到了总机号码上——“我可以和应付账款人员通话吗？”

电话接通了，是来自 Acme 公司的 Tom Jefferson② 打来的，询问有关发票的事。他看上去是一个很好的人，并对于催付一事表示歉意。他也很乐于助人，将 Acme 公司的银行账户详细信息提供给应付账款工作人员。这次通话为欺诈邮件增添了合理性，120 亿美元的损失变得更大了。

重申一次，员工应该遵循一些最有可能的过程。那名高级职员的电子邮件是伪造的。财务人员被来自老板的邮件和接到的电话说服，来帮助解决问题。

但你们说，我们不知道那笔钱是打到什么地方去的吗？当然，如果这些信息被传递给当地警察，他们肯定可以监视银行分行，寻找那个戴着太阳镜、留着假胡子、从账户里取钱的可疑分子。也许吧，但攻击的另一个方面是另一个脆弱的受害者。一个孤独的人通过社交媒体开始了一段对话，由于“一张意外的税单、一个生病的亲属、来自最近去世亲属的意外之财”，他们需要在目标国家的银行账户。如果目标客户在“Afta 我是 dun，我拿不到签证见爱人”的基础上开户，那么攻击者现在拥有一个与 Acme 账号惊人相似的账户（非常接近，实际上是相同的）。或者，攻击者可能会在那个国家找到一个合伙人，此人开设了一个有部分百分比的钱可以流通的账户。结果如何？也许一个无辜的人（或者不是那

① https://www.ic3.gov/media/2018/180712.aspx.

② 与美国第三任总统无关。

么的无辜）会被指控洗钱。为了钱，狩猎还在继续。

那么商务电子邮件入侵最具目标性的业务领域是什么呢？你觉得呢？有时目标可能出乎意料。你必须像攻击者一样思考。随着当前在线服务的普及和对其的依赖，我们几乎可以在网上做任何事情，包括完成房产的购买。房地产行业是袭击者瞄准的一个利润丰厚的领域。想一下那些参与购房过程的人——律师、测量师、房地产经纪人、买家和卖家。其中有多少人容易受到攻击？如果你买了一套房子，从“地产中介”那里收到了一封关于最后购买转账相关账户细节的邮件，或收到的“律师”声明中有一笔关于某问题要处理涉及的小费用账单，或者房产中介收到一封来自“买家”的邮件，要求列出一项资产。如果我转向“黑暗面”，那么攻击当地花店会比攻击亚马逊得到更大的回报。原因是什么？亚马逊花费大笔资金聘请世界级安全专家，采用顶级技术和健壮的业务流程来减少漏洞，而本地的花商、律师、房地产、测量师则做不到。

3 （网络）攻击的原因

为什么人们会实施这些攻击？如前所述，通过这些攻击可以快速获取大量金钱。多年前，攻击者的动机是 MICE（Money，Ideology，Compromise，Ego）：

1）钱——这就是商务电子邮件入侵的动机。钱是一个多方面的激励因素。我曾经被“微软公司”电话告知关于我的计算机上的“病毒”。他们在表现出一点同情心（“你的工作一定很难开展……”）以及抱歉耽误到的时间后，对我敞开了心扉，说知道这是他们的失误，但也是他们养家糊口的工作（或者，他们在试图社交诈骗我?），因为被抓住的概率会比因为“没有打足够多成功的电话”而被解雇的概率要小得多，致使他们觉得安全。有些人可以从恶意攻击中赚取很多钱[①]，也有些人这样做是为了“支付账单”。

2）意识形态——如上所述意识形态可以包含大量的观点。这里的动机可能是一个失去了与“银行”的业务的单独个体，一个支持动物权利的小团体，或一个有特定世俗信仰的大团体。基于这些动机，目标有所不同。此外，还有在道德上模棱两可的黑客群体，他们的意识形态可以转变。有时甚至是混乱的——我喜欢偶尔有人戴上电影《V 字仇杀队》中的印有华纳兄弟商标的白色福克斯面具，参加反对资本主义、全球企业统治等示威活动。[②]

3）妥协——你可能已经收到了市面上最新的网络钓鱼邮件，下面是我收到的一个版本：

Hello！你好！

I'm a member of an international hacker group. 我是国际黑客组织成员。

① “Black - hat sextortionists required：Competitive salary and dental plan” —listed on https：//www. theregister. co. uk/2019/02/21/black _ hats _ sextortion _ 275k _ salaries _ helpers/.

② “The irony of the Anonymous mask” listed on https：//www. theguardian. com/technology/2011/aug/30/irony - of - anonymous - mask.

As you could probably have guessed, your account [email removed] was hacked, because I sent message you from it.

你可能已经猜到了，你的账户［电子邮件已删除］被黑了，因为我已使用该账户给你发送消息。

Now I have access to you accounts!

For example, your password for [email removed] is [password removed]

Within a period from July 7, 2018 to September 23, 2018, you were infected by the virus we've created, through an adult website you've visited.

现在我可以访问你的账户了！

例如，你的账户［电子邮件已删除］密码是［密码已删除］

在2018年7月7日至2018年9月23日期间，您通过访问的成人网站感染了我们创建的病毒。

So far, we have access to your messages, social media accounts, and messengers.

Moreover, we've gotten full damps of these data.

到目前为止，我们已经可以访问你的消息、社交媒体账户和Messenger。

此外，我们已经完全掌握了这些数据。

We are aware of your little and big secrets... yeah, you do have them. We saw and recorded your doings on porn websites. Your tastes are so weird, you know.

我们知道了你的一些秘密……是的确实有一些。我们在成人网站看到并记录了你的行为。你知道你的口味很奇怪。

But the key thing is that sometimes we recorded you with your webcam, syncing the recordings with what you watched!

关键是，有时我们会用你的网络摄像头记录你，并将同步记录与你观看的内容！

I think you are not interested show this video to your friends, relatives, and your intimate one...

我认为你没有兴趣把这个视频给你的朋友、亲戚和你亲密的人看……

Transfer $700 to our Bitcoin wallet:

[Bitcoin wallet removed]

If you don't know about Bitcoin please input in Google "buy BTC". It's really easy.

将700美元转入我们的比特币钱包：

［比特币钱包已删除］

如果你不了解比特币，请在谷歌中输入"购买比特币"。真的很简单。

I guarantee that after that, we'll erase all your "data" : D

A timer will start once you read this message. You have 48 hours to pay the above mentioned amount.

我保证在那之后，我们会删除你所有的"数据"

计时器会在你开始阅读这个消息开始计时。你有 48 小时支付上述金额。

我想知道这个作者是否有高薪和修牙计划？妥协会让攻击者得以掌控局面。我有一些你不希望公之于众的东西（你手机里的照片，不宜被泄露的浏览记录，银行账户细节），如果支付一些报酬（现金，你机构的一份机密报告），这些问题就可能消失。

4）自我意识——有时候想成为“房间里最聪明的人”的冲动会占据主导。这可能是儿时的梦想，例如读过凯文·米特尼克（美国著名网络黑客）或凯文·保尔森（曾入侵洛杉矶电视台）的事迹，两名因黑客行为被捕的安全专家的薪资都很诱人，并想象“如果……”。也可能需要像许多阴谋论者一样，成为唯一“知道真相”的人。

恐惧、贪婪甚至同情是攻击者会利用的一些工具。Chris Hadnagy 和 Michelle Fincher 撰写了《网络钓鱼黑水》[1]这本书，书中对网络钓鱼进行了深入的研究。攻击者会利用人们的恐惧，如上面的例子中说到的，或者是来自“你的银行”的警告说你的账户被黑了，你应该点击下面的链接“验证你的密码”。他们会利用人们的贪婪——西班牙囚犯/尼日利亚 419 欺诈——要求受害者“支付一小笔钱、让我使用你的账户权限释放海外持有的数百万美元资金，支付给你一笔可观的费用”。最阴险的是利用同情——我的祖母、母亲、孩子、可爱的小狗快要死了，我需要钱来救她们。所有这些攻击都是针对人的，我们必须采取适当的技术和流程来防止这些攻击。

4 安全测试人员须知

让我们明确下，我们已经研究了刑事犯罪的要素。根据《欺诈法》和《计算机滥用法》，上述所有攻击在英国都是犯罪行为。这些犯罪行为有两类特征——网络依赖（入侵一个网络账户，如果没有 IT 犯罪就不会存在）和网络使能（犯罪行为导致受害者人数会增加的情况——我曾工作过的一个组织用来接收来自“尼日利亚王子”的蜗牛邮件）。

对于安全测试人员来说，了解以下内容是至关重要的。你可能正在组织内部进行一项合法的测试，但除非你获得了相关权威人士的书面许可，否则你可能会被起诉，甚至被判有罪。请记住，恶意用户可能是组织的员工。如果你没有特殊权限，我们怎么知道你的测试实际不是恶意伤害？像清除浏览器缓存这样的良性行为可能会被美国当局理解为销毁证据。作为安全测试人员进行的任何工作都必须得到法律保障——开放 Web 应用程序安全项目（OWASP）① 为其提供了基础。如果你玩过大富翁，这就相当于是安全测试人员的“出狱自由”卡片。从字面上看，它为安全测试人员所从事的工作是经过授权的提供了证据，不涵盖内部恶意用户。

如上所述，即使你正在测试自己组织的系统，也绝对需要获得此许可。切勿让其他人（例如，假设的项目经理）说服你这不是必需的。如果不这样做，你就违反了法律，可能会受到起诉。

① https：//www. owasp. org/index. php/Authorization _ form.

自2014年以来，另一种有趣的威胁是称为“账户填充”的方法。假设一个用户有多个在线账户。用户无法记住所有账户的唯一密码，并对多个账户使用相同的密码。现在，假设他们对本地花店和他们的亚马逊账户使用相同的密码。因此，如果我窃取了本地花店的用户名和密码（请记住，他们的安全策略可能不是最佳实践），我现在可以使用该认证信息集访问更多的账户。

更令人不安的是，被盗凭据的交易市场已经“自动化”了。被窃取的凭据将被输入到自动化流程中，并与亚马逊、贝宝或易趣等网站进行比对检查。一个成功被盗并通过检查的账户可以以0.5美元到3.5美元的价格卖给兴趣方，购买者可以获得20倍于成本价格的收益①。这就是为什么我们总是被告知不要在多个网站上重复使用密码。账户填充依赖于人的一个基本弱点，我们记不住长的、复杂的、极不寻常的密码，所以投机取巧，然后不经意间，制造出了一个弱点。

5 关于密码安全

密码展现了安全性和可用性之间的斗争。长而复杂的密码或许有利于组织的安全，但如果用户认为安全程序过于烦琐，他们就会找到一种方法来破坏或避免，那么程序因此失效。请考虑以下密码规则（许多人可能很熟悉）和随后的密码：

1）最少8个字符（12345678）；

2）必须包含至少一个大写和一个小写字符（Qwertyui）；

3）必须包含至少一个数字（Qwertyu1）；

4）必须包含至少一个特殊字符（Qwerty1!）；

5）必须每30天更换一次（Qwerty2"）。

对于像“John the Ripper”或“Hashcat”这样的工具来说，以上列出的密码最多几分钟就能破解。使用的各式各样的排名“前25”密码列表由于引用的数据不同而略有不同，但却包含了许多相同的密码（是的，密码就在其中!），但它们指向了一个共同的主题——那就是当我们认为自己是“随机的”时，其实并非如此。这就是为什么“qwertyuiop”不是一个好密码——看看键盘上的第一排按键。人类遵循模式，并且可以预测和复制这些模式。

有趣的一点是，与电影《采访》的发行联系到一起的臭名昭著的索尼电子邮件黑客事件。时任索尼公司CEO Michael Lynton的密码是Sonyml3②。猜他的下一个密码可能是什么?

我们先忘了密码这回事。任何8个字符的密码很快就会被破解，因为最少8个字符不意味着必须是8。即使不能在几秒内破解攻击者也不会介意。即使被攻击的网站发出警报

---

① “The Economy of Credential Stuffing Attacks” listed on https://www.recordedfuture.com/credential-stuffing-attacks/.

② https://twitter.com/kevinmitnick/status/545432732096946176?lang=en.

他们也有足够的时间来破解密码，又有多少人真正去改掉那个密码，更不用说那些使用相同密码的账户了。需要注意的是，加密密码未被解密，但会对已知单词进行加密，并查看加密结果是否与被盗集中的密码匹配。密码越长，用于创建密码的组合就越多，不需要很复杂，只需要够长。密码 dhr * Qdfe 的安全性远不如 dog……，更不用说更长的密码 sausagedog…了！

6 用口令码替代密码

喜剧演员约翰·奥利弗采访了爱德华·斯诺[①]，而后密码的话题随之而来。我们应该忘掉密码来考虑下密码短语。可以遵循的规则是：

1）仍然使用混合字符（大写、小写、数字、特殊字符）。

2）使用不相关的单词组合。

3）使用不同语言的单词——混用是最好的。

4）不要仅依赖于黑客语言、133t5p3@k（字母被类似形状的数字、特殊字符代替）。

5）不要仅依赖一条规则。

举个例子，让我们以最喜欢的发酵凝乳奶酪作为口令码。混合使用以上规则，我的口令码可能是 Ch3ese&Kase&Farmaajo。毕竟谁会忘记奶酪呢！20 个字符会让密码破解者苦战一番。

或者想想歌词。类似于 4！ We！ Are！ Young！ And！ Free.[②] 23 个字符的密码更难破解。每个字符以指数级增加了组合的数量，因此越长越好。尽管如此，密码 MargretThatcherIs110%Sexy 还是凭借纯粹的创造力而得奖。

我们需要的是时间。如果检测到 breech，我们需要时间确保受 breech 影响得到相关消息。因此，来自组织内对正在被攻击受害者的及时通知是关键。密码越长，破解所需的时间就越长。

可以更进一步，使用密码管理器。这些工具将允许将您的认证信息和口令码存储在一个安全容器中。因其可对每个访问的网站或系统自动生成、存储唯一的安全口令码，所以很有效。有些还附带钱包功能可以存储支付信息，在计算机和手机上都可以使用。商业和开源工具都是可用的。

这些工具的缺点可能是：

1）使用此工具，需要输入什么密码、口令？如果是弱密码，会降低工具的有用性。

2）这个工具本身有什么安全性？使用的加密技术是否可以是较旧的功能受限版本？

---

① https：//www. youtube. com/watch？ v=yzGzB-yYKcc—please watch this video—in 3 min you will know how simple passphrase security can be.

② The second line of the Australian national anthem.

7 关于用户名

但搞定密码只是成功的一半。还有用户名呢？有多少人在不同的网站上使用相同的用户名（通常是电子邮件地址）？有趣的是会经常要求我们输入电子邮件地址来访问目录或白皮书，或者以“免费加入”的形式来获取很大的折扣，或使用谷歌或 Facebook 账户加入。这会让你的信息传播得更远更广。如果其中一个你提供了个人信息的网站遭到了攻击，你的用户信息被盗，那么影响可能会更大。现在，您的电子邮件可以列入攻击者在网络钓鱼攻击中使用的目标地址了。可以避免这种情况的方法包括使用类似于 10minutemail. com[①] 这样的短期邮件服务来下载链接内容，或使用多个邮件账户（Gmail、Hotmail 等）来进行不同的网站登录。

8 总结

我偏执吗？我的孩子们有很多他们父亲的“偏执”，甚至延伸到我儿子定制的锡纸帽上，或者我妻子问为什么我们需要多个宽带账户。但是，正如 Philip K Dick[②] 曾经说的那样，“奇怪的是偏执狂如何不时地与现实联系起来……”。

一旦攻击发生，产生的后果是数据丢失。那些被攻击的人，以及现在他们办公室同事的表情都令人窘迫。另一个存在的危险现象被称为“星期一专家”（事后诸葛亮），事情发生后大家才看到被指出的错误。想一下体育节目吧，审查小组每周会看一次周末的比赛。许多我们看到的高清慢动作影像和附加的计算机图像时，球员越位、没越位、犯规、没犯规、出界、没出界会很明显。裁判怎么没发现呢？从保密安全的角度来看，当我们白着眼睛故意对饮水机旁的同事说：“他们怎么会让这种事发生？”时，我们可能成为“这永远不会发生在我身上”的受害者。

但以正常的速度回放事件，你会做出正确的、相同的、不同的决定吗？我们必须意识到面对决策时，人们总是可以选择正确、错误、次最优、不同的结果。他们可能没有足够的背景信息或知识，但却被要求立即做出决定，这就是培训可以帮到的地方。

我并不是说要把每个员工变成安全专家——那也不是现实的（或划算的）解决方案。

所需的基本培训应使该组织的工作人员：

1）总结保护技术、过程、人员的安全需求；

2）将恶意用户的动机与组织资产联系起来；

3）识别各自工作角色的日常任务中潜在的安全漏洞；

4）遵守保密安全流程。

---

① https：//10minutemail. com/10MinuteMail/index. html.

② American science fiction writer，whose books were the basis for such films as *Bladerunner*，*Minority Report*，*Total Recall and The Man in the High Castle*.

公司内部还应该有一个专门从事保密安全工作的小团队。这个团队的培训将会更进一步——允许该小组编写、测试、审核组织的安全性并将其维持在要求的水平。他们要不断测试这些程序，确保使用它们的人不仅了解这些步骤，还了解为什么需要这些步骤的原因。

前面我提到了时间问题。攻击者需要时间来寻找漏洞，并在发现漏洞后加以利用。减少可能的漏洞是组织中每个人的任务（也是我们个人生活的任务）。但漏洞将永远存在，或许有一个基于 MICE 四因素的坚定攻击者，可能想攻击你的组织甚至你个人。你无法阻止所有攻击，但可以使攻击者在攻击中花费的时间和资源代价过高。这就像一个神秘的填字游戏，很多人看到却根本没有尝试过。更少一部分人开始并可能完成部分工作。但绝少数人会下定决心去完成它（但这需要很长时间），或者既有决心又够聪明地快速完成。尽管这些人令人害怕，但他们并非立于不败之地。幸运的是，他们的数量很少，并且打败他们的方法也在增加。但他们用来攻击的方法也是如此。保密安全是这样一个主题：如果你站着不动，你就会以比你意识到的还要快的速度倒退。您的目标是使在攻击中所需花费的资源比攻击者愿意付出的更多。我们必须通过减少组织技术方面、流程方面，还有最重要的人员方面的漏洞来做到这一点。

最后，希望这不是一个随便获取你东西的国家。攻击者拥有潜在的无限资源集——如果他们想要你的东西，他们就会得到。保持安全的唯一方法是关闭所有与互联网连接的设备，销毁它们，然后生活在山洞里。现在戴上锡纸帽子……

参考文献

[1] Hadnagy, C., Fincher, M.: Phishing Dark Waters. Wiley, Hoboken, NJ (2015).

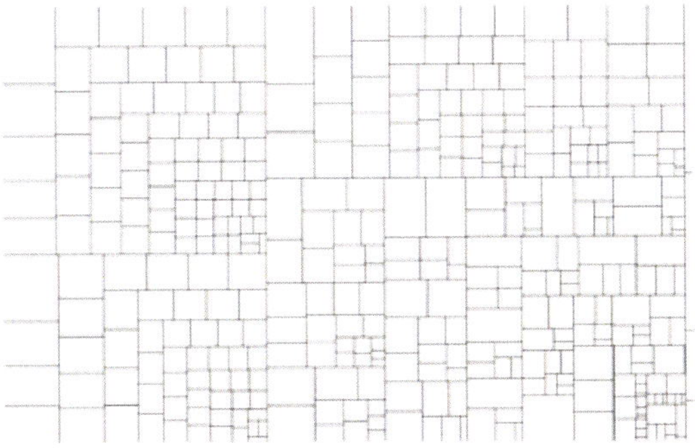

（a）

（b）

（c）

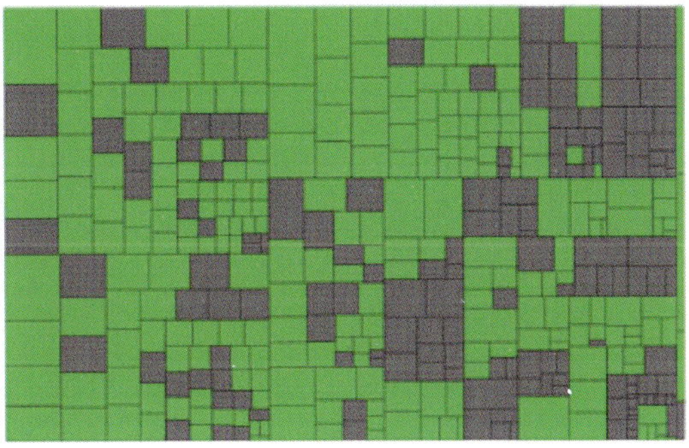

（d）

图 2　采用树状图表示软件系统 Teamscale 在版本控制系统、事务系统和测试执行分析工具中的数据。（a）建立源代码树状图。每个方框表示一个方法，方框的大小与该方法的代码行数成比例。（b）表示自某个基线的代码更动。新增方法表示为红色，更改方法表示为黄色，维持不变的方法表示为灰色。（c）事务 TS－15717 的代码更动。新增方法表示为红色，更改方法表示为黄色。（d）方法级别的测试覆盖率。已执行的方法表示为绿色，未执行的方法表示为灰色（P3）

图 8　执行由 TIA 识别出的受影响的测试用例后，事务 TS－15717 的覆盖率情况。TGA 显示仍存在一个测试差距（P9）

图 9　Teamscale UI 组件测试差距树状图。在发布之前，对测试差距进行全局分析可以作为附加质量检验关（P10）

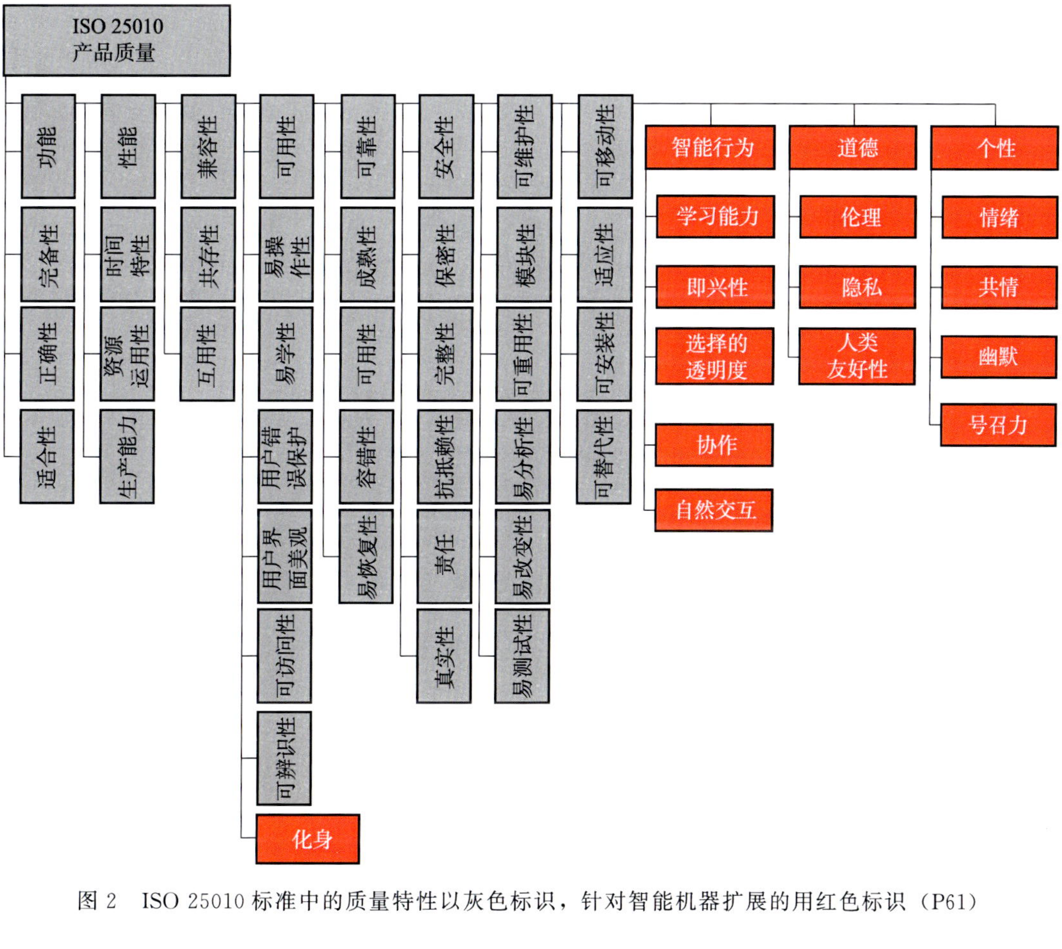

图 2　ISO 25010 标准中的质量特性以灰色标识，针对智能机器扩展的用红色标识（P61）